原子力損害賠償制度の研究

東京電力福島原発事故からの考察

遠藤典子
Endo Noriko

原子力
損害賠償制度の
研究

東京電力福島原発事故からの考察

岩波書店

目　次

第 II 部
原子力損害賠償支援の政策学

第 III 部
賠償・除染・廃炉――東京電力国有化の論理

序　章

なぜ政府は新立法を必要としたか

第1節　問題の所在

原子力施設において大規模な事故が発生した場合，その損害の賠償は誰が負担すべきだろうか．また，事故が引き起こした社会的混乱をいかに収拾し，破局的事態を回避すべきだろうか．これらは東京電力福島第一原子力発電所において2011年3月11日に発生した大事故の後，日本政府と日本社会が直面した深刻な課題であった．本論は，日本における原子力損害賠償制度を検討の題材として，これら2つの課題に対する日本政府の対応について考察を加えることが目的である．

原子力損害の賠償は誰が負担すべきか，という第一の課題をより具体的に言えば，「3〜5兆円もの賠償資金」[1)]を誰がどれほど，いかなる理由あるいは責任によって負担すべきなのか，という分配の問題となる．この負担の分配問題を公平かつ合理的に解決することが，損害賠償制度の設計には不可欠である．

賠償資金の主な担い手としては，四者が考えられる．すなわち，

(1)　事故原因者である原子力事業者の東京電力，

(2)　東京電力から電力供給を受ける電気利用者(家計と企業)，

(3)　東京電力以外の原子力事業者，

(4)　産業政策として原子力政策を振興した国，

---

1)　筆者のインタビューに対する与謝野馨・経済財政担当大臣(当時)の回答(2011. 7. 10)．「事故発生当初から，3〜5兆円の損害賠償資金が必要となるという認識を政権内で共有していた」と述べた．また，大嶋健志(2011)29頁には，「当初から数兆円が想定される規模」とある．

の四者である．(1)の東京電力という企業体を分解すれば，金融機関等の債権者，株主，従業員といったステークホルダーが存在する．彼らがどれほどの責任を背負うべきなのかも，負担の分配問題の重要要素である．(2)の利用者に負担を求めるのであれば「受益者負担の原則」[2]から，電気料金引き上げという形をとることになる．(3)の東京電力以外の原子力事業者に拠出を求めるのであれば，広義の自己原則による相互扶助制度を導入することを意味する．そして(4)の国による公的資金投入は税収を財源としているのだから，実は国民負担ということになる．

必要な賠償資金が(1)の東京電力の資力，(2)の電気料金引き上げと(3)原子力事業者の拠出金で賄い切れなければ，(4)の税の投入に至る．そうなれば，負担の分配問題は税の分配問題に置き換わることになる．税収を源とした公的資金は，一般会計予算あるいは政府保証などいかなる形態をとろうとも，国民全体の利益に結びつくように公平，公正，平等に分配されなければならない．それが，国家を根底から支える財政民主主義[3]の原則であり，規律である．それでは，原子力損害の被害者という「特定の人々」を全国民の負担によって救済することが，なぜ認められるのであろうか．それはいかなる理念と論理によるものなのだろうか．

2）本来は，国または地方自治体による公共事業を行う際，その利益を受ける者(受益者)がその利益に応じて経費を負担するという原則を指す．例えば，片桐正俊編著(2007)176頁は，「揮発油税収を道路整備に充てることとした「道路整備の財源等に関する臨時措置法」以来，道路特定財源制度はこれまで，自動車等道路通行によって利益を得る者が，建設費用を負担するのは当然であるという受益者負担・原因者負担の見地から，……正当化されてきた」と解説する．

3）片桐編著(2007)434頁は，財政民主主義について，以下のように説明する．

「資本主義経済の上に立つ財政」としての近代財政の特質は「租税国家」にある．租税は，権力的に徴収され，個別的な受益と対応しないという意味で無償性の財源である．租税の徴収と財政支出は，私有財産制を前提とし，形式的に自由で平等な成員の間の契約関係に立脚し，貨幣の移転もこうした契約に基づいてなされる資本主義社会の原理に反している．こうした権力的な財政活動と私有財産制との矛盾を調整するために，租税の賦課徴収にはあらかじめ国民の代表である議会の承諾を要件とし，租税を使って行われる財政支出についても国会の承諾を求める．これらが，財政民主主義と呼ばれるものである．財政民主主義の基本原則は，①歳入法定・租税法定の原則，②予算承認の原則，③決算審議・予算執行監督の原則，④下院優越の原則である．

なお，日本において財政民主主義の規定は，日本国憲法第83条「国の財政を処理する権限は，国会の議決に基いて，これを行使しなければならない」とされている．

次に，事故が引き起こした社会的混乱をいかに収拾するべきか，という第二の課題は，日本政府の緊急時における政策形成能力，すなわち問題解決能力に関わってくる．未曽有の原子力事故によって，日本の政治経済社会は突然の危機に襲われ，混乱に陥った．電力供給が不安定化して企業や家計の行動が阻害される一方，東京電力が債務超過転落を疑われて株価は暴落し，また，東京電力が発行している電力債のみならず他の電力会社の電力債も信用が低下，社債市場全体が機能不全に陥った．そもそも，放射性物質を放出した原子炉事故の収束が目処すら容易には立たず，生命の安全をめぐって社会不安が増し，諸外国政府は自国民に国外退去を促すなど安全確保に必死となった．つまり，政府に求められたのは，東京電力とステークホルダー，電気利用者，東京電力以外の原子力事業者，国の利害を調整して実効性の高い損害賠償制度を構築して，負担の分配問題を解決することだけではなかった．同時発生したこれらの複合問題を解決し，社会が破局的事態に至ることを回避するための有用な危機管理策を緊急に策定しなければならなかったのである．

それでは，政府部内で，誰が主体となって危機管理政策の形成作業は進められたのだろうか．政権与党の指導力はどれほど発揮されたのか．官僚はいかなる政策的蓄積を生かしたのか．彼らの行動特性とはどのようなものか．それは何によって規定されているのか．すなわち，日本における公共政策の形成過程，それも緊急時に発揮される特性とはいかなるものなのだろうか，という問いである．

本論は学問分野で言えば，行政学・公共政策研究の領域において，東京電力福島第一原子力発電所の大事故を検討対象とした，重大事故における危機管理の事例研究である．日本政府の意思決定システムの特質を，原子力事故が引き起こした未曽有の危機というフィルターを通して検証することによって，純化して見出せるはずである．

さらに，本書の終章においては，原子力分野に限らず，将来において日本社会に予想を超えた重大事故が発生し，その重大事故に関して国に何らかの責任が生じ，あるいは人道的な観点から被害者の救済を行わなければならなくなった場合を想定し，上記の２つの課題の検証によって見出された日本政府の政策的特質の一般化，普遍化を試みることとしたい．

翻って，日本の原子力損害賠償制度は，1961年に制定された「原子力損害の賠償に関する法律」(以下，原賠法．巻末の〔資料〕参照)によって規定されている．したがって，2011年3月11日の原子力事故以前に行われたおよそ半世紀に亘る原子力損害賠償制度に関わる先行研究は，原賠法の立法化に関わった我妻栄をはじめとする民法学者の手による原賠法制定の経緯や各国との制度比較，課題などの解説が多い．一方，原子力事故以後の先行研究は，原賠法の解釈に則った損害賠償責任の法的所在(原子力事業者か国か)の検討にほぼ集中することになった．

本論はそれらの先行研究を精査しつつ，日本政府の実践的な政策形成に重きを置いて論考を進める．

なお，論考を進めるにあたっては，政策形成に関わった，経済産業省，資源エネルギー庁，文部科学省，財務省などの関係省庁の幹部たちを中心に，政治家，東京電力その他の原子力事業者，金融機関幹部，法学者，経済学者など合計82人に対し，2011年3月以降，2年間に亘って複数回の聞き取り調査を行った．聞き取り対象者は，巻末に記した．彼らを本論文では政策担当者と呼ぶ．政策担当者の発言でとりわけ引用すべきだと判断したものについては「　」でくくり，脚注に匿名のまま，面談日時を記した．

本論に入る前に，まず東京電力福島第一原子力発電所における過酷事故の発生と，原子力損害賠償制度の概要について説明しておこう．

第2節　東京電力福島第一原子力発電所における過酷事故の発生

2011年3月11日14時46分に発生した東日本大地震および大津波によって，東京電力福島第一原子力発電所において炉心溶融に至る「過酷事故(シビアアクシデント)」(以下，本過酷事故)[4]が発生，大量の放射性物質が外部環境に放出さ

---

4) 「シビアアクシデント時の炉心溶融進展に関する研究」(06-01-01-09)は，過酷事故(シビアアクシデント)を，「設計基準事象(原子炉施設を異常な状態に導く可能性のある事象のうち，原子炉施設の安全設計とその評価に当たって考慮すべきとされた事象)を大幅に超える事象であって，安全設計の評価上想定された手段では適切な炉心の冷却又は反応度の制御ができない

れた．わが国は「レベル7」という史上最悪の原子力損害事故[5]に遭遇した．

日本の原子力発電所は，外部環境へ放射性物質が放出されることを防止するために，「五重の壁」で安全が確保されているはずであった．東北電力の原子力ハンドブックによれば，第一の壁は，「燃料ペレット」である．燃料ペレットとは，原子炉で使用する核燃料(ウラン酸化物)を焼き固めたセラミック状のもので，高さ1 cm，直径1 cmの円筒状のものである．ほとんどの放射性物質はこの燃料ペレットの内部にとどまって，飛散しない．

第二の壁は，「燃料被覆管」である．燃料ペレットは燃料被覆管に挿入され，一列に積み重ねられて燃料棒となる．燃料被覆管はジルコニウム合金で気密に作られた管であり，燃料ペレットからはガス状の放射性物質が放出されるが，それを外部に漏れるのを防ぐ．第三の壁が，「原子炉圧力容器」である．燃料棒や制御棒，冷却材などからなる炉心を包み込む，厚さ約15 cmの低合金鋼鉄製の容器で，何らかの理由で燃料被覆管に破損が生じて放射性物質が炉内に漏れたとしても，外部への放出を防ぐ．第四の壁は，「原子炉格納容器」である．圧力容器を収納する厚さ約3 cmの鋼鉄製の容器である．主要な原子炉機器を内包し，圧力容器から漏れた放射性物質を封じ込める．第五の壁が，厚いコンクリートの壁による「原子力建屋」である[6]．

安全の代名詞であったこの「五重の壁」は，福島第一原子力発電所の1号機と3号機において，炉心溶融による爆発が起きたことによってすべて吹き飛び，安全神話は崩壊した．国会に設置された「東京電力福島原子力発電所事故調査委員会」(以下，国会事故調)[7]の報告書[8]によれば，本過酷事故と被害の概要は，

状態であり，その結果，炉心の重大な損傷，溶融に至る事象」とする．

5)　経済産業省原子力安全・保安院は，東京電力福島第一原子力発電所の事故発生から1か月後の4月12日，事故の深刻度を示す「国際原子力事象評価尺度(INES)」の暫定評価を最悪の「レベル7(深刻な事故)」に引き上げた．「レベル7」の過去事例は，史上最悪と言われた1986年の旧ソ連・チェルノブイリ原発事故しかない．「レベル7」の基準は，1. 放射性物質の大規模放出，2. ヨウ素131換算で数万テラベクレル以上の外部放出，3. 広範囲にわたる健康と環境への影響，の3点であり，原子力安全委員会は事故発生後から大気中に放出された放射性物質の積算量を63万テラベクレル，保安院は37万テラベクレルと推計，「レベル7」基準をはるかに超えていた．

6)　東北電力の原子力ハンドブック「放射性物質を閉じ込める五重の壁」．

7)　委員長は黒川清(医学博士，元日本学術会議会長)，委員は石橋克彦(地震学者，神戸大学名誉教授)，大島賢三(元国際連合大使)，崎山比早子(医学博士，元放射線医学総合研究所主

以下のようなものであった．

地震発生時，福島第一原子力発電所では1～3号機が運転中，4～6号機は定期検査中であった．運転中であった1～3号機は地震発生直後，自動的にスクラム(原子炉緊急停止)した．他方，この地震によって，東京電力新福島変電所から福島第一原子力発電所にかけての送配電設備が損傷し，すべての送電が停止した．東北電力の送電網から受電するための予備送電線が用意されていたのだが，1号機に接続するケーブルの不具合のため使用できず，これによってすべての外部電源を喪失することになった．

地震発生から50分後，津波が来襲した．非常用ディーゼル発電機，冷却用海水ポンプ，配電系統設備，1号機，2号機，4号機の直流電源などが水没して機能不全となった．その結果，1号機，2号機，4号機では全電源を，3号機，5号機では全交流電源を喪失した．3号機は直流電源がかろうじて残ったものの，3月13日未明には放電し，全電源喪失となった．緊急停止した1～3号機の原子炉は冷却機能を失ったことで，過熱し始めていた．だが，電源喪失によって，実効的な原子炉冷却は著しく困難になっていた．なぜなら，高圧注水や原子炉減圧，低圧注水，格納容器の冷却または減圧，といった原子炉冷却方法は電源に強く依存しているからだ．原子炉内の水が沸騰蒸発し，水位が下がり続けた．とりわけ1号機の炉心損傷が進んでいた．

地震発生からおよそ6時間後の20時53分，福島県は国に先んじて，福島第一原子力発電所2km圏内の住民に避難を呼びかけた．その30分後，菅直人首相が3kmに拡大する指示を出した．翌3月12日，5時14分に避難区域が半径10kmに拡大された．だが，炉心損傷が明白な1号機に何ら有効な手が打たれることなく，15時36分に原子炉建屋が爆発した．次は，3号機が危機に陥った．空焚き状態が続いた結果，3月14日4時半に完全に炉心が露出した．消防車や自衛隊の給水車が続々と到着し，注水準備を進めていた11時1分，原子炉建屋が爆発した．原子炉への海水注入が開始されたのは，5時間

任研究官)，櫻井正史(弁護士，元名古屋高等検察庁検事長)，田中耕一(科学者，島津製作所フェロー)，田中三彦(科学ジャーナリスト)，野村修也(弁護士，中央大学大学院教授)，蜂須賀禮子(福島県大熊町商工会会長)，横山禎徳(社会システムデザイナー)．

8) 東京電力福島原子力発電所事故調査委員会(2012)．

以上が経過した16時半になってからであった．これらの結果，放射性物質が大量に外部環境に放出された．

1号機，3号機の原子炉建屋が爆発したのは，水素爆発によるものと見られる．水素ガスと酸素が爆発的に結合するのが水素爆発である．原子炉事故によって，燃料被覆管の温度が900度以上になると，周りの水と化学的に反応して水素ガスが発生する．1号機，3号機ともにこの水素ガスが大量に発生し，原子炉建屋の上部に溜まって，酸素と急激に結合した[9]と見られる．さらには，4号機でも水素爆発が起こり，2号機においては格納容器の破損が生じたと推測される．事故後1年間の調査によって，2号機，3号機においてはさらに悪い状況が起こりえたし，4号機は，使用済み燃料プール[10]の損壊による広域被害発生の可能性があったと見られ，炉心損傷が回避された5号機や他の原子力発電所もあと少しの状況悪化で暗転していた可能性も少なからずあった，と判明した．今回の事故は，さらに被害拡大の可能性を含んだ巨大事故であることが検証された，と国会事故調は結論付けている[11]．

福島県内の避難区域指定は，12市町村に及んだ．政府の避難指示で避難した住民は2011年8月29日時点で，合計14万6520人に達した．その内訳は，警戒区域(福島第一原子力発電所から半径20 km圏)で約7万8000人，計画的避難区(20 km以遠で年間積算線量が20 mSv[12]に達するおそれがある地域)で約1万10人，緊急時避難準備区域(半径20〜30 km圏で計画的避難区域および屋内避難指示が解除された地域を除く地域)が約5万8510人である[13]．チェルノブイリ原子力発電所の事故[14]によって1年以内に避難を強いられた人数が，ベラルーシ，ウクラ

9)　北海道大学大学院工学研究院量子力学部門　原子力系研究グループ．

10)　原子炉で使用された後の燃料棒には，大量の放射性物質が含まれている．冷却するために原子力発電所内にある貯蔵プールで3〜5年ほど保管される．

11)　東京電力福島原子力発電所事故調査委員会(2012)23，24，29，145〜149頁．

12)　ミリシーベルト．2011年4月，政府は緊急時被曝状況における放射線防護の基準値として，許容限度を20 mSv/年に設定した．

13)　内閣府原子力災害対策本部原子力被災者生活支援チーム(2011)2頁．

14)　1986年4月26日，ソビエト連邦(現ウクライナ)のチェルノブイリ原子力発電所4号炉がメルトダウン(炉心溶融)ののちに爆発し，放射性降下物が現在のウクライナ，ベラルーシ，ロシアなどを汚染した国際原子力事象評価尺度においてレベル7とされる史上最悪の原子力事故となった．放射性降下物とは，核爆発や原子力損害による爆発で生じた放射性の塵のことで，爆発でいったん放射性物質が上空に舞い上がり，その後に地上に降下するため，「降下物」と

イナおよびロシアの3カ国で11万6000人[15]と推計されている．したがって，本過酷事故による避難者は，史上最悪といわれたチェルノブイリ原子力発電所事故のそれを上回っていることになる．なお，大気中に放出された放射性物質の総量は，ヨウ素換算(国際原子力指標尺度〈INES評価〉)にして約900 PBqペタベクレル(ヨウ素が500 PBq，セシウム137が10 PBq)とされており，チェルノブイリ原子力発電所事故のINSE評価5200 PBqと比較して，約6分の1となる．

すでに述べたように，事故当日から翌日にかけて，政府の避難指示は3 km圏内，10 km圏内，20 km圏内と繰り返し拡大され，そのたびに住民は，不安を抱えたまま長時間，移動しなければならなかった．その中には，後に高い放射線量であったと判明する地域に，それと知らずに避難した住民もいた．避難手段を整えられない病院や老人介護施設では，3月末までに60人もの死亡者が発生した．3月15日には，20～30 km圏内の住民に屋内退避が指示されたが，長期化することでライフラインが逼迫して生活基盤が崩れてしまった．その事態に慌て，25日に政府は避難勧告を出した．政府は，住民が屋内退避でいいのか避難すべきなのか，自主判断するための多様な情報を提供しようとはしなかった．実は，事故当日に避難指示に従った人々の多くが，ほんの数日間の避難だと思い，なかば着の身着のままで避難先に向かい，そのまま長期の避難生活を強いられることになった．彼らも，政府からは正確な情報が何も伝えられていなかった．国会事故調が実施した住民に対する調査では，回答欄に加えて，余白や裏面，封筒，さらには別紙を添付して，混乱を極めた避難状況や現在の困窮，将来に向けた要望が詳細に記されていた[16]．

本過酷事故は，このように事故避難者に過酷な生活状況を強いると同時に，放射性物質の飛散によって，多くの人々が外部被曝と内部被曝によって心身を傷つけられ，生活が混乱，困窮し，他方で企業活動は著しく停滞するなど，経済社会に甚大かつ広範な被害を発生させた．この未曽有の事態を受けて，政府民主党は，損害賠償制度の早急な確立を迫られた．被害者に迅速かつ適切な賠

名づけられた．一般には，死の灰とも呼ばれる．詳しくは，第I部第2章を参照．

15) The Chernobyl Forum: 2003-2005(2005)．

16) 東京電力福島原子力発電所事故調査委員会(2012)37～38，329，331頁．

償を実施するためにスキームの検討を急ぎ，事故後およそ3か月後の6月14日，原子力損害賠償支援機構法(以下，支援機構法)を閣議決定，第177回国会に提出，2か月近い議論を経て成立に至り，8月10日に公布，施行された．支援機構法の施行を受けて，9月12日には認可法人「原子力損害賠償支援機構」(以下，支援機構)が設立された．この支援機構が，原子力損害賠償制度を担う主体となったのである．政府が構築した原子力損害賠償制度は，“支援機構スキーム”と呼ぶべきものであった．

支援機構の最大の業務は，東京電力が被害者に対して迅速かつ適切な賠償を行うための資金援助を行うことにある．その支援機構に対して，政府は交付国債による資金交付を行い，東京電力は支援機構から資金援助を受け，被害者に対する損害賠償を行う．つまり，政府が支援機構を介して東京電力に対して間接的に公的資金援助を行う，というスキームである．

第3節　原子力損害賠償制度における世界標準と原賠法の特異性

第二次世界大戦後，原子力の軍事利用を平和利用に転換，促進し，原子力発電をエネルギー源の1つとして育成を進めた先進諸国においては，アメリカを先頭に1950年代末から，原子力損害賠償制度の整備が進められてきた．日本における原子力損害賠償制度は，1961年に国会で成立した原賠法によって定められ，特定の条項に限ってではあるが，以後10年ごとに見直しが行われてきた．したがって，本過酷事故の被害者に対する損害賠償は，原賠法に則って行われることになるはずである．それでは，なぜ政府は，新たに支援機構法の立法化を必要としたのだろうか．なぜ，原子力損害賠償制度を原賠法に支援機構法を重ねた二層構造にしなければならなかったのだろうか．原賠法の不備あるいは瑕疵によるものなのだろうか．それとも，原賠法に新立法の必然性があらかじめ担保されていたのだろうか．もし，支援機構法の立法化が原賠法の不備あるいは瑕疵によるものではなく，原賠法の正統的な解釈に則った必要不可欠な行為であったとすれば，原賠法に原子力損害賠償制度を二層化する規定が埋め込まれていたことになる．そうであれば，将来の事故発生に備えた規定は，なぜ1961年の時点で必要とされたのだろうか.

原子力損害賠償制度の最大の特徴は，世界各国が極めて似通った法制度を採用していることにある．その共通性の第一は，法制度の目的に，①被害者の保護，②原子力事業の健全な発達，という2つが記されている点にある．共通性の第二は，基本的枠組みにおいて同様の構造を有し，3本の重要な柱で構成されている点にある[17]．すなわち，A. 原子力事業者責任の厳格化(無過失責任・責任の集中原則)，B. 原子力事業者への損害賠償措置の強制，C. 国家による補償である．Aの無過失責任とは，原子力事業者に過失がなかったとしても事故責任を負うことであり，これによって被害者は原子力事業者の過失を立証することなく損害賠償を請求できる．責任の集中原則とは，事故原因が納入メーカーなどの取引業者にあったとしても，賠償責任を原子力事業者に集中することである．それによって，被害者が賠償請求する相手を特定できない事態を回避でき，また，取引業者の地位安定を図ることができる．Bの損害賠償措置の強制は，損害賠償資金の確保のために，原子力事業者に賠償責任保険の締結あるいは供託その他の措置を強制することである．この措置を採ることによって，被害者の無過失賠償請求権の実効性が担保され，また，原子力事業者にとっては損害賠償資金を長年の経常的支出によって確保できる．しかし，事故の規模によっては損害賠償額が巨額に上り，損害賠償措置によって補塡しきれない場合が想定される．そこを補塡するのが，Cの国家補償である．

この世界標準の構造と比較すると，日本の原賠法には大きな特徴が2点ある．第一に，Aの原子力事業者の無過失責任や責任の集中に加えて，「無限責任」を課し，責任をより厳格化している点である．無限責任とは，原子力事業者が被害者に支払う賠償額に限度を設けないということである．これに対して，多くの先進国や国際条約は，支払い賠償額に限度を設ける「有限責任」を採用している．第二に，Cの国家関与が「補償」ではなく「援助」であるという点である．援助とは，必ず執行される法律上の義務である補償と異なり，国の裁量判断によって決まるものである．

AとCの関係が，他の原子力導入先進国のように「有限責任＋国家補償」

---

17)　科学技術庁原子力局監修(1980)11～13頁.

の組み合わせであれば，原子力事業者と国家の損害賠償における役割と資金負担の分担は法的に明快であり，隙間が生まれることもない．だが，「無限責任＋国家援助」の組み合わせとなれば，原子力事業者と国の責任の境界線が曖昧で不明になってしまう．したがって，甚大な被害が生じて損害賠償額が損害賠償措置額を上回った場合において，そもそもその補塡を国が行うのか否か，行う場合は原子力事業者と国がどう分担するのか，現実に事故に直面して初めて，援助の意思決定と援助スキームの構築を，国がすべて行うことになるのである．

日本の原賠法が規定する損害賠償措置額は1200億円である．本過酷事故発生直後から，必要とされる損害賠償総額は3兆円とも5兆円ともいわれた．損害賠償措置額と現実に必要とされる資金との乖離ははなはだしく，それを埋めるために国の関与が必須であることは明白であった[18]．日本は原賠法の立法化以来およそ半世紀を経て，本過酷事故の発生によって，国家の役割が曖昧であるという原子力損害賠償制度の核心に残された問題に直面したのであった．国の役割を新たに規定しなければならない——これが，日本政府が支援機構法という新しい立法を必要とした理由である．

それでは，なぜ日本だけが，原子力事業者の厳格な損害賠償責任に対して国家の関与が弱く，曖昧でバランスを欠く，というような世界標準に比べて特異とも言える法律構成になっているのだろうか．実は，1960年当時，原賠法の草案を作成した我妻栄・東京大学法学部教授をはじめとする民法学者たちは，「有限責任＋国家補償」を強く打ち出していた．その草案を否定し，現行の法律構成に変更したのは立法化にあたった政府側であり，主導したのは大蔵省(現財務省)であった．では，大蔵省が，法律の専門家たちが主張した「明確なる国家の責任」を極めて曖昧なものに変えてしまった理由は，何なのだろうか．それはいかなる論理で正当化されたのであろうか．民法学者たちと政府の議論を通じて，どのような日本の行政における特性が見出せるのであろうか．

原子力損害賠償制度の特徴の1つは，各国が原子力産業を国家戦略として育

18)　大島堅一(2011)29頁には，損賠償額が「賠償法で規定されている賠償措置額の1200億円を大きく超えることは確実であった．そこで，事故発生直後より，この巨額の補償をどう円滑に実施するかが課題となった」とある．

成するにあたって，万が一の事態に備え，国民に安心を与えるための予防的措置として導入された点にある[19]．したがって，いくつもの事故体験の蓄積を生かして練り上げられたものではなく，さまざまな被害発生のありようを想像，想定しながら机上で設計され，修正が施され，構築されたものである[20]．こうした過去の教訓に裏打ちされていないという制度設計時の事情に起因する脆弱さを克服する努力が，この半世紀の間，欧米各国においては行われてきた．すでに述べたように，原子力損害賠償制度の目的は，①被害者の保護，②原子力事業の健全な発達，の2点にある．法文上はともに同格に扱われているが，原子力損害賠償制度の創設は原子力産業の勃興期にあたっており，実態は②原子力事業の健全な発達，に力点が置かれていた．だが，原子力産業が立ち上がり始めると，①被害者の保護，に次第に制度の運用または改正の比重を移すことになった[21]．例えば，原子力損害の概念を明確化すると同時に範囲を拡大し，損害賠償措置額の限度額を引き上げた．また，原子力事業者同士の相互扶助システムを構築させると同時に，国家責任も強化してきた．

過去2度，世界は深刻な原子炉損害に遭遇した．1979年のアメリカ・スリーマイル島原子力発電所(TMI)事故[22]と1986年の旧ソ連時代のチェルノブイリ原子力発電所事故である．TMI事故は，人体に影響を与えるほどの放射性物質の放出はなかったとされるが，地域住民などによる訴訟の結果，原子力事業者との間で和解基金2500万ドルが設定され，実際に，約300人に対して1430万ドルが支払われた[23]．チェルノブイリ事故の被害は国境を越えて広域かつ酷烈であり総被害額は15兆円に上ると見られている一方で，当時のソ連は原子力損害賠償制度を有しておらず，実際どれほどの賠償措置を政府が講じたか，正確には分かっていない[24]．原子力導入先進国における原子力損害賠

19） 科学技術庁原子力局監修(1980)12頁．

20） 広瀬研吉(2009)267頁．

21） 下山俊次(2004)75頁．

22） 1979年3月28日，アメリカ・ペンシルベニア州スリーマイル島原子力発電所で原子力事故が発生，原子炉冷却材喪失事故に分類され，メルトダウン(炉心溶融)によって燃料の45%にあたる62トンが溶融，そのうち20トンが原子炉圧力容器の底に溜まった．国際原子力事象評価尺度(INES)においてレベル5の過酷事故．詳しくは，第I部第2章参照．

23） 卯辰昇(2002)52頁．

償制度の拡充努力は，この2つの事故で加速した．

だが，日本は10年ごとに法改正を行って損害賠償措置だけは引き上げたものの，原賠法の骨格には何ら手を付けようとしなかった．その姿勢は，1999年，茨城県東海村の核燃料加工施設であるジェー・シー・オー(JCO)が起こした臨界事故[25]によって，日本で初めて事故被曝による死亡者を出すに至っても，変わることはなかった．衆議院議員の与謝野馨は大学卒業後，日本原子力発電株式会社に入社したこともあって，原賠法に精通している．その与謝野はJCO事故当時，原子力行政の責任者である通産相であった．なぜ，JCO事故を契機に原賠法が見直されなかったのか，という筆者の質問に対して，「JCO事故時に限らず，立法以来，原賠法はまともに議論されたことなど一度もなかった．役所と学者がアリバイ程度のことをしていただけで，誰も真剣に考えたことなどない．なぜならば，こんな事故が起きるとは，誰一人思ってもみなかったからだ」[26]と，与謝野は答えた．「こんな事故」とは，本過酷事故を指す．

予防原則[27]の研究を積み重ねたキャス・サンスティーン[28]は著書『最悪のシナリオ』[29]で，壊滅的な損害が人間社会に生じるおそれがある場合(最悪のシナリオ)の原因となるリスク因子であるキャットリスク(Catastrophic Risk の略)に対して，人々はいかに向き合うべきか，という本論と通底するテーマを取り上げ，人々はキャットリスクに対して，「過剰な反応」と「完全な無視」という正反対の反応を示すことを明らかにしている．例えば，アメリカでは気候変動リスクが無視されがちであり，だが，大惨事の潜在的可能性が気候変動リスクと同等であるテロリスクについては過剰に反応していて，その理由を，テロリスクのほうが大惨事の帰結が想起されやすい点に求めている．

---

24)　下山(2004)75頁では，「14～15兆円とも見られた損害に対してソ連政府が行った損害賠償は2300億円程度」と推測されている．

25)　日本初の臨界事故．死者2人が発生，初めて原賠法が適用された．第I部2章参照．

26)　筆者のインタビューに対する回答(2011. 7. 11)．

27)　The Precautionary Principle の訳．重大で取り返しのつかない損害のおそれがある場合には，科学的な根拠が十分になくても，予防的措置を積極的に講じるべきである，という原則．

28)　1954年生まれ，ハーバード・ロースクール教授．アメリカの法学者．

29)　サンスティーン(2012)．

翻って，与謝野が指摘する，「こんな事故が起きるとは，誰一人思ってもみなかったから，原賠法がまともに一度も論議されなかった」という状況を，サンスティーンの分析に沿って言い換えれば，原発リスクというキャットリスクを日本社会は「完全に無視」し，予防原則の政策妥当性の検討を放棄していた，それは，原子力発電施設の安全性を信じるがゆえに，原発リスクの大惨事の帰結が想起されにくい状態に置かれ続けたからだ，ということになろう[30)]．ではなぜ，日本はそうした思考停止に陥り，50年もの間，“原賠法不変の構図”にはまり込んでしまったのだろうか．

他方，原子力損害賠償制度の拡充を進めていた欧米においても，破局的原子力事故に実際に遭遇したとき，机上の制度と現実のギャップがあらわになり，実効性が十分ではなく，意図した通りに制度が機能しないという懸念は残っていた．世界で最も高額の損害賠償措置額を規定しているアメリカでさえ約1兆円なのである．だが，不幸にして先進国で初めて現実の破局的原子力事故に直面したのは，最も制度的に立ち遅れていた日本であった．損害賠償費用だけで3〜5兆円を必要とする事態を前にして，原賠法は機能せず，原賠法の規定だけでは迅速かつ適切な被害者救済は，とうてい不可能であった．日本の賠償措置額は，わずか1200億円なのである．

それでは，なぜ日本の原子力賠償制度はこのようなかたちをとることになったのだろうか．ここには3つの問題が含まれている．

(1) 損害の賠償についてどのような法的措置が準備されていたのか，

(2) 3月11日の事故発生後，どのような損害賠償制度が準備されたのか，

(3) 支援機構法に基づく東京電力への資金援助がどのような制度の下で実施されたのか．

本論文では，この3つの疑問に対して，

第Ⅰ部 「原子力損害の賠償に関する法律」における国家の責任

---

30) サンスティーンの『最悪のシナリオ』の解説で，齊藤誠(2011)312頁は，本書のメッセージは本過酷事故にも当てはまるとし，政府や専門家に限らず，「日本に住む人々の多くが，原発事故前には，原発施設が完全に安全なものだと都合よく考えて，原発リスクに関心をまったく払ってこなかった．その結果，原発事故で想起容易性が高まると，原発リスクに対して，まさに「完全な無視」から「過剰な対応」に市民の態度が一変した」とする．

第 II 部　原子力損害賠償支援の政策学

第 III 部　賠償・除染・廃炉——東京電力国有化の論理

以上の 3 部に分けて論述を進めてゆきたい．それぞれは，時系列で区切られている．第 I 部は，アメリカのアイゼンハワー大統領が第二次世界大戦後に原子力の平和利用を提唱し，日本も原子力産業育成の一環として原子力損害賠償制度を導入した 1960 年頃から福島第一原子力発電所の発災までの 50 年を対象とする．第 II 部は，本過酷事故の発生を受けて政府が損害賠償スキームの検討に入り，支援機構法に結実し，支援機構が設立された 2011 年 9 月までの 6 か月間である．第 III 部は，支援機構が東京電力に資金援助を開始し，翌 2012 年 7 月に東京電力の株式 1 兆円を購入，議決権の過半を取得することによって国有化するまでの 9 か月間である．

「原子力損害の賠償に関する法律」における国家の責任

第 1 章

原子力事業者の厳格責任と国家関与の曖昧

第1節　なぜ原子力損害賠償制度は必要とされたか

1　アイゼンハワーの戦略転換と原子力損害賠償制度の誕生

ドイツ人科学者であるオットー・ハーンとフリッツ・シュトラスマンが原子核分裂による大量エネルギーの放出現象を発見したのは，アドルフ・ヒトラーがドイツを掌握してオーストリアを併合，さらにチェコスロバキアに侵攻した第二次世界大戦前夜の1938年であった．原子核分裂発見のニュースは瞬く間に枢軸国の科学者と軍事関係者に広がり，原子力開発の軍事利用(Military Use)競争の火蓋が切られた[1)]．

競争に勝利したのは，アメリカだった．原子核分裂発見から4年後の1942年，シカゴ大学に極秘裏に建設された「シカゴ・パイル一号」(CP-1)[2)]が，原子炉として歴史上初めて臨界に達し，人類最初の原子の火を燈す栄誉を担うこ

---

1)　吉岡斉(1999)7頁には，「原子力というのは通俗的用語であり，正しくは核エネルギー(または原子核エネルギー)と表記すべきだということは，科学者の間では常識に属する．原子力という言葉を使うこと自体を嫌う研究者も少なくない．また原子力という言葉にはもう一つの問題がある．核エネルギーという言葉は，軍事利用(military use)と民事利用(civil use)の双方を指すものとして，ごく自然に理解されるが，原子力という言葉は少なくても日本では，もっぱら民事利用分野をさすものと理解されることが多いのである．それは核エネルギー技術の本質的なデュアリティ(軍民両用性)の理解を鈍らせる結果をもたらす恐れがある．このように原子力という言葉を使うことには慎重であるべきだが，筆者としてはそのことを断った上で，この言葉を使いたい．なぜならそれは日常語として広く普及しており，核エネルギーの同義語であることについても，大方の了解が存在するからである」とある．筆者は吉岡の立場を支持し，本稿でも原子力という言葉を使用する．

2)　「発電用原子炉の炉型」(01-01-01-10)は，「原子物理学者エンリコ・ヘルミによって作られた，天然ウランと黒鉛からなる人類最初の原子炉」とする．

とになった．CP-1は，原子爆弾材料のプルトニウム239生成用の原子炉を設計するために開発された実験炉であり，国家的原爆製造計画である「マンハッタン計画」[3)]の重要な構成要素の1つだった．アメリカは「マンハッタン計画」を成功させ，太平洋戦争の終結間際の1945年8月，日本の広島と長崎に原子爆弾を投下した．それ以来，およそ70年に亘って核兵器は国際安全保障の最重要課題であり続け，「核廃絶」に道筋をつけるどころか，今なお世界は核保有国の増加を止められないでいる．

原爆投下から8年後の1953年12月8日，アメリカ大統領ドワイト・アイゼンハワーは国際連合総会において，「アトムズ・フォー・ピース(平和のための原子力)」と題した演説を行った[4)]．アイゼンハワーは国際原子力機関(IAEA)を創設し，核物質を共同拠出することで軍事利用が先行した原子力を平和への手段に転換するよう，ソ連(当時)を含む関係各国に訴えた．世界を原子力の平和利用，つまり民事利用(Civil Use)に導くことになった歴史的演説を終えると，会場から賞賛の拍手が絶えず，アイゼンハワーの眼は，感動の昂りで輝いていた[5)]．

アイゼンハワー政権は，着々と原子力の平和利用という名の商業利用解禁準備を進めていた．山崎(2011)によれば，アメリカ議会は上下両院の原子力に関する合同委員会を発足させ，83の機関から113人が証言した公聴会報告書「原子力開発と民間企業」をまとめた．そこには，アメリカ以外の国々の原子力開発の状況と，それに対するアメリカの政策的対応が書かれていた．ポイントは2つあった．第一は，経済的視点である．電気料金がアメリカの2~3倍もの国が多くあり，原子力への期待も高い．アメリカがこれらの電力不足の国々の原子力開発を援助すれば，「海外の諸国を獲得し保持することができる」．

---

3) 1942年に開始された原爆製造計画．「マンハッタン計画」(16-03-01-09)は，「計画推進の事務所がニューヨークのマンハッタンに設けられたことから，マンハッタン計画と呼ばれた．大統領直轄プロジェクトとして，アメリカは第二次世界大戦終結の1945年までの3年間に，約20億ドルの国家予算の支出と最盛期には60万人の動員を行った」とする．

4) 和訳全文はアイゼンハワー(1953)にある．

5) 山崎正勝(2011)148頁．元資料は，Richard G. Hewlett and Jack M. Holl(1989), *Atoms for Peace and War, 1953-1961: Eisenhower and the Atomic Energy Commission*, Berkeley: University of California Press(『平和と戦争のための原子』)第2章．

第二は，外交的視点である．原子力の民事利用においてリーダーシップを維持することに失敗すれば，「政治的宣伝効果の損失が甚大なものになる」と，報告書は主張する[6)]．

議会の動きに刺激されて，産業界も動き始めた．原子力委員会がアメリカ初の商業用原子炉開発の発表を行った1953年，産業界と原子力委員会は海外の要人を含めた会議を主催，原子力潜水艦の原子炉製造で知られるジェネラル・ダイナミックス社のジョン・ホプキンス社長兼会長は，「十分な資金と積極的な努力があれば，10年から15年のうちに原子力に関する可能性が明確になる」と国内の商業利用促進に意欲を見せた．同時にこの会議もまた，国際政治の視点を重要視していた．当時，ソ連が予想を超えた速さで水爆実験に成功しており，核兵器の能力を高めたソ連に対して，「原子力および熱核兵器で報復する能力において，われわれははるかに強力でなければならない」と危機感を高め，「ソ連はすでに原子力の平和利用を進めており，それらを友好国に供与する準備をしている」と警戒感をあらわにしている[7)]．こうしたアメリカの急速な動きを真近で見ていたのが，1953年にハーバード大学のサマーセミナーに参加していた中曽根康弘であった．この時，中曽根は日本における原子力予算の獲得を密かに決意した[8)]．

アイゼンハワー大統領の国連総会での演説は，こうした彼の政権が進めてきた新原子力戦略の結果でもあった．アイゼンハワーは，民事利用においてもアメリカが世界を主導すべく，新たな原子力政策の構築に向かったのだった．吉岡(1999)によれば，その新戦略は，第一に，「原子力における国際協力の促進と原子力貿易の解禁」，第二に，「原子力開発利用の民間企業への門戸開放」と

---

6)　山崎(2011)146頁．元資料は，1953 "Summary of the Hearing before the Joint Committee on Atomic Energy," Washington, DC: United States Government Printing Office, 1953, Nuclear Energy; Basic Documents on Technological, Economic, Environmental, and Legal Issues, 1945-1979 (Washington, DC: A Microfilm Project of University Publications of America, Inc., 1979).

7)　山崎(2011)148頁．元資料は，National Industrial Conference Board ed. (1953), "Minutes of 2nd Annual Conference, Atomic Energy in Industry," folder 108, 1954 (3), Central Files, Official Files Box#524, Abilene (Kansas). Dwight D. Eisenhower Presidential Library and Museum, pp. 8-13.

8)　中曽根康弘(2004)44～45頁．

いう２つの骨子にまとめることができる[9]．ここから原子力産業の世界的勃興が，アメリカの先導によって始まる．ただし，ここで踏まえておかなければならないのは，前述したように，アイゼンハワーの新戦略は，アメリカの原子力産業の活性化策であると同時に，東西冷戦に備えた西側諸国の囲い込み戦略であり，アメリカ議会も産業界もそれに理解を示していたという事実である．「アメリカは平和技術と濃縮ウランを西側同盟国に供与する一方で，イギリスには極秘にしていた核兵器情報と技術を引き渡していた」[10]ことが今日ではわかっている．アイゼンハワーは，米国の核戦略を，「アトムズ・フォー・ウォー」から「アトムズ・フォー・ピース」に転換したわけではない．「アトムズ・フォー・ピース・アンド・ウォー」に衣替えし，核エネルギー技術の本質的なデュアリティ(軍民両用性)をフル活用し，核兵器と原子力平和利用のバランスを巧みに取りつつ，顕在化しつつあった冷戦のヘゲモニーを握ろうとしたのである．当然のごとく，占領を終えたばかりの日本は真っ先にその対象となった．その意味で，日本の原子力開発はアメリカに促され，開始されたと言えるのである．

技術革新は時代の社会的，経済的要請によるばかりでなく，技術そのものの熟成の結果，生み出され，発展するのが一般的である．だが，原子力は違う．「ビッグ・サイエンスとして国家がその威信をかけて意識的に創り出したものであること．しかも技術開発の最も初期の段階からすでに危険の可能性(リスク)を明確に認識せしめていた点において，他の産業技術とは決定的に異なっている」[11]．日本に投下された原爆は，その破壊力以上に放射能による人的あるいは物的損害の大きさと深刻さを証明した．その核兵器と原子炉は，核分裂エネルギーを利用することにおいては同じである．異なるのは，前者が「核分裂の連鎖反応の無限大への拡大」であるのに対し，後者は「核分裂の制御された持続」であることだ．したがって，原子炉事故によって多量の放射性物質が飛散した場合，甚大な被害が引き起こされるのは不可避である．こうした潜在

9) 吉岡(1999)65頁．
10) 山崎(2011)149頁．
11) 下山俊次(1976)416頁．

的危険性は当然のことながら，原子力平和利用が具体化する前から認識されており，論理の必然的結果として，原子力平和利用に関する法制度整備は「危険予防措置」と「事後救済制度」の2つが必須となる．危険予防措置とは，行政ならびに原子力事業者らへの厳格かつ多様な規制体系であり，事後救済制度が原子力損害賠償制度である[12]．

翻って，アイゼンハワーによる原子力開発への参加の呼びかけに対して，アメリカの産業界が嬉々として応じたわけではなかった．卯辰(2002)や科学技術庁原子力局監修(1980)などによれば，彼らは民間企業としてリスクを最大限軽減すべく，慎重な姿勢で2つの条件を出した．第一は，動力炉の研究開発は政府が継続することである．動力炉とは，動力源として使われる原子炉のことであり，発電用原子炉や艦船の推進用原子炉を指す．原子力システム開発の根幹部分の研究開発継続の保証を，軍事用開発でスキルを蓄積していた政府に求めたのは当然であったろう．そして，第二の条件が，原子力事故に備えて損害賠償制度を構築することであった．産業界は，原子力事業の潜在的危険性を十分理解し，大規模な事故が発生した場合，負担不能な額の損害賠償責任を被る可能性があることから，民間企業が参入するには，損害賠償責任をある一定額に制限してもらうことが必須であることを認識していた．政府もまた，民間企業側の強い要請の意味を十分に理解していた[13]．

アメリカ政府は1954年，原子力法の改正を行った．1つの原子力事故から生じる原子力事業者の責任を5億6000万ドルで制限し，原子力事業者に，民間保険業界から得られる原子力損害賠償責任保険の最大額を付保することを義務付けた上で，これを超過する損害は国家が補償するという内容である．当時の最大の保険付保額は6000万ドルであり，したがって国家補償額は5億ドルであった．民間保険会社の保険引受額が少なかったのは，原子力発電事業の黎明期にあって，保険会社が原子力リスクとそれから生じる損害額を正確に算定するだけの能力に欠けていたために，保険引受けに際して慎重になったためと考えられる[14]．これが，世界で初めての原子力損害賠償制度を定めたプライ

12)　下山(1976)434頁．
13)　卯辰(2002)34頁，科学技術庁原子力局監修(1980)14頁．

ス・アンダーソン法(以下，PA 法)である．原子力事業者の責任は有限であり，なおかつ実質的な賠償金負担はゼロ，代わって政府が負うことになった．

1950 年代以降，アメリカを先頭に原子力の平和利用，原子力産業の育成を揃って推進した先進諸国は，他方で，車の両輪のごとき必然として原子力損害に備えた賠償制度においてもアメリカの影響を受けつつ整備を進めたのだった．なぜなら，「各国の原子力平和利用が米国との国際協力によって推進されたこと，そしてその際米国が，原子力損害に関し製造者が賠償責任を負わないような制度を作ることを原子力資材の輸出の条件として要求した」[15]からである．

2　原子力損害賠償制度の特質と日本の「無限責任」という特異性

このように，原子核分裂発見から原爆開発，原子力の民事転用に至る経緯を振り返れば，原子力損害賠償制度はその誕生の時点で，2 つの特徴を持っていたということが可能である．第一は，軍事利用が先行した原子力の民事転用を国家戦略として進めるために，民間企業に対するインセンティブ制度として設計されたという点である．第二は，事故被害者を救済するための損害賠償制度であるにもかかわらず，具体的な原子力損害の経験の蓄積の上に立って設計されたものではないことである．例えば，労働基準法，鉱業法，自動車損害賠償補償法，あるいは大気汚染防止法などの公害関連法が定める損害賠償制度はいずれも，長年の経緯を踏まえて被害者の法制化が社会的に要請された結果，整備されたものである．しかし，原子力損害賠償制度は前述したような潜在的危険性への大きな不安感が，ただの一度も現実に公衆災害を引き起こしていないうちから，万が一の事態に備える安心救済制度として，被害甚大のありようを想像かつ試算しつつ構築されたのである[16]．

原子力損害賠償制度はこれまで述べてきたような経過と性質から，国際条約はもとより，世界各国の国内法も極めて似通った法制度を採用していることに特徴がある．その共通項の第一は，基本方針としていずれにも，①被害者の保

14)　卯辰(2002)34 頁．
15)　科学技術庁原子力局監修(1980)14 頁．
16)　科学技術庁原子力局監修(1980)12 頁．

護，②原子力事業の健全な発達，という2つの目的が記されている点にある．この点もまた，被害者救済を専ら目的とする他の損害賠償制度とは極めて異なっている．被害者保護とともに事業育成が二大目的とされた理由は，原子力の民事転用を国家戦略として促進するために民間企業のインセンティブ制度として設計された経緯から理解できるであろう．

この2つの目的の関係に対しては，2つの正反対の見方が可能である．第一は，互いに補完し，相乗効果をもたらすという見方である．すなわち，「被害者の徹底的な保護」を万全とする制度が構築されてこそ，安心が広がり，原子力発電所の立地が促進され，「原子力事業の円滑な発達」が可能となる．そして，そのことによって原子力事業者の損害賠償能力が高まって，被害者救済，保護の実効性が高まるという関係となる，とする[17]．第二は，互いに矛盾する，あるいは二律背反の関係にあるという見方である．被害者保護を重視すれば，原子力事業者に重い賠償責任を課さねばならない．逆に，原子力事業の発達のために事業者の負担を軽減すれば，被害者保護に十分な賠償原資を充当できない恐れがある，とする[18]．

各国の原子力損害賠償制度において，2つの目的は形式上，同格で記されている．だが，過去50年の歴史を振り返れば，原子力開発の進展によって2つの目的の関係は微妙に変化した．いずれの国においても原子力損害賠償制度の発足当初は，これまで述べたような経緯を踏まえて後者の原子力事業育成に比重がかかっていた[19]．それが，この半世紀の間に各国で次第に前者の被害者救済に力点が移り，その傾向が顕著になった．例えば，ドイツでは法制度が改正されて，「原子力事業の健全な発達」が削除されて，「被害者保護」だけが残された．アメリカのPA法も，次第に保険の額を引き上げ，国家補償の額を低減し，他方，原子力事業者の相互扶助による共済制度を導入した．こうした変

---

17)　竹内昭夫(1961)29頁．

18)　この正反対の2つの見方は，状況によって妥当性が異なる，とも考えられる．すなわち，これから原子力産業を発展させるとともに原子力損害賠償制度を構築しようとする初期段階においては，第一の相乗効果をもたらすという見方が有効であろう．だが，2011年3月11日の本過酷事故発生以降に見るように，実際に破局的な事故が起こってからは，二律背反の側面が強くなる．

19)　下山(2004)73頁．

化がいかなる時代潮流の中で起こったのかについては，第2章で詳しく述べる．

さて，2つの目的が前述したような二律背反の関係に陥ってしまった場合は，第三者が資力を持って調整，解決するしかない．その第三者とは，国家である．不測の事態における巨額の賠償負担が発生した，あるいはその可能性があるという事態に対処するには，国家が責任を持った立場で関与する必要が生じる．万が一の事態にいかに国家が関わるのか，国の役割こそが原子力損害賠償制度設計の核心部分なのである．

序章第3節で述べたように，各国の原子力損害賠償制度はその目的だけでなく，基本的枠組みにおいてもほぼ同様の構造を有しており，3本の柱で構成されている．すなわち，A.原子力事業者責任の厳格化(無過失責任・責任の集中原則)，B.原子力事業者への損害賠償措置の強制，C.国家補償である．このA,B,Cがどのように関係するのか，法律家による説明に基づいて，さらに詳しく整理しておこう[20]．Aの原子力事業者が厳格責任を果たすには民間保険加入などによって，Bの損害賠償措置を確保する必要があり，Bの損害賠償措置とCの国家補償はセットになることで被害者に対する賠償責任範囲をすきまなく埋めることができる．Aの原子力事業者の厳格責任とCの国家補償は，相互に賠償責任を規定しあう関係にある．端的に言えば，両者が賠償資金総額をいかに分担するかであり，例えば，Aの範囲を決めてしまえば，Cはそれ以外のすべてを負うことになる．Aの範囲の大小によって，Cの負担も変化する．つまり，原子力事業者の責任を制限し，その範囲を超えた賠償責任は国が負う．

事故原因者たる当事者の賠償責任を制限するのは，他の損害賠償制度に見られない最も特徴的な点であり，「有限責任」と呼ばれる．アメリカのPA法をはじめとして，数多くの原子力導入国が損害賠償制度の構築にあたって有限責任制を採用した[21]．ところが，日本は責任制限を行わず，「無限責任」を取り入れた．ここが日本の原子力損害賠償制度の最大の特徴にして，最大の問題点である．

原子力事業者に「無限」の責任を負わせたとしても，現実の原子力事業者の

20）例えば，最も初期のものに，竹内(1961)29～30頁がある．
21）ドイツは1985年の法改正で，無限責任に変更した．

	日　本	各　国
原子力事業者	無限責任	有限責任
政府(国)	援助(裁量)	補償(義務)

収益力と資産力は「有限」である．そこを超えて損害賠償が発生したら国が被害者を救済せざるをえない．だが，日本の原子力損害賠償制度において規定されているのは，「補償」ではなく「援助」である．援助とは必ず執行される法律上の義務である補償と異なり，政府の裁量判断によって決まるものである．被害者を救済するか否か，救済する場合の原資を原子力事業者と国がどう分担するか，現実に事故に直面して初めて，政府が決定することになっている．つまり，AとCの関係が極めて曖昧であり，基本構造である3本の柱がうまく支えあう構造になっているとは言いがたいのである．それでは，原子力損害賠償制度設計の核心部分である国家の役割が，日本だけが曖昧であるのはなぜであろうか．以下に詳しく検証する．

3　日米原子力協定における「免責事項」要求

太平洋戦争の敗戦から16年後，日本が経済復興の坂を駆け上がって高度経済成長の軌道に乗り始めた1961年，池田勇人を首相とする自民党政権下で，原賠法が，「原子力損害賠償補償契約に関する法律」(以下，補償契約法)とともに制定された．いわゆる原子力二法として，わが国の原子力賠償制度の根幹を成す法律である．では，1961年当時，なぜ原子力損害賠償制度が必要とされ，その構築のために原賠法が立法化されたのか．原賠法の解説に立ち入る前に，時代背景をまず整理しておきたい．

すでに述べたように，アイゼンハワーの原子力産業育成の新政策は「原子力における国際協力の促進と原子力貿易の解禁」，ならびに「原子力開発利用の民間企業への門戸開放」という2つの骨子からなるものだった．原子力貿易解禁と民間企業への門戸開放――つまり，アメリカは原子力の平和利用の名を借りて，原子力発電に必要な材料，機器，設備，システム，運営ノウハウすべての輸出を促進する新たな産業政策を打ち出したのであった．吉岡(1999)によれば，1954年，米国は新原子力法を可決，二国間ベースで核物質・核技術を相手国に供与する政策を制度化，二国間協定方式を採用，イギリスなど各国はただちに追随した[22]．その対象に，占領国の日本が含まれているのは当然だった[23]．

吉岡(1999)は，原賠法が成立した1961年の前後10年間である1954年から65年までを，日本における原子力平和開発利用の「制度化と試行錯誤の時代」として位置づけている[24]．1954年を「制度化」の元年としたのは，日本で初めて原子力予算が提出され，成立したからである．内訳は，原子炉築造費2億3500万円，ウラニウム資源調査費1500万円，原子力関係資料購入費1000万円，総額2億6000万円であった．この原子力予算の登場が，前述したアメリカのPA法成立と同年であることに注目したい．両者は密接に連動していた．日本は占領期間に原子力研究を禁止されたままで，解禁されていなかった．それにもかかわらず，かねて原子力開発に強い関心を寄せていた一部の政治家が，アメリカの原子力政策の転換を目の当たりにして危機感を高め，すかさず予算を確保に動いたのだった．その中心人物が当時アメリカに滞在中だった中曽根康弘である．このとき原子力予算作成を主導したのは中曽根本人に加え，川崎秀二，椎熊三郎，桜内義雄，稲葉修，斉藤憲三といった改進党[25]の代議士たちであった．中曽根らは1954年3月，予算成立の直前に突如として原子力予算を組み込んだ修正案を提出した[26]．修正に応じなければ改進党は予算審議に応じないという奇襲が奏功し，原子力予算は深い議論もないままに認められた．広島，長崎の原爆体験からわずか9年後のことであり，メディアは「原爆

---

22) 吉岡(1999)66頁．

23) 1954年，アメリカはマーシャル諸島のビキニ環礁で熱核兵器実験を行った．日本では，広島，長崎に続いて3度目の被害を受けたという感情が広がった．山崎(2011)174～183頁は，アメリカが日本における批判的な世論形成と，ビキニ事件が共産主義者のプロパガンダに利用されることに対する憂慮から，アイゼンハワーの新戦略からさらに踏み込んで，日本に対する原子炉輸出計画が浮上した経緯を詳しく紹介している．また，時のアースキン国防長官補佐官は，「原子力エネルギーの非軍事的利用での力強い攻撃こそ，予想されるロシアの行動に対抗し，日本ですでに生じている被害を最小化するのにタイムリーで効果的な方法になるだろう」と述べた，としている．

24) 吉岡(1999)63頁．

25) 1952～54年に活動した政党の1つ．54年に自由党を離党した鳩山一郎らと日本民主党を結成，55年の保守合同で自由民主党が誕生した．

26) 中曽根(2004)43頁．

予算」だと激しい批判を繰り広げたが，国策としての原子力開発の決定は揺るがなかった．

原子力予算の出現を受けて，政・官・財の共同歩調による日本の原子力開発利用体制が急速に整えられていく．政府は経済企画庁に原子力担当課を設置，また1955年には国際連合第一回原子力平和利用国際会議(ジュネーブ)に超党派の代表団を送り込む．その中心は，またも中曽根であった．中曽根らはスイスのあと，フランス，イギリス，ドイツ，アメリカ，カナダの原子力施設を視察，帰国した羽田空港で記者会見し，議員立法で原子力開発推進のための法案提出を表明する．それが1956年，いわゆる原子力三法(原子力基本法[27]，原子力委員会設置法，総理府設置法の一部を改正する法律――原子力局設置に関するもの――)の成立，施行につながる．これを受けて，日本の原子力行政の最高審議機関として原子力委員会が設立された．メンバーは，石川一郎[28]，有沢広巳[29]，湯川秀樹[30]，駒形作次[31]であった．また，この年に設立された科学技術庁に総理府に設置されていた原子力局が移管された．科学技術庁長官と原子力委員会委員長は，正力松太郎[32]が兼任した．同年には，特殊法人日本原子力研究所(原研)が設立され，原子力燃料公社(1967年に動力炉・核燃料開発事業団＝動燃へ改組)が発足した．

他方，民間側の動きも急になる．正力の強い要請で，産業界は1956年，電力会社，重電機メーカーを中心に日本の基幹産業のほとんどを網羅する350社以上が参加して，日本原子力産業会議を発足させた．初代会長には東京電力会長の菅禮之助が就いた．産業会議発足に連動するように，東京電力は，東芝・日立製作所両グループと協力して原子炉導入の研究会を立ち上げた[33]．他方，

27)　原子力の研究開発，利用の促進(エネルギー資源の確保，学術の進歩，産業の振興)に関して定めた法律．

28)　1885～1970．東京帝国大学助教授，日産化学社長を経て経済団体連合会初代会長．

29)　1896～1988．マルクス経済学者．傾斜生産方式を立案，戦後の経済政策を指導した．

30)　1907～1981．理論物理学者．1949年日本人で初めてノーベル賞受賞．

31)　1904～1970．電気工学者．1957年日本原子力研究所理事長(日本原子力研究所は56年に創設された原子力に関する総合的な研究機関であり，2005年に核燃料サイクル開発機構と統合，独立行政法人の日本原子力研究開発機構となった)．

32)　1885～1969．警察官僚出身．読売新聞社社長，日本テレビ社長，第一次岸信介内閣(1957)で国務大臣(国家公安委員長，科学技術庁長官，原子力委員会委員長)．

原子力損害賠償制度の三本柱の1つである損害賠償措置においては原子力責任保険が中心であり，損害保険業界は1958年頃から原子力保険の引受けについての研究を進めた．1960年には国内損害保険会社20社が大蔵大臣から原子力保険事業の免許を受け，外国の例に倣い日本原子力保険プール[34]を結成した[35]．

このように，アメリカの原子力新戦略に導かれ，日本の原子力開発は，政・官・財が呼応しあって動きが加速したのだった．1956年，日米原子力第一次協定を締結，アメリカからの核物質・核技術導入を梃子にすることで，ついに原子力の開発利用が始まった．日本において原子力損害賠償問題が初めてクローズアップされたのは，このときである．科学技術庁原子力局政策課長として原賠法の立案責任者だった井上亮は，原賠法成立後に，原賠法が必要とされた発端は，「日米原子力協定の第一次協定が締結されて，その中ではじめて免責条項という問題が国内で問題になったこと」[36]と，振り返っている．

アメリカが，日米原子力協定の細目協定の中で，日本が核物質である燃料を引き受けた後はアメリカ政府の一切の責任を免除する，という内容の免責条項を要請してきたのである[37]．日本側は難色を示したが，アメリカ側の主張は極めて強く，この条項なくしては濃縮ウランを賃貸しえないというほど重要な条項だとして，強硬に要求してきた．結局，1956年11月に締結された細目協定で，燃料引受けにあたり公正な第三者による検査を実施することを規定した検査条項を挿入する代わりに，アメリカの免責要請は受け入れられた．次いで，1957年には日英原子力協定の交渉に際し，イギリスもまた免責条項[38]を申し

---

33) 東京電力社史編集委員会編(1983)351～352頁．

34) 日本原子力産業協会政策推進部編(2012)17頁は，「原子力保険は，……その引受保険金額が巨大となるため，各国では多くの損害保険会社が参加する原子力保険プールを設立して，共同で保険引き受けを行っている．さらに，各国の保険プールとの間で再保険契約を結ぶことによって，巨額な引受リスクの分散と引受能力の増大を図っている．我が国においては，1960年に日本原子力保険プールが設立され，2012年4月1日現在23の会員保険会社によって原子力保険事業に関する共同行為を行っている．(独禁法の適用除外の認可を取得)」とする．

35) 科学技術庁原子力局監修(1980)28頁．

36) 我妻栄他(1961)12頁．

37) 「特殊核物質賃貸借に関する日米協定要綱」の8.米国政府の免責「日本政府は燃料の引渡を受けた後は，燃料の生産，加工，所有，貸与，占有，使用等に起因する一切の責任について米国政府の責任を免除するものとする」．

入れてきた．交渉は難航したが，結局日本政府は受け入れた．

原子力平和利用の立ち上がり時期にあった当時，原子力発電の設備開発が本格化し，電力事業者による事業計画のみならず，大学における研究炉の計画も次々具体化されていた．とりわけ注目を集めたのは，日本で初めての商業用原子力発電所となる茨城県東海村における日本原電東海原子力発電所の建設計画であった[39]．問題は，これら候補地の自治体，住民が，万が一原子力災害が生じた場合の賠償措置が法制度として整っていないことを強く不安視し，最終立地選定に困難をきたしたことだった．なかでも，これ以後原子力利用のメッカとなる東海村からは，賠償制度確立の要望がたびたび強く出された．日米原子力協定における「免責事項が国内で問題になった」のは，そうした状況を反映してのことだったのである．燃料と技術の供給元であるアメリカが免責されるのであれば，いったい誰が責任を負うのか，地元の不安が募るのは当然といえよう．

だが，視点を変えてみれば，原子力損害賠償制度の必要性を喚起させたのが日米・日英原子力協定における免責事項の要求であったということは，日本が政・官・財が協調，一体化して原子力事業に参入，推進し始めていたにもかかわらず，誰もが損害賠償問題の重要さに鈍感であったことの証左でもあろう．この当事者意識の希薄さは，損害賠償制度が原子力産業の参入条件であるとしたアメリカとは明らかに異なる．しかも，日本は世界で唯一の被爆国として，国民の核に対する拒否反応は強く，その点からも被害者保護は手厚く考えられなければならなかったはずである．万が一の事態に対する原子力事業推進者たちの想像力と戦略性の欠如は，原賠法の本質的な欠陥へとつながっていく．

---

38)　科学技術庁原子力局監修(1980)21頁は，「提供された燃料の生産，加工を原因として生じる損害に対する責任，とくに第三者損害に対する責任について，その燃料の引渡し後は日本政府が英国政府または英国原子力公社に対しその責任を免れさせ，かつ，損害を与えないようにする」という規定と説明する．

39)　原子力委員会は1956年，茨城県水戸地区(東海村)を，原子力発電所の集中立地とすることを決定した．日本原電が東海発電所の原子炉設置許可および電気事業経営許可を取得したのは59年で，60年に着工開始，初臨界が65年，66年に営業運転を開始した．この経緯からも，原賠法は原子力損害事故の経験を生かすどころか，原子力発電設備すらまだ存在しない段階で構想され，立法化されたことがわかる．

4　原賠法の立法化における4つの制約条件

こうして供給者の責任免除を強く要求するアメリカとイギリスとの原子力協定の交渉を契機として，原子力損害賠償制度の検討が本格的に開始された．政府は1958年，原子力委員会に原子力災害補償専門部会(以下，専門部会)を設置，制度具体化の第一歩として，海外調査団の派遣を行った．専門部会は，東京大学教授で民法学の権威である我妻栄を部会長とし，学者5名，関係業界代表6名，政府関係機関職員6名をもって組織され，18回の部会審議を経て，1959年に専門部会答申を原子力委員会に提出した[40]．時の原子力委員会委員長は，日本初の原子力予算獲得の立役者である中曽根康弘であった．この専門部会答申をベースに，政府の立法化作業が行われることになる．

あらゆる法制度が時代の要請に応えるべく構築される以上，法制度化を進めるにあたっては避けることのできない前提あるいは制約条件が，あらかじめ付与されている．竹内(1961)は，原子力二法が成立した直後に，専門部会答申をまとめるにあたって制約となった前提条件を4つ挙げている[41]．第一に，原子力災害の原因や災害規模が明確になっていない点，第二に，原子力の平和利用が国策として決定し，国家資金による研究開発だけでなく，民間会社が大型発電炉を輸入して実用化する段階に入っていた点，第三に，原子力損害の被害は国境を越えるため，世界標準の法制度に準拠せざるを得ない点，第四に，賠償措置額の決定に際し，民間保険の引受け能力が低い点，である．ここでは，第一と第二の点を深く掘り下げておきたい．

第一の点については，すでに述べたように，原子力損害賠償制度は生まれ持った特徴が，具体的な原子力損害の経験の蓄積の上に立って設計されたものではなく，万が一の事故の発生に備えるものとして，被害甚大のありようを想像かつ試算しなければならなかった故である．例えば，原子炉事故によってどのような規模や形態の事故や損害が考えられるか，アメリカでは1957年，ブルック・ヘヴン国立研究所によって「大型原子力発電炉における主要な理論的可能性と結果」[42]という報告書が作られ，原子力損害による被害は70億ドルに

40)　科学技術庁原子力局監修(1980)22頁．
41)　竹内(1961)29頁．

及ぶだろう，と指摘してはいるが，その発生原因，発生確率，被害規模などは明確ではなく，あくまで想像と試算の範囲にとどまるものだった．当時においては，アメリカ・スリーマイル島事故も，ソ連・チェルノブイリ事故もまだ起きていないことにも注意しなければならない．

実は，世界初の原子炉重大事故が起きたのは1957年，イギリス・ウィンズケール原子力発電所においてである．炉心火災を発端とするメルトダウン事故で，周囲に大量の放射能を撒き散らした[43]．だが，原子力技術者や物理学者の安全論争の題材にはなったものの，当時のイギリスの政権が被害状況を極秘にしたため，損害賠償制度に反映されるべき貴重な教訓とはならなかった．事故から4年を経過した1961年になり，専門部会答申をまとめるにあたっても，事故の影響がどれほどなのかまだよくわからなかったのである[44]．

日本においては1959年，科学技術庁が日本原子力産業会議に委託して，アメリカと類似の調査を行わせた．翌年まとめられた報告書では，原子力事故の際に放出された放射性物質の量などによっては，損害額が当時の価格で1兆円以上になる可能性があると書かれている(全文公表は1999年)[45]．ただし，こうした調査は，ひとたび損害の想定額が数値として示されると，それが理論的可能性に過ぎなくても被害の甚大さに関心が集中し，その結果，それほどの事故の可能性がある施設を建設するべきではないという議論を導きかねない．つまり，潜在的危険性を十分に認識して，万全の法的措置を講じようとすると，それによって逆に多くの人々の事故に対する危惧を増大させてしまうという難しさが，原子力損害賠償制度の検討には付きまとうのである．

この難題に対する回避行動なのか，熟慮の上の政治的戦術なのか，実は，

---

42)　"Theoretical Possibilities and Consequences of Major Accidents in Large Nuclear Power Plants" Wash-740. U.S. AEC, Mar. 1974.

43)　「放射性物質による環境汚染」(01-08-04-26)は，「英国西北部の軍事用プルトニウムを生産するウィンズケール原子力工場の軍事用原子炉二基で燃料加熱による火災が発生，大量の放射性物質を外部に放出された．放射性物質は周辺の牧草地を汚染し，イングランド地方，ウェールズ地方さらには北ヨーロッパまで拡散，沈着した」とする．

44)　竹内(1961)29頁．

45)　日本原子力産業会議(1960)15〜18頁は，1兆円という損害額は特定の前提条件の下に導き出されたのであり，多くの不確かさを伴っていることから，結論や試算額だけを取り出して濫りに用いることのないように注意を促している．

「わが国ではとくに開発初期においては原子炉の絶対的安全性が説かれ，また原子炉の事故あるいはそれによる災害はタブーとされていた」[46]のであった．実際，前述の日本原子力産業会議報告書の試算をもとに国家補償を行う仕組みが必要なのではないかと国会で質問した議員に対し，科学技術庁長官の池田正之輔は，報告書の根拠の不確かさを強調した上で，「現在の段階では，とにかく50億円〔当時の損害賠償措置額——筆者注〕以上の損害というものは実際には想定されない」と答弁している[47]．原子力事業を推進するリーダーたちは，危険性はあくまで潜在的なもので，大損害は極めて起こりにくいという前提に立つことによって，法制度の設計を容易なものにしようとしたのであった．

前述したように，日本において原子力損害賠償制度が必要とされた契機は，日米・日英の原子力協定であり，免責条項受入れのためという対外要因にあったことが，科学技術庁原子力局が監修した『原子力損害賠償制度』という政府の公式見解を記した解説書において強調されている．この点についても，「見落としてはならない」と，下山(1976)は説く[48]．日本で原子力損害賠償制度が必要になったのは，受け入れざるを得ない外圧のゆえであり，原子力損害の危険性が原因ではない，したがって，被災者公衆救済制度として過剰に過ぎる法的措置は不要，という政府の論理が隠されている，との警告であろう．ここにもまた，原子力損害賠償制度の重要性に対する官民双方の認識の低さを見出せるのである．

原子力損害の被害実態をリアルに想定できないまま立法化に臨まなければならないという事情に立ち戻って考えれば，方針は二手に分かれるであろう．想定できないほどの甚大な被害実態になりうるからこそ，原子力事業者および政府の責任を明確にしておき，将来の被害者の安心を確保すべきだとする立場と，万が一の事態に直面したときに現実的かつ柔軟に対処するために，あらかじめ明確かつ精度の高い精度設計は避け，裁量余地を残しておこうとする立場である．前者が専門部会答申をまとめた我妻ら民法学者たちであり，後者が専門部

46）下山(1976)537～538頁．
47）参議院商工委員会議事録(1961. 5. 26)．
48）下山(1976)537～538頁．

会答申をベースに立法化作業を行った大蔵省を中心とした政府側であった．両者は激しく対立した．

竹内が挙げた第二の点については，すでに原子力開発とその平和利用が国家の方針として決定され，アメリカからの燃料，技術，設備導入が政府間協定で決まり，民間企業はすでに多大な研究設備投資をしていたという事実は，専門部会答申作成者にとっては極めて重い制約として受け止めざるを得なかったであろう．なぜなら，民間企業の事業意欲を削いだり，また，アメリカなど諸外国の企業が，燃料，設備などの供給を逡巡するような制約を備えた損害賠償制度をつくるわけにはいかない，という前提に立つことが所与の条件とされたからである．とりわけ，原子力発電に関わるすべてを輸入に頼ったために，立法過程において外国の供給者への配慮は少なからず生じることとなった．

第2節　なぜ日本だけが「無限責任」を原子力事業者に課したのか

1　原賠法における原子力事業者の「厳格責任」と国家関与の「薄弱」

1961年に制定された原賠法と補償契約法の原子力二法の所管は現在の文部科学省，当時の科学技術庁である．原賠法は第1章から第7章まで26条から成り，賠償制度の全体的な枠組みを定め，補償契約法は原子力事業者と政府との間の補償契約を定めており，原賠法を補完する形になっている．

原賠法は，2つの法規的性格を併せ持っている．第一に，賠償責任の特例を定める点で，民法第709条以下の不法行為法[49]の特別法という性格を有する．我妻をはじめとする民法学者が原賠法の立法化に関わったのは，このためである．第二に，賠償処理に対する国の関与を規定する範囲においては，行政法規の性格を有している．それらの規定に関しては当然，行政法の体系および行政組織の行動原理が反映されやすくなる．後に詳しく述べるが，国家関与規定に

49)　森嶌昭夫(1987)1頁は，「不法行為法とは，ある者が他人の権利ないし利益を違法に侵害した結果他人に損害を与えた場合に，その加害者に対して被害者の損害を賠償すべき債務を負わせる制度」とする．

関して政府と民法学者と対立したのは，こうした原賠法の法的特質にも原因がある．

原賠法の第1条には，各国の原子力損害賠償に関する法制度が一様にそうであるように，「被害者の保護」と「原子力事業の健全な発達」という2つの目的が記されている．これらの2つの目的は，それぞれ同等の重点が与えられるとされる[50]．すでに述べたように，2つの目的の関係については補完か二律背反かという正反対の見方があるが，日本ではこれまで前者の補完関係あるいは相乗効果があるという見方に立って解釈されてきた．すなわち，被害者保護を万全にすれば，原子力発電の立地に関して理解と安心が得られ，原子力事業の健全な発展が促されることとなり，原子力事業者が利潤を蓄積すれば，被害者保護のための原資は十分に確保される，という好循環である[51]．

次に，原子力損害賠償制度を構成する三本柱である，A. 原子力事業者の賠償責任の厳格化と集中，B. 損害賠償措置の強制，C. 国家補償を，以下に，原賠法の条文を引きながら解説する．

Aの原子力事業者の賠償責任の厳格化と集中は，原賠法第3条と第4条に記されている．原賠法の特徴の1つは，原子力事業者の損害賠償責任を一般の不法行為に対する責任とは区別し，特別に厳格なものとしている点にある．例えば，民法第709条は，不法行為による損害賠償について，「故意又は過失によって他人の権利又は法律上保護される利益を侵害した者は，これによって生じた損害を賠償する責任を負う」という大原則を定めている．民事裁判における「故意又は過失」の立証責任は原告にある．

しかし，原賠法第3条は民法第709条の特例として，「無過失責任」を認め

50） 科学技術庁原子力局監修（1980）38頁．

51） 田邉朋行・丸山真弘（2012）3頁は，原賠法第16条と第17条における国家関与の曖昧さを取り上げ，原賠法第1条における被害者保護と原子力事業の健全な発展という二つの目的は，現実に発生した原子力損害額が事業者の賠償資力の範囲内に十分収まる限りにおいては，必ずしも相矛盾するものではないと指摘した上で，福島事故の例をみるまでもなく，実際に発生した損害額が事業者の賠償資力を上回る可能性が生じた時点で，二つの目的には相克性が生まれるとする．なぜなら，損害賠償措置額を上回る損害責任が原子力事業者に生じた場合，国が賠償責任を負う原子力事業者に無条件に援助を行うという規定になっておらず，運用面においてもそれが確実になされるという保証がないからである．原子力事業者にとってみれば，これは，二つの相克性に潜む法制度上のリスクであると批判する．

ている．加えて，後半部分の「ただし」以降でその免責事由を極めて限定的なものとしている．

> 第3条　原子炉の運転等の際，当該原子炉の運転等により原子力損害を与えたときは，当該原子炉の運転等に係る原子力事業者がその損害を賠償する責めに任ずる．ただし，その損害が異常に巨大な天災地変又は社会的動乱によつて生じたものであるときは，この限りでない．

つまり，「故意または過失」がなく，被害者がそれを立証できないとしても，被害者は損害賠償を受けることができる．この条文は，第1条に記された「被害者保護」のために必須とされる．なぜなら，原子力事業あるいは発電所は巨大かつ最先端技術の集積であり，損害の発生が何に（誰に）起因するのか特定は容易ではなく，とりわけ被害者が立証することなどおおよそ不可能だからである．このような無過失責任を定めた立法例としては，原賠法制定以前に労働基準法，鉱業法，自動車損害賠償補償法などがあり，原賠法制定後には，大気汚染防止法，水質汚濁防止法などがある[52]．

また，第4条には，「責任の集中原則」（原子力事業者への供給者の免責）を盛り込んである．

> 第4条　前条の場合においては，同条の規定により損害を賠償する責めに任ずべき原子力事業者以外の者は，その損害を賠償する責めに任じない．

原子力損害の原因が，仮に原子炉の設計者，機器，設備の製造，納入者などの供給者たちにあったとしても，被害者に対する賠償責任は原子力事業者に帰せられるのである．加えて，原子力事業者から関連事業者への求償権[53]の行使を限定した．この規定によって，供給者たちは第三者（被害者）に対する不法行為責任による巨額の賠償義務を負う懸念から開放され，事業協力に専念できる．その代わりに，原子力事業者一人が被害者に対する賠償責任を負うのである．この「責任の集中原則」は，原子力事業者への供給業者や関連業者の地位を安定させることによって，第1条に規定された「原子力事業の健全な発達に

---

52)　科学技術庁原子力局監修（1980）11頁．

53)　原子力事業者に賠償責任を集中するが，その後，事故の起こした真の原因を作った関連事業者に原子力事業者が損害賠償を請求する権利．

資する」という目的を達成するために，世界各国の原子力損害賠償制度に共通し，また不可欠な規定である．

むろん，「責任の集中原則」に関しては，アメリカとの関係を見落としてはならない．すでに述べたように，各国の原子力平和利用がアメリカとの国際協力によって推進され，その際アメリカが，原子力損害に関し製造者が賠償責任を負わないような制度を作ることを原子力資材の輸出の条件として要求したことが，世界に共通，不可欠の規定となった原因でもある．とりわけ，原子力の平和開発利用にあたって，必要なすべてを外国に頼った日本において，「責任の集中原則」ならびに「免責事項」の導入は，政治的配慮に加えて，外国の事業者から原子力発電に関わる材料，機器，技術の輸入を円滑に進めるために必須であるという面は少なからずあったであろう．

また，下山(1976)によれば，「責任の集中原則」は，原子力保険側からの要請でもあった．ある原子力施設に事故が起こった際，複数の関連事業者が賠償責任を負う可能性があれば，関連事業者はそれぞれが保険をかけ，その結果，保険会社が１つの事故で負担する支払い金額が増えてしまう．したがって，責任を集中することによって保険を１つにまとめ，１件について最大限の保険金額を提供する必要が生じるのである．原子力事業者から関連事業者への求償権の制限は，この保険上のメリットを守るためにも必要となる[54]．

Ｂの損害賠償措置は第６条，７条，８条，10条に記されている．これまで述べた厳格な賠償責任を原子力事業者に課したとしても，その賠償原資を実際に担保する措置を講じていなければ，被害者救済は画に描いた餅である．したがって，原子力損害を賠償するための資金的(財政的)な措置を講じていなければ，原子炉の運転をしてはならない(第６条)とし，具体的な損害賠償措置としては，原子力損害賠償責任保険契約及び原子力損害賠償補償契約を締結しなければならない(第７条)．前者は民間保険会社，後者は政府と契約を結ぶ．特定のものに対して特別な責任を課し，それが確実に履行されるための特別措置を講じるのは，労働者災害補償制度，自動車損害賠償制度，鉱害賠償制度，公害健康被害補償制度などに見られる[55]．特別に損害賠償措置を設けるのは，被害者救済

54）　下山(1976)539頁．

が目的であるのはむろんだが，原子力事業者にとっても，事故発生による偶発的な巨額の賠償負担を経常的な保険料などの支払いに置き換えられるメリットがある．

ただし，原子力損害の発生原因によって，適用条項は異なる．日本における損害賠償措置額は，原子力発電所の1事業所当たり1200億円を上限としている．一般的な事故原因によるものなら，第8条の民間保険会社との責任保険契約が適用される．地震，噴火，津波など自然災害によるものなら，第10条の政府補償契約が根拠になる．本過酷事故の原因は，大地震とそれに起因する大津波であるから，東京電力には政府から1200億円が支払われることになる．

それでは，原子力損害賠償に国はどのように関与するのか．原賠法の骨格部分であるCの国家補償に関する規定は，第16条と第17条にある．ここでは，第16条を詳しく解説する．

> 第16条　政府は，原子力損害が生じた場合において，原子力事業者(外国原子力船に係る原子力事業者を除く.)が第3条の規定により損害を賠償する責めに任ずべき額が賠償措置額をこえ，かつ，この法律の目的を達成するため必要があると認めるときは，原子力事業者に対し，原子力事業者が損害を賠償するために必要な援助を行なうものとする．
>
> 2　前項の援助は，国会の議決により政府に属させられた権限の範囲内において行なうものとする．

第16条は，原子力損害の被害が甚大で，賠償額が賠償措置額である1200億円を超えた場合を想定している．「この法律の目的」とは，すでに述べたように，「被害者保護」と「原子力事業の健全な発達」の2つである．それを両立させるために必要だと政府が認めた場合に，「必要な援助を行なう」のである．「必要な援助」とは，保険あるいは補償契約の1200億円を超えた場合を想定しているのだから，原子力事業者への金銭的支援であると解釈されるのが自然である．補助金の交付などの資金供与，あるいは低利融資，融資についての利子補給，金融の斡旋などの形態が考えられるが[56]，条文上はいかなる手段によ

55)　科学技術庁原子力局監修(1980)67頁．
56)　科学技術庁原子力局監修(1980)99頁．

るのか事例は示されておらず，さらに政府がどれほどの賠償責任あるいは賠償義務を負うのか，明確な記述はなく曖昧である．要は，政府が原子炉事故に現実に直面して初めて，事故発生の状況，損害の規模，被害者の具体的事情，原子力事業者の資力などを総合的に考え併せて判断するのである．その判断に基づいた政府の措置は財政支出を伴う以上，国会承認を得なければならないのだが，援助をするのかしないのか，どれほどの範囲でいかなる手段を用いて援助するのか，その判断と政策決定はすべて「必要と認めた」政府の裁量に任されているのである．改めて述べておくが，国家「補償」とは，損害が発生した場合ただちに原子力事業者を通じ，あるいは直接被害者に損害補塡のための支払いを行うという法律上の義務である．だが，原賠法第16条における「援助」は，損害の発生と援助の実行の間に政府内調整の結果としての判断が入り込む．当然，法律上の義務ではない．第1条の「被害者保護」に値する万全なる規定とは，言いがたい．

加えて，日本の原賠法の最大の特徴は，原子力事業者に「無限責任」という他国に比べてとりわけ厳格な責任を課していることにある[57)]．「無限責任」とは，原子力事業者の賠償負担に上限がないということである．したがって，原子力事業者にとっては，保険・補償契約の範囲1200億円を超えて支払うべき賠償額がどれほど膨れ上がるのか不明である．万が一の事態における賠償額がわからないということは，将来に備えた計画的な対処が難しいということであり，原子力事業者の企業財務の安定性は保証されず，第1条の「健全状態」を担保するものであるとは言い切れない．無限責任制と国家関与が曖昧な第16条という2つの規定によって，原子力事業者と国の賠償負担のありようは渾然一体となり，万が一の事態に立ち至って初めて，政府が裁量によって互いの費用分担，役割などの具体的な損害賠償スキームを設計するということになるのである．「原子力事業者の無限責任」と「国の援助」の組み合わせによって，両者の損害賠償責任は，いっそうあやふやになってしまったと言えるのである．

---

57) 条文に「無限責任」と明確に記されているわけではなく，原子力事業者の賠償措置額には上限を設けるという規定がないことをもって，一般には，「無限責任」を課していると解釈されている．

2　世界標準としての「有限責任」

世界の主流は，原子力事業者の損害賠償責任に限度額を設ける「有限責任」であり，日本，ドイツ，スイスが無限責任を採用している．賠償措置額は，アメリカの約125億9400万ドル(約1兆48億円)を筆頭に，ドイツ25億ユーロ(約2947億円)，日本1200億円，スイス11億スイスフラン(約996億円)，スウェーデン3億SDR(約396億円)，イギリス1億4000万ポンド(約187億円)，フランス6億フラン(約108億円)，韓国500億ウォン(約38億円)，中国3億元(約38億円)などとなっている[58]．一方，世界的な原子力損害賠償制度の枠組みは，2つの国際条約によって構築されている．経済協力開発機構(OECD)の「原子力に分野における第三者責任に関するパリ条約」(以下，パリ条約)と，国際原子力機関(IAEA)の「原子力損害の民事責任に関するウィーン条約」(以下，ウィーン条約)である．パリ条約は1968年に発効，イギリス，フランス，ドイツなどOECD諸国が参加している．ウィーン条約は1977年に発効，国連加盟国すべてが対象で，主に発展途上国が参加している．両条約の目的は，各国の原子力損害賠償制度の水準を引き上げ，また，国境を越える損害に対する賠償制度を構築することにあり，それぞれ制度拡充のための改正がなされている．この2つの条約はともに，有限責任制をとっている．

パリ条約に加盟するフランスでは，条約の改正内容に沿って国内法改正を行っている．改正パリ条約が発効すれば，賠償措置額は7億ユーロ(約724億円)になる予定である．それ以上は免責され，賠償原資が不足の場合は，政府によって5億ユーロの公的資金が投入され，さらに条約による政府間拠出金3億ユーロが上乗せされる．したがって，国と原子力事業者の責任分担の線引きは明快である．アメリカにおいても，約125億9400万ドルという賠償措置額が原子力事業者の負担限度額である．そのキャップを超えた分は，賠償額や賠償方

---

58)　日本原子力産業協会政策推進部編(2012)17頁．ただし，円換算は，以下の本過酷事故が発生した2011年3月(31日)の為替レートによっている．米ドル＝83.18円，ユーロ＝117.87円，英ポンド＝133.42円，スイスフラン＝90.55円，韓国ウォン＝0.0756円，人民元＝12.7円，SDR＝131.88円，マルク＝60.266円，フランスフラン＝17.969円(マルクとスイスフランは，ユーロ導入時のユーロ＝1.95583マルク，ユーロ＝6.55957スイスフランの換算レートを参考にした)．本論ではすべてこれらの為替レートを使用する．

法などを大統領が立法化し，議会に提出され，国家補償が行われる．

これら世界の主要国の原子力損害賠償制度および国際条約の制度的変遷と現状については，第2章で詳しく述べる．簡単に言えば，有限責任制は，責任制限額の設定方法によって2つに分かれる．第一が，原子力事業者が加入する原子力保険などの損害賠償措置の金額をもって責任制限額とし，その上に一定の国家補償を上積みする方式であり，この場合，国家補償は被害者に直接行われる．第二に，保険プラス国家補償の額の合計を持って責任制限額とする方式であり，この場合は，国が原子力事業者に賠償資金を補塡する．イギリスやフランスは前者，アメリカはスタートの時点では後者であった[59]．

欧米における責任制限＝有限責任制の根拠は，もっぱら「無過失責任による賠償負担の重さとのバランス」からきている．無過失責任という厳格責任を課しておきながら，無制限に賠償を負担させるのであれば，原子力事業者の企業経営が安定さを失い，「原子力事業の健全な発達」は維持できなくなるという判断がある．こうした欧米の制度思想を熟知する竹内(1961)は，「企業にとって致命的なのは，負担や支出自体ではなくて予測し得ないそれらである．従って原子力開発を民間企業によっても推進しようという政策を採る限り，最小限度必要なのは，万一の事故の場合の予測し得ない責任を，予見可能なものに転換することである」[60]と指摘している．原子力事業者が損害賠償負担を，保険料のように支出を経年化し，なおかつ賠償金額の上限が決まっていれば，事業計画に組み入れ，企業経営を安定化させることができる．この点において，有限責任制は，極めて合理的である．これに対して，日本の原賠法の「原子力事業者の無限責任＋国の援助」という組み合わせは，明らかに「企業にとって致命的な」「予測し得ないそれら」であろう．

原賠法立法当時，日本においては，有限責任制は原子力事業者のみに有利に働き，被害者救済を軽視する制度と受け取られる傾向にあった．例えば，「責

59) 欧米における有限責任制における責任制限額の考え方は，以下のようなものである．原子力事業者には責任保険に付保させることとするが，保険額には限りがあるので，賠償資金に不足する分を国が補償する．しかし，国家にも財政的見地から支出能力には限度があるから，国家補償の限度額も決定することとなる．その合計が責任限度額である．

60) 竹内(1961)29頁．

任制限の原則を導入することは，原子力に対する国民感情あるいは当時の社会情勢からみて必ずしも適当とはいえないという慎重論も強く，結局，将来の課題として検討すべき問題であるとされた」[61]という．「原子力に対する国民感情あるいは当時の社会情勢」とは，日本国民は原爆体験の記憶も生々しく，原子力の潜在的危険性を十分に認識し，恐れていることを指すと思われる．それがゆえに，国と原子力事業者は原子炉の絶対的安心を説いたのだが，その一方で有限責任制を持ち出したのでは，事故の可能性は小さくなく，それに備えて責任回避の算段を用意しているのではないか，国と原子力事業者の説明は矛盾しているではないか，と反発されかねず，そうした世論が強まれば，原子力立地が確保できない，と政府は懸念したのであろう．

だが，原子力事業者の損害賠償措置と国家補償が組み合わされた有限責任制は，「原子力事業の健全な発達」だけでなく「被害者救済」のためにも有意であることは，各国政府また民法学者の多くも共有する判断であった．星野(1962)によれば，被害者重視という名目によって国家補償を無限と規定したとしても，その場合は，損害賠償金額など具体的施策は，実際に事故が起こった際の財政状況，政府の裁量，国会の判断などに任されてしまう．つまり先送りされることになってしまい，結局は将来の被害者の不安を解消することができない．したがって，ここまでは必ず補償するという限度額を決めることこそ安心感につながるという考え方が，当時のグローバルスタンダードであった．その限度額をはるかに超える大事故が起きた場合は，アメリカのように政府が別次元の特別支出を考えることになる[62]．

翻って，日本の原賠法における原子力事業者の無限責任も同じ問題を抱えている．例えば，星野(1973)は，「無限責任が被害者保護になるのでは決してない」[63]と主張している．星野によれば，無限責任とはいわば，被害者の蒙った

---

61)　科学技術庁原子力局監修(1980)56頁．

62)　星野英一(1962)84頁．

63)　星野英一(1973)419頁．また，星野は「無限責任＝建前論」を星野(1962)92頁の脚注でさらに熟考している．社会学的考察になっており，興味深い．以下は，筆者による抜粋を含む要約である．

日本においては法律学者までもが，債務者の財産がすべてであり，債権者の最後のよりどころだと考えている．財産を差し押さえて得られるもので終わり，とされている．だが，厳密に

全損害を原子力事業者が賠償すべきだという考え方である．建前論を好む人々には正義であろう．しかし，日本においてはそれを意図通りには遂行できない．債務者をとことんまで追及する欧米諸国に対して，日本は債務者に比較的に寛大であり，結局は原子力事業者の支払い可能限度で満足するか，せいぜい破産させるだけのことになり，それでは原子力事業者の資産範囲の有限責任制と実質的に等しい．そして，破産の場合，資産はさまざまな債権者に配分されるが，被害者は特別な担保を有していないから優先順位が低く，不利になる．無限責任による全損害賠償という建前論の行き着く先は，これだけのことに過ぎない．原子力事業者が破産すれば，原子力事業の健全な発達も果たせない．

日本政府は，「原子力に対する国民感情あるいは当時の社会情勢」に根ざした有限責任制に対する拒否感を，合理的な説明によって解消する努力を行うのではなく，むしろ，それに乗じて，あたかも全損害すべてを原子力事業者が賠償するかのような，一見正義ではあるが実効性の低い無限責任制の導入を図ったといえるのである．

3 「二大目的」に合理的整合性を欠く原賠法第16条と第17条

国の関与を規定したもう1つの条文は，第17条である．すでに述べたように，原子力事業者の損害賠償責任を規定した第3条にはただし書きがあり，「異常に巨大な天災地変又は社会的動乱」が原子力損害の原因である場合は，

は，「債務者の現在の財産および将来獲得されるすべての財産」と考えられなければならない．一回差し押さえたからといって，十分な債権を回収できないまま終わりにするのではなく，債務が存続する限り，債権者は毎月の収入の一部を差し押さえることもできるはずだ．欧米諸国はそうである．債務は一生の間追求され，損害賠償の支払いのために悲惨な人生を辿ることがある．つまり，無限責任の原則は，まさに現実となる．だが，「日本においては，無過失責任と無限責任を重複させる厳しさが，無限責任の原則自体の緩和を要求するに至る」のである．無限責任に対して原子力事業者自身さえ強い反対をしなかったのは，そうした現実による原則の緩和の実態を知っているからだろう．日本社会のありようは，そもそも債権・債務意識が弱いことが基礎にある．債権一般については，古くから行われている消費金融において，債権者・債務者の間に温情関係がある．不法行為による損害賠償でも，目に見えない将来の労働力・収益力を対象とする感覚は弱い．これは，資本主義感覚が十分に発達していないことに由来するのか．また，公権的に確定された政権・債務があるとされた後にも債務者をとことん追求することが因業のように感じられるのは，仏教的な憐れみの感覚の影響もあるのではなかろうか．

原子力事業者の賠償責任は免責されるとある．この場合の「国の措置」が書かれているのが第17条である．しかし，第16条と同様，「必要な措置」とは何かは不明であり，政府の賠償責任について具体性に大きく欠けている．

> 第17条　政府は，第3条第1項ただし書の場合又は第7条の2第2項の原子力損害で同項に規定する額をこえると認められるものが生じた場合においては，被災者の救助及び被害の拡大の防止のため必要な措置を講ずるようにするものとする．

実は，具体性に欠けるどころか，第3条のただし書き，および第17条の一般的法解釈では，原子力事業者が免責されるほどの事由であれば，政府にも損害事故の賠償責任を求めることができず，政府もまた免責される，とされている．異常に巨大な天災地変と社会的動乱の場合は，被害者に対して賠償責任を負い，果たすものは誰もいない，という法律構成なのである．

むろん，近代国家として，政府が被害者を放置するということは許されることではないし，政府は新立法などによって救助措置をとるであろう．だが，それは，原子力損害の法的賠償責任を負ってのことではなく，いわんや，原子力事業を国策として推進した責任を負ってのことではなく，いわば国家に課された生存権を定めた憲法第25条[64]の遵守義務を背景とした，公害における被害者保護などと同様の行政による救済措置になる．

1960年5月18日の衆議院科学技術振興対策特別委員会での法案審議のなかで，第3条のただし書きについて質問された中曽根康弘国務大臣は，「第三条におきまする天災地変，動乱という場合には，国は損害賠償をしない，補償してやらないのです．つまり，この意味は，関東大震災の三倍以上の大震災，あるいは戦争，内乱というような場合は，原子力損害であるとかその他の損害を問わず，国民全般にそういう災害が出てくるものでありますから，これはこの法律による援助その他でなくて，別の観点から国全体としての措置を考えなければならぬと思います」[65]と述べている．

---

64)　憲法第25条「すべて国民は，健康で文化的な最低限度の生活を営む権利を有する．国は，すべての生活部面について，社会福祉，社会保障及び公衆衛生の向上及び増進に努めなければならない」．

65)　衆議院科学技術振興対策特別委員会議事録(1960. 5. 18)．

このように原賠法は，原子力事業者の賠償責任を極めて厳格に定めて前面に押し出す一方で，政府は後方に退き，“連帯債務者”として賠償義務を負うことを回避するという構造になっている．この構造においては，原子力事業者への責任の集中原則にしても，国が共同不法行為者にならないための「担保条項」の役割を果たしているのではないかと思えるほどである．

ここで，原子力損害賠償制度の2つの目的を達成するために立法化を構想した場合の必要な概念を，改めて整理してみよう．

1. 被害者保護
   1-1. 原子力事業者に無過失責任を課す．
   1-2. 原子力事業者に十分な賠償資金を準備させる．
2. 原子力事業の健全な発達
   2-1. 原子力事業者に責任を集中し，求償権を制限する．
   2-2. 賠償資金準備のために原子力事業者に保険締結を強制した上で，保険でカバーできない部分は，国が資金調達を引き受ける．

この世界共通の概念整理に従って，日本の原賠法の重要な条文を当てはめてみると，以下の通りである．

1. 被害者保護
   - 第3条1項本文　　無過失責任 ⟶ 過失責任の立証不要
   - 第6条から第15条　損害賠償措置 ⟶ 保険による賠償財源確保
2. 原子力事業の健全な発達
   - 第3条1項ただし書　異常な天災地変による免責 ⟶ 原子力事業者免責
   - 第4条1項　　　　責任の集中原則 ⟶ 原子力事業者への供給者免責

なお，同様の概念整理は，福島第一原子力発電所の過酷事故発生以降，複数の法律専門家によって行われているが，第16条と第17条の扱い方が異なっている[66]．なぜなら，原賠法第16条と第17条は，概念整理の2-2に該当するとは思われるのだが，繰り返し述べたように，この2つの規定による国の関与が弱く曖昧なために，国の措置が，賠償資金の過大な負担によって原子力事業者

66) 例えば，実名の複数の法律家による「原子力損害賠償法を検討してみるブログ」でも行われている（http://genbaihou.blog59.fc2.com/）．

の経営が成り立たなくなるような事態を避け，「原子力事業の健全な発達」のための方策となるのか不明である．また，あくまで被害者完全保護という建前論の観点から「無限責任」のほうが望ましい立場に立てば，1-2に当たることになる．しかし，巨大な原子力損害が起こった場合，原子力事業者が倒産の危機に陥ることなく，被害者に対して青天井の賠償責任を負う体力を維持し続けることはできるのだろうか．第16条と第17条は原子力損害賠償制度の2つの目的に対して合理的整合性を欠いているといわざるを得ないのである．

第3節　なぜ我妻栄は政府を厳しく批判したか

1 「最終的な賠償責任はすべて国が持つ」という民法学者の主張

原賠法の立法化準備は，1958年に始まる．前述した「原子力損害の補償に関する専門部会」の部会長である我妻栄は18回の部会審議を経て，1959年に答申[67]を原子力委員会に提出した．この答申をベースに，政府内の議論が開始される．その専門部会答申は，「最終的な賠償責任はすべて国が持つ」という極めて明快な思想に貫かれていた．

世界の先進事例を調査，研究したメンバーによる専門部会答申はまず，原子力損害賠償制度のあるべき2つの目的に関して提言する．すなわち，「被害者保護」については，「原子力事業者に重い責任を負わせて被害者に十分な補償をさせて，いやしくも泣き寝入りにさせることのないようにする」と明言し，「原子力事業の健全な発達」については，「原子力事業者の賠償責任が事業経営の上に過当な負担となりその発展を不可能にすることのないように，適当な措置を講ずることが必要である」と，断言する．

さらに，この2つの目的を，「諸外国の立法作業において例外なく認められる理念」とした上で，これを達成するために必要な4つの大綱を述べる．4つの大綱とは，A.原子力賠償責任，B.損害賠償措置，C.国家補償，「損害賠償処理委員会」であり，つまり，前述したA,B,Cの三本柱プラスワンという構造である．世界標準に従って，「原子力賠償責任」の項では，無過失責任と責

67)　総理府原子力委員会原子力災害補償専門部会(1959)．

任の集中原則の導入を謳い，「損害賠償措置」の項では，原子力事業者に責任保険への加入を義務付けている．責任保険への加入は，賠償原資の確保だけでなく，「万一の場合に生じる巨額の賠償責任を，毎年支払う保険料に転嫁することによって，原子力事業の合理的経営をならしめる」意味がある，という解説を付け加えている．

「国家補償」の項で注目されるのは，「原子力事業者の要求される損害賠償措置では損害賠償義務を履行しえない万一の場合には，原子力事業者に対して，国家補償をする必要がある」という一文である．原子力損害の被害が甚大で，賠償義務が賠償措置額(50億円としている)を超えた場合は，超過分を国が補償する．つまり，賠償措置額を上限とした欧米流の「有限責任」を明確に提言しているのである．

当時の世界標準に倣った専門部会答申の内容とこれまで述べてきた原賠法の条文を比較すれば，大きく異なっていることは明白である．専門部会答申に忠実に立法化すれば，第16条や第17条のような国家関与の弱くかつ曖昧な条文となるはずがない．専門部会答申は，政府内の議論を経て大きく変質し，180度思想が異なる法案となったのである．それは一体，なぜなのだろうか．

2　我妻答申を覆した大蔵省の論理と獲得された自由裁量

専門部会答申に，興味深い一文がある．「国家補償」と「賠償処理委員会」の項について大蔵省(現財務省)主計局長石原周夫委員，「損害賠償措置」の項の一部分について銀行局長石野信一委員が態度を保留した，とある．大蔵省幹部は専門部会答申に反対だったのである．

原子力二法の成立を受けて，法律専門誌『ジュリスト』(No. 236，1961年10月15日号)は，57頁にわたって「特集　原子力損害補償」を組んでいる．専門部会を率いた我妻栄は「原子力二法の構想と問題点」という論文で，政府立案の二法を厳しく批判している．一方，「原子力災害補償をめぐって」[68]という座

68)　座談会出席者は，我妻栄(東京大学教授)，鈴木竹雄(東京大学教授)，加藤一郎(東京大学教授)，井上亮(通産省炭政課長，前原子力政策課長)，福田勝治(日本原子力発電常務取締役)，堀井清章(日本原子力事業常務取締役)，長崎正造(東京海上火災貨物業務部長)，杉村敬一郎(大正海上火災企画部副部長)．

談会は，我妻に加え，鈴木竹雄・東京大学教授，加藤一郎・東京大学教授などが，専門部会委員の立場から，政府二法案の立案責任者である井上亮・前科学技術庁原子力政策課長に説明を求め，時に批判する格好で展開する．この特集は，我妻論文，座談会の他に３本の論文を収録している[69]．これらを読むと，立法化に向けて，政府部内は第１条の目的から大論争になったことがわかる．

我妻は論文の最後で，「この法律の目的として，「被害者の保護を図り」という句が，「原子力事業の健全な発達に資する」という句と並べて挿入されている……この挿入を拒否する主張が政府部内に相当強かったといわれる」と明かしている[70]．世界各国に共通する原子力損害賠償制度の二大目的の１つを外そうという政府部内勢力があったのである．座談会の進行役である井上は我妻論文の指摘通りに，「第一条(目的)に「被害者の保護を図り」という句を挿入することに激しく抵抗された」ことを認め，その関係官庁担当者の主張を紹介している[71]．以下は，その主張を筆者の責任で箇条書きに整理したものである．

1. 原子力事業の健全な発達に資するために，国が原子力事業者に対して助成・援助措置を講じることはできる．だが，被害者の保護を国が直接責任を負う形で図ることはできない．
2. なぜなら，国策を遂行する原子力事業者といえども私企業である．日本の財政支出の考え方として，第三者たる私企業の被害者に対して直接損害賠償責任を国が負って支払う前例は，明治以来ない．法理論としても許されない．
3. このような前例をつくることは他の産業被害にも波及し，国の財政負担は膨大なものになる恐れがある．
4. したがって，この法体系を通じて，被害者の保護を図るということは目的に入れるべきではない．
5. 国は原子力事業者に対して損害賠償が経営を破綻させることなく行われ

---

69)　掲載された他の論文は，星野英一「原子力損害賠償に関する二つの条約案」，一柳勝悟「残された諸問題──原子力産業労働者の放射線障害について」，吉田照雄「原子力損害賠償責任保険の諸問題」．

70)　我妻栄(1961)10頁．

71)　我妻栄他(1961)13頁．

るように資金面で援助する.

6. その資金援助の過程を通じて，事業者が被害者に賠償支払いできるようにすればいい.

これらの主張を展開した官庁担当者とは，財政負担の膨張を第一に懸念していること，専門部会答申を大蔵省主計局長と銀行局長が留保していることから，大蔵官僚と考えられる．大蔵省は，財政負担拡大の懸念を払拭すべく，「被害者保護」という原子力損害賠償制度の根幹にある法目的を，第1条に入れるべきではないなどという本末転倒の主張を持ち出したのである．世界各国に共通の原子力損害賠償制度における二大目的を両立させるには，明確な国家関与が法律の構造上，必須であることは，これまで何度も述べた．大蔵省は，明確な国家関与など応じられないのだから，そもそもの二大目的の片方を外せ，という法律構成としては逆説的な整合性を持つ，だがまるで倒錯した論理を展開したのであった.

井上はこの大論争の顚末を，「被害者の保護について十全を期しえない限り，原子力産業は立地問題で先ず行きづまり，周辺住民との間の紛争も絶えず，安定して成長しない」，という説得の挙句，立案の最終段階で，ようやく(大蔵省が)譲ったとしている[72]．こうして，第1条へ「被害者保護」という文言が挿入されることとなったが，大蔵省の主張および政府部内の支持者たちによって，新法の骨格部分を構成する重要な条文は専門部会答申とはまったく異なるものとなった.

例えば，上記箇条書きの1にある「被害者の保護を国が直接責任を負う形で図ることはできない」という主張は，第3条ただし書きにおける「異常な天災地変による免責事項」が原子力事業者に適用された場合，国が直接被害者に対する賠償責任を持つのではなく，それどころか国も免責される，という解釈に結びついたと思われる．また，1の主張に加えて，5と6にある「原子力事業者をつぶさぬように資金援助を行い，それを通じて被害者への賠償支払いを担保する」という考え方は，第16条に直結している.

当時の日本は高度経済成長のとば口にあり，工業化の促進に向けて財政資金

72) 我妻他(1961)13頁.

需要は高まっており，また，各種圧力団体の要求が強まっていたことを考えれば，国家補償による財政支出拡大に財政当局が敏感になることは，彼らの立場に立てば理解しがたいことではない．それでは，彼らが重視したのは財政への懸念だけであろうか．それ以外にも，日本の行政特有の理由があるのだろうか．

専門部会委員として立法過程で政府関係者と議論を続けた星野(1962)は，2つの理由を挙げている．第一は当時，運送業などが相手方の附合契約において免責約款や有限責任約款を設け，相手方が不利になるケースが見られ，こうした事態を経済関係官僚は嫌悪していたことである．「悪く言えば，一種の統制主義的感覚かもしれないが，良く言えば，正義感である」．第二は，官公庁における「伝統主義・保守主義——従来の法律上の一般原則をできるだけ変えたくない，変えるにしても最小限に止めようとする感覚」である[73]．大蔵官僚が，「第三者たる私企業の被害者に対して，直接損害賠償責任を国が負って支払う前例は，明治以来ない．法理論としても許されない」と専門部会答申に反対したのは，その典型であろう．すでに述べたように，原賠法における国家関与規定については行政法規の一面を持っている．「憲法変われど，行政法は変わらず」[74]と言われるほど，政策の継続性の維持に執着する行政の特質が，存分に発揮されたのであろう．

筆者は，もう1つ現代からの視点を付け加えておきたい．これまで，第16条，第17条を，政府が法律上で自らの関与の仕方を具体的に規定せず，立場を曖昧，抽象的であるままにしてきたことを批判的に述べてきた．だが，その曖昧，抽象的であることは，官僚たちにすれば，現実に賠償制度を設計，確立する場面に直面したとき，自由裁量を発揮する余地が大きいということでもある．行政とすれば，具体的ケースによって弾力的に対応し，政策形成機能を存分に発揮する余地を残すために，できるかぎりフリーハンドでいたいと志向するのは自然であり，合理的でもあろう．そうした見方に立てば，この二法成立によって政府は，将来原子力損害に直面した際の賠償制度設計における裁量性

73)　星野(1962)309頁．

74)　松下圭一(1998)6頁には，継続性とは，「内閣変われど省庁変わらず」という意味だ，という記述がある．

を手にした，とも言えるのである[75]．

その後，原賠法の骨格部分は立法以来50年間，手を加えられることなく不変であった．そして，2011年，政府は東日本大震災による本過酷事故に直面，裁量性を発揮して，原子力損害賠償支援機構(以下，支援機構)の設立をもって曖昧で抽象的な第16条を具体的な政策に落とし込み，実践した，という構図につながるのである．この視点に立てば，支援機構を核とした賠償制度の構築と実践に関する検証が必要になる．それらの政策が極めて優れたものであり，被害者に対する迅速かつ適切な賠償が行われ，これまで述べてきたような「原賠法の欠陥」[76]が実際の政策展開で克服，解消されているとすれば，50年前に我妻答申を葬り去り，政府案による立法化を行ったことに対する評価も変わらざるを得ない．この点からのアプローチは，第II部と第III部で改めて試みたい．

3　はじめに事業参入ありき——原子力事業者の法的無関心

翻って，「政府部内における激しい討論の結果妥協」[77]を強いられた挙句に立法化され成立した原賠法を，我妻は世界標準を学んだ民法学者の立場から3つの点で厳しく批判している[78]．以下は，筆者が論文[79]の原文に若干の整理を加えたものである．

---

75)　田邉・丸山(2012)13頁は，「援助の具体的な中身を法令で規律しない方法は，状況に応じた臨機応変な対応・立法を可能としたという点では評価できる一方，損害発生時の事業者の予測可能性を著しく困難とし，さらにはその援助の内容を政争の具や国民に対する人気取りのための手段に変質させてしまうリスクを著しく高めた」と二面性に言及している．

76)　星野(1962)310頁．

77)　我妻他(1961)12頁．

78)　衆議院科学技術振興対策特別委員会議事録(1961. 4. 12)によれば，我妻は参考人として出席し，以下のように述べた．「国家がはたして被害者に損害をかけないような，泣き寝入りさせないような措置をとるかどうかということは，それは，まさに政府の仕事であり，さらには国会の仕事だ．……理論的に見てすっきりしない点があるということは遺憾に思いますけれども，しかし，運用よろしきを得て，また，運用よろしきを得るようにいろいろ苦心した条文が入っておりますから，それらの条文を手がかりとして，最後には，政府及び国会の良識によって不都合を生じないであろう」．

79)　我妻(1961)6〜10頁．

(1) 思想面の問題

- 原子力事業を国営ではなく私企業がやるのが適当だとしても，だから被害者に対し国が責任を持ってはならない，ということにはならない．私企業としての十分の監督と規制を加えつつ，救われない被害者を生じないように責任を持つという態度も十分の合理性を持つ．
- 現に事業者に賠償能力がないときは助成するというなら，それを正面から被害者保護のために補償金を交付するといっても差し支えない．そのほうが一層適切である．

(2) 第16条と第17条の問題

- 第16条は，被害者保護の思想を欠き，事業者の助成と保護という衣を着て，煮え切らない態で「援助する」というだけである．
- 第17条において，そもそも，異常に巨大な天災地変などはほとんどありえないと考えるのなら，何もわざわざ，補償はしない，国の救助に信頼せよなどと国民に不安を与えずに，国が補償をするとしてもよい．それができないのは，原子力事業者に責任のない事項について国が責任を持つことは考えられないという，答申とは根本的に反した思想に立つからである．

(3) 無限責任の問題

- 原子力事業者は，無過失責任を負うのは当然にしても，その最高額に制限がなければ，企業としての合理的な計画が立たない．
- 原子力事業者に計算不可能の青天井の責任を負わせるのは，利益があればすべてはき出させようというつもりにみえる．それでは，事業者の経済資力が汲み尽くされ，場合によっては破綻し，結局原子力産業が育たなくなってしまう．

むろん，我妻だけが突出して政府案による立法化を批判したわけではない．星野(1962)も以下のような論理を展開し，原子力産業創始期における政府の覚悟を問うている[80]．下山(1976)も，「原子力賠償制度における国家補償の根拠は，法理論よりも原子力開発に対する政策論から正当づけられる」[81]と，同調している．

- 私企業の損害賠償のための資金を国が提供するのはおかしいという根拠はない．
- もし原子力産業を他の産業に比して特に保護する政策をとるならば，他の私企業と異なった扱いをするのに何ら差し支えない．
- 現に，国の各種産業に対する援助として，補助金の交付，利子補給，租税の免除その他の税法上の優遇措置，長期・低利の国家資金の貸付け，国営保険・損失補償など多種多様のものがすでに存在する．
- 各種の産業の現状に応じ，その産業にとって最も必要かつ有効なやり方を選ぶべきである．
- 過去に例がない，というのは理由にならない．利子補給や損失補償はそう古くから存在したのではなく，それらには必ず創成期があったのである．

これまで，原子力事業者に無過失責任に加えて無限責任を課す一方で，国は補償を避け，援助にとどまるという，世界にも稀な原子力損害賠償制度が生まれた経緯を，専ら民法学者と政府の対立の構図で明らかにしてきた．それでは，不当なほどアンバランスな厳格責任を課された原子力事業者は，いかなる姿勢で立法化に臨んでいたのであろうか．実は，彼らはこの賠償法の欠陥について，特段抵抗するわけでも修正を求めるわけでもなかった．そもそも原子力産業界は，「強い関心を示していたとは言い難い」[82]状態にあった．我妻答申が退けられて政府案が立法化されたのには，当事者である原子力産業界の無関心にも少なからず原因があったのである．ではなぜ，自らの多大な不利益を見逃すようなことになったのであろうか．

1956年，原子力委員会の初代委員長である正力松太郎の要請を受け，産業界はアメリカの原子力産業会議にならって，日本原子力産業会議を発足させた．参加企業は350社以上に及び，日本の基幹産業のほとんどすべてを網羅してい

---

80) 星野(1962)308頁．
81) 下山(1976)545頁．
82) 星野(1962)310頁．

た．同会議が原子力平和利用に関する啓蒙活動，海外の調査活動などを行う一方，民間側では個々のグループごとの事業参入体制作りが急がれた．ほどなく，三菱グループをはじめとして，三井，住友，日立・昭和電工，古河・川崎の原子力産業5グループが結成された[83]．

すでに述べたように，日本の原子力開発においては緊密な官民協調路線が採られていた．だが，だからといって政府と民間，とりわけ電力会社との間に軋轢がなかったわけではない．例えば，原子力発電の受け入れ事業主体の設立を巡って，政府主導を主張する電源開発と，民間主導を主張する9電力会社が真っ向から対立した．この対立は政界を巻き込み，政治決着を見た．原子力発電受け入れ会社の出資比率は電源開発が20%，民間が80%，民間の内訳は9電力会社が40%，その他一般が40%，と閣議決定され，1957年，日本原子力発電株式会社が発足したのだった[84]．

9電力会社が日本原子力発電経営の主体を担おうとしたことは，原子力事業への意欲の非常なる強さの現れの1つであった．東京電力は1955年，他電力に先駆けて社長室に原子力発電課を新設，原子力発電の基礎的調査と研究を推進することにした．翌年には東芝，日立の両グループと協力して「東電原子力発電協同研究会」を組織し，東京電力社長が会長についた[85]．他方，関西電力も1957年，「日本の電力業界の先陣を切って，社内に「原子力部」を設置した」[86]．橘川(2004)は，東京電力，関西電力の社史を引用しながら，両社が原子力開発に関して激しい先陣争いを演じた，としている．関西電力は「九社中，一番乗りの栄光を担ったのは当社である」と胸を張り，東京電力は「昭和30年代前半には具体的な発電所候補地点の選定を始めていた……このように他に先駆けて先見的に行動を開始したことは特筆されよう」と自画自賛している[87]．

このようにみると，原子力産業の始動の仕方が日本とアメリカをはじめとする諸外国ではずいぶんと異なっていることがわかる．アイゼンハワー政権は周

---

83)　東京電力社史編集委員会編(1983)352頁．
84)　橘川武郎(2004)301頁．
85)　東京電力社史編集委員会編(1983)350頁．
86)　関西電力五十年史編纂事務局編纂(2002)413頁．
87)　橘川(2004)302～303頁．

到な原子力の民事転用戦略をインセンティブ制度とともに用意し，産業界に参入を強く促した．産業界は意欲を示したものの，２つのリスク——事故の危険性と採算面での危険性——を踏まえて慎重であり，政府が責任を持って，実効性のある原子力損害賠償制度を確立することを求めた．他国もアメリカ同様，原子力の平和利用における最大の障害が賠償制度の確立であり，これが不備なままでは民事転用には参入できないという強い姿勢で政府に相対した．

ところが，日本においては産業界が極めて積極的であった．星野(1962)は，「バスに乗り遅れまいとする考慮からか，各社が競って原子力産業に飛びつき，各々外国会社と結びついて激しい競争をしている」と冷ややかで，「この状態のもとでは，外国のように「危険だが国の長期的な政策のためにやってくれ，その代わり最大の問題である損害賠償については安心してくれ」という論理にならず，「そんなにやりたいなら自分の負担で勝手にやれ」と言われても，反論のしようがないのである」と突き放している[88]．

そもそも日本の原子力産業界には，原子力損害賠償制度の必要性の認識が希薄であり，研究も不足していた．アメリカでは産業界自身がハーバード大学やコロンビア大学に研究を委嘱し，その優れた成果が各国の立法，条約の基礎になっているほどであるが，日本ではそうしたアカデミズムと連動した研究成果は見当たらない．我妻ら民法学者の主張に後乗りして，積極的に同調したわけでもない．その理由は，電力会社のトップをはじめとして，「わが国で相当の指導的地位にある者の法律に対する無関心，理解のなさの現れ」[89]であった．

はじめに事業参入ありき——当事者である原子力事業からして，原子力損害賠償制度の重要さを認識できず，その２つの目的に真正面から向き合う真摯さを欠いていたのだった[90]．

88) 星野(1962)311頁．

89) 星野(1962)312頁．

90) 田邉・丸山(2012)14頁は，原賠法第16条と第17条の「どのようにも解釈しうる曖昧な規定振りが，原賠法の二つの目的の相乗効果を強調する理解と相まって，ともすれば原子力事業者の一部の層に対し，賠償措置額を超える損害が発生した場合でも，十分な国の援助がほぼ確実に行われるはずだ，という希望的観測を抱かせた可能性がある」と指摘している．

第 2 章

原賠法「不変」の構図

第1節　なぜアメリカとドイツは原子力事業者責任を拡大したのか

1　アメリカ・スリーマイル島事故と原子力開発の停滞

世界最初の商用原子力発電所は1956年，イギリス・セラフィールドのコールダーホールに完成した．続いて翌1957年，アメリカで最初の商用原子力発電所であるシッピングポート原子力発電所が稼働を開始した．同じ年，原子力平和利用の促進役を担う国際連合傘下の自治機関である国際原子力機関(IAEA)がオーストリア・ウィーンに本部を置き，発足した．そして，1960年代に入って以降，原子力産業は発展を遂げた．世界の原子力発電所は，1970年代から80年代半ばにかけて，年間20〜30基が新増設された．当時，原子力発電の輝かしい未来を，世界はまだ信じていた．その世界的拡大の中心には，アイゼンハワー・アメリカ大統領の戦略通り，アメリカがいた．

生物学者であり原子力発電システムの専門家であるジョレス・メドヴェジェフ[1]は当時を振り返って，「各国は原子力産業の安全性に疑問を抱いていなかった」と述べている．なぜなら，「原子炉関連技術における世界最大の輸出国はアメリカであり，1973年にアメリカ議会に提出された報告書における原子炉の安全性についての推定値を，西側諸国だけでなくソ連を含む数多くの国が，

1)　1925年，ソ連生まれ．生物学と放射線医学の専門家．1973年，講演のために訪英中にソ連市民権を剝奪される(1990年，ゴルバチョフにより市民権回復)．ニューヨーク科学アカデミー会員．

自国の検証なしに受け入れていた」[2]からである．そのアメリカの議会報告では，原子炉の大事故(炉心のメルトダウン)の可能性は非常に少なく，最大事故(放射能の大量放出)は1万年に1度程度のありえない事態とされていた．他方，運転中の原子炉に小規模の事故が発生するのはありふれたことだとされ，現に1973年には，そうした事故が600件近く，制御棒，制御駆動装置，安全系，計器，非常用電力供給系，配管，ポンプ，バルブ，人為的過失——あらゆるシステムに発生したと記録されている．その20%は「潜在的に重大」とされ，さらに検討が加えられることにはなっていたが，むろん，それでも，制御可能であるという結論には変わりなかった[3]．そうして，世界各国が原子力発電へ傾斜するのを強く後押ししたのだった．

だが，世界の原子力発電の増勢が続いたのは，1980年代半ばまでだった．1987年には総数400基を突破，翌年には420基に達したが，それ以降，増勢は止み，横ばい状態に入った．2010年1月現在——つまり，東京電力福島第一原子力発電所事故の直前——世界の発電用原子炉総基数は432であり，1980年代末から20年以上に亘る停滞状態を続けていることがわかる．世界で数基が廃炉となる一方で，数基が新設されるため，総基数の横ばいが続くのである．主な国別では，アメリカが104基，フランスが58基，日本54基，ロシア27基，ドイツ17基となっている[4]．原子力開発のペースをスローダウンさせたきっかけは，1979年のアメリカにおけるスリーマイル島原子力発電所(TMI)2号機，1986年のソ連・チェルノブイリ原子力発電所4号炉の重大事故だった．世界的な原子力発電反対運動の高まりと，安全規制強化によるコスト増で他の電源に対する価格優位の揺らぎという2つの理由が，逆風となった．以下に，その2つの原子力発電の重大事故について述べる．

1979年3月28日，アメリカ・ペンシルベニア州ハリスバーグ近くにある

---

2) メドヴェジェフ(1992)246頁．

3) 元資料のアメリカ議会報告書は，"Nuclear Reactor Safety" Hearings before the Joint Committee on Atomic Energy, Congress of the United States, 93rd Congress, First Session, January 23, September, 25, 26, 27 and October 1, 1973 (Washington, DC: US Congress Printing Office, 1974).

4) 日本原子力産業協会政策推進部編(2012).

TMI 2号機の加圧水型原子炉冷却システムに重大事故が生じた.『原子力百科事典 ATOMICA』によると，主給水ポンプの故障に端を発し，原子炉から第一次冷却水が大量に失われ，事故発生を受けて非常用炉心冷却装置(ECCS: Emergency Core Cooling System)が作動したものの，運転員の誤った状況判断によって，ECCSによる冷却水充塡流量が絞られた．それによって水面上に露出した炉心が過熱，メルトダウン(炉心溶融)が起こった．燃料の45%にあたる62トンが溶融，そのうち20トンが原子炉圧力容器の底に溜まる一方，放射性物質が大気中に放出された．国際原子力事象評価尺度(INES)においてレベル5の「施設外へのリスクを伴う事故」であった[5]．原子力発電事業において，「炉心内部の放射能の大部分が環境に放出されるような過酷事故が実際に起こりうるということが，この事故によって証明された」[6]のである．

事故発生から約3時間後，燃料破損が明らかになって所内緊急事態が発令され，その後，所内各所の放射線量率が上昇し続けたため，一般緊急事態が発令された．原子力規制委員会(NRC)[7]がペンシルベニア州緊急時管理庁に対し，「原子炉から10マイル(16 km)以内の住民の避難」を勧告，それを受けて州知事が，「5マイル以内の妊婦と学齢前の乳幼児の避難」を勧告，これを聞いて，多くの一般人が避難した[8]．

卯辰(2002)によれば，事故後，2号炉は廃炉となり，放射能除去費用や廃炉費用は10億ドルに達した．他方，人体に影響を与えるほどの放射性物質の放出はなかったとされているが，事故直後発電所から25マイル以内に居住する住民や事業主など，約60万人からなるクラスアクション(集団訴訟)が起き，原因企業である原子力事業者との間で経済的損失などに対する保障のための和解

5)「米国スリー・マイル・アイランド原子力発電所事故の概要」(02-07-04-01).

6) 吉岡(1999)151頁.

7) NRCの前身は，1946年の原子力法によって設立された原子力委員会(AEC: Atomic Energy Commission)であり，AECは原子力発電の規制と開発という2つの機能を有していた．このため，AECは規制当局であるにもかかわらず，原子力開発において産業界と妥協を重ねているという批判が高まった．その結果，1974年にエネルギー行政機構再編成法によってAECは解体され，規制当局であるNRCと開発推進を担当するエネルギー研究開発局に分離，再編された．同局は1977年，エネルギー省(DOE: Department of Energy)として再編された．

8)「米国スリー・マイル・アイランド原子力発電所事故時の避難措置」(02-07-04-03).

基金2500万ドルが設定された．1985年には，身体に傷害を被ったと主張する周辺住民約300人に対して，1430万ドルが支払われた．これらの支払いは，アメリカ原子力プールによる原子力損害賠償責任保険によって，担保された．つまり，原子力事業者の損害賠償責任が認められたということである[9]．

TMI事故を直接の契機として，アメリカの原子力開発は長い停滞期に入ることになった．1978年以来，2012年にオバマ政権下でNRCが承認するまで34年間，原子力発電所の新規建設・運転計画は停止されたままであった．この理由は，世論の原子力発電に対する根強い忌避感とともに，TMI事故を契機に強化された原子力安全規制で原子力発電コストが上昇，他の電源に対する価格優勢が低下し，原子力事業者の事業意欲が低下したからであった．例えば，原子力事業者の重い負担の1つとなったのは，「原子炉施設敷地外緊急時計画」の策定が義務付けられたことだった．

それまで，NRCをはじめ原子力事業者も州政府も，原子力発電所の事故に際して周辺住民を防護する措置にはほとんど無関心であった．だが，NRCはTMI事故を機に連邦緊急事態管理庁(FEMA: Federal Emergency Management Agency)と緊急時計画の全面的見直しを行い，1980年に「原子力発電所のための原子力防災計画の作成および評価のための基準」というガイドラインを作成した．それによって，原子力事業者は連邦規則において，敷地内外での緊急時計画の作成が義務付けられ，NRCから承認を受けなければ，原子力発電所を稼働させることはできないことになった．他方，州政府や地方政府もまた緊急時計画を作成し，FEMAの審査を受けなければならない．NRCは，原子力事業者と州および地方政府双方の緊急時計画の整合性についても審査を行う．つまり，何らかの理由で州および地方政府が緊急時計画の作成に参加を拒否したら，原子力事業者は原子力発電所の運転許可を得られない．実際に1989年，ニューヨーク州のショーラム原子力発電所が商用運転を行う前に廃棄計画が決定されたのは，周辺の郡と州が緊急時計画を作成しなかったことが大きな要因となった[10]．

9）卯辰(2002)52頁．
10）卯辰(2002)26頁．

2　チェルノブイリ原子力発電所における破局的事故の発生

1986年4月26日，ソ連(現ウクライナ)のチェルノブイリ原子力発電所4号炉で起きた核暴走によるメルトダウン事故は，史上最悪の原子力発電所事故となった．ベラルーシ，ウクライナ，ロシアの広大な国土に放射能汚染をもたらし，不毛の地とした．放射性物質は欧州全域に降り注ぎ，健康被害に加えて食生活をはじめとする生活全般に大きな打撃を与えた．食品の放射能汚染への不安は，日本を含む全世界に広がった．以下に，被害状況を要約する．なお，事故の顚末は，日本の電力業界がチェルノブイリ事件をいかに受け止めたかという検証と併せて，後に詳しく述べる．

原子炉から放出された放射性物質は，広島市に投下された原子爆弾による放出量の約400倍とされる[11)]．すでに述べたように，1年以内に避難を強いられた人は，ベラルーシ，ウクライナ，ロシアの3か国で合計11万人と推計されている．高濃度で汚染されたチェルノブイリ周辺は居住が不可能になり，原発から半径30 km以内が立ち入り制限地域とされ，2012年に，その地域の半分，東京23区の1.6倍に当たる面積約1000 km^2は，永遠に立ち入りが制限されることが，非常事態省関連機関から発表された[12)]．原発から北東に向かって約350 kmの範囲内には，局地的な高濃度汚染地域(ホットスポット)が約100か所にわたって点在している．そこでは農業，畜産業などは全面的に禁止され，その周囲も制限されている．

ソ連政府の発表による死者数は運転員・消防士あわせて33人だが，事故処理にあたった予備兵・軍人労働者に多数の死者が確認されている．事故から20年を経過した頃から，さまざまな機関によって調査結果が発表された．がん死亡者見積もり件数は調査機関によって異なり，2006年，世界保健機関(WHO)は，事故処理従事者と最汚染地域および避難した住民が4000件，その他地区に5000件，合計9000件とした．ただし，これはベラルーシ，ウクライナ，ロシア3国に限ったものである[13)]．WHOの国際がん研究機関(IARC)は対

11)　IAEA HP, “How does Chernobyl's effect measure up to the atomic bombs dropped on Hiroshima and Nagasaki?”

12)　インターファクス通信電(共同通信配信，2012. 4. 25)．

13)　共同通信配信(2006)「原発事故の死者9000人も　チェルノブイリで　WHO」

象を欧州40か国に広げ，1万6000件と推計している[14]．ウクライナのNGOであるチェルノブイリ連合は，2011年までの合計で73万4000件と見積もっている[15]．京都大学原子炉実験所の今中哲二によれば，2万件から6万件が妥当なところであるが，たとえ直接的な被曝がなくても，避難などによって心身を患った「間接的な死者」を無視することはできないとしている[16]．

このように，欧州広域において膨大な人々が重大な健康被害を強いられた．しかし，経済的問題においては，人体の放射線障害に対する損害賠償よりも，経済損失，環境回復費用，環境損害にかかる逸失利益，防止措置費用といった原子力損害に対する賠償規模のほうがはるかに大きかった．具体的損害規模は，正確にはわかっていない．下山(2004)によれば，ソ連内での損害は15兆円とも言われるが，実際にソ連政府が国内に補償した金額は2300億円程度とされている．また，ソ連以外の被害国がそれぞれ，自国の国民に対して支払った賠償額は1400億円程度とされている[17]．

3　アメリカにおける原子力事業者責任の拡大

第1章で詳しく述べたように，原子力損害賠償制度の設計あるいは改正において，その前提となる原子力損害による被害総額はあくまで種々の条件を仮定した予測によるものに過ぎない．その予防的制度がゆえに，仮に過酷事故が発生した場合，定められた損害賠償措置額では不十分なのではないかという不安が絶えず付きまとってきた．1979年のTMI事故，1986年のチェルノブイリ事故の発生によって，過酷事故はついに現実のものとなり，原子力損害賠償制度に付きまとった不安は，具体的に解決しなければならない緊急課題に転化した．各国は損害賠償措置の引き上げや，原子力損害の再定義の作業を行うなど，国内法の制度的拡充に動き出した．それは同時に，原子力損害賠償制度構築の

『47NEWS』(4. 14)．

14) “The Cancer Burden from Chernobyl in Europe”(プレスリリース), International Agency for Research on Cancer(2006. 4. 20)．

15) ロイター通信配信 Richard Balmforth, “Factbox: Key Facts on Chernobyl Nuclear Accident”(2011. 3. 15)．

16) 今中哲二(2007)．

17) 下山(2004)75頁．

目的が，当初は原子力産業の健全な育成に重きが置かれていたものを，被害者保護に重心をより移す理念的変更を伴っていた．国際条約もまた，同様の措置が取られ，改正された．以下に，TMI原発事故を契機に実用的進化を遂げているアメリカのPA法，有限責任から無限責任に切り替えたドイツの事例を紹介する．さらに，被害者救済の観点から制度強化を行う一方で，連結・共通化によって普遍性を強めるパリ条約，ウィーン条約，補完的補償条約の改正内容を取り上げ，新しい国際的標準構築の工程を検証する．

原子力の国家独占政策を転換し，原子力産業発展のために民間参入を促進したアイゼンハワー政権に対して，当の民間事業者は，原子力事故による被害者救済に関する「公的責任」(Public Liability)[18]を問題視し，民間事業者の責任制限──有限責任制──を強く要求したことは，すでに述べた．アメリカ政府は要求を受け入れ，改正1954年原子力法を1957年に一部改正する形でPA法(原子力法170条)を制定し，原子力損害賠償制度を整えた[19]．したがって，PA法の立法当初は，原子力損害賠償制度の2つの目的のうち，被害者の保護，救済よりも原子力産業の保護，育成により力点が置かれていた，ということになる．実際，損害賠償責任を一定限度で制限するために，1つの原子力事故から生じる原子力事業者の責任は5億6000万ドルに制限された．その内訳は，民間保険会社から得られる原子力損害賠償責任保険の最大額が6000万ドル，国家補償が5億ドルであった．原子力事業者の負担は，実質ゼロであった．

PA法は10年間の時限立法として成立し，1966年，1975年，1988年にそれぞれ改正され，その後2005年の改正エネルギー政策法によって，2025年までの延長が決まっている．注目されるのは，その第1回の1966年改正において，早くも，「PA法が原子力事業への民間参入保護策に偏っているという原子力産業過保護論や公衆保護拡充論」が台頭，論議されたことである[20]．

---

18)　他に，「公衆責任」「第三者責任」などとも訳される．

19)　科学技術庁原子力局監修(1980)15頁によれば，アメリカにおいては，不法行為に関する立法の権限が各州に委ねられているため，責任の集中原則はプライスアンダーソン法に盛り込まれていない．しかし，損害賠償措置と政府保証契約は，原子力損害を賠償すべきすべてのものに対して有効であるので，実質的には責任集中制度と変わらない．

20)　水田修二(2005)12頁．

さて，卯辰(2002)によれば，1966年の第1回改正時に早くも原子力産業の保護策に傾きすぎるという批判を浴びたアメリカ政府は，原子力事故に異常原子力事故(ENO: Extraordinary Nuclear Occurrence)という概念を導入し，ENOについては州法に委ねることなく，政府の全国一律の厳格責任基準を適用する旨，PA法上に明記した．加えて，ENOに関しては，NRCおよびアメリカエネルギー省(DOE)は，州法においては被告に与えられている不法行為による損害賠償請求訴訟における一定の抗弁権を放棄，撤回させる権限を有することとした．つまり，原子力事故がENOだと認定された場合，厳格責任基準が適用され，なおかつ被告は抗弁権が放棄させられることにより，被害者救済をより円滑に進めることができるように法改正が行われたのである[21)]．

下山(1976)によれば，アメリカ政府は原子力産業過保護論にさらに配慮し，PA法を公衆保護立法の観点から内容を拡充するべく，1975年の改正においては，損害賠償措置を新たな二階建て方式に変更した．すなわち一階部分(第一次損害賠償措置)は米国原子力保険プールが引き受ける原子力損害賠償責任保険で変わらないものの，二階部分(第二次損害賠償措置)を国家補償から「事業者間相互扶助制度」(Industry Retrospective Rating Plan)に切り替え，原子力産業(事業者)の自己責任としたのである．事業者間相互扶助とは，原子力事故による損害賠償額が保険金額を超過した場合に全原子力事業者が事後拠出する制度であり，1原子炉・1原子力事故当たりの保険料を事故発生後遡及して拠出，損害賠償金支払いに充てる制度である．新制度への移行は原子力発電所の増設に伴って順次行われ，1985年の80基目の原子炉が認可を受けた段階で，責任制限額5億6000万ドルに対して国家補償の必要がなくなった．ちなみに，原子力産業過保護論を展開したのは，エネルギー産業として競争関係にあった石炭業界であった．多額の国家補償を盛り込んだPA法に反対，国家補償を減らし，原子力産業界自身による賠償措置増加策を強く求めたのであった[22)]．

3度目のPA法改正は，1979年のTMI事故，1986年チェルノブイリ事故を挟んだものとなったために，連邦議会内で激しい議論が巻き起こった．1987

21) 卯辰(2002)34～35頁．
22) 下山(1976)459頁．

年8月1日までの時限立法であったため，それまでに法改正を実現しなければならなかったが，1年後の1988年8月20日まで法案成立がずれ込んでしまった[23]．最大の焦点は，原子力事業者に対する責任制限額の引き上げと損害賠償措置の仕組みであった．無限責任論までが台頭する白熱した議論によって，責任制限額は従来の約10倍である約72億ドルまで一気に引き上げられた．その資金は，原子力事業者は第一次損害賠償措置として，賠償限度額2億ドルの米国原子力プールが引き受ける原子力損害賠償責任保険を保持し，さらに，第二次損害賠償措置である事業者間相互扶助制度における1原子炉・1原子力事故当たりの遡及保険料として6300万ドルまで責任を負うことで確保される．加えて，これらの履行確保の証拠をNRCに提出する．このように，原子力事業者の実質的責任負担能力を飛躍的に高める法改正となった[24]．

また，1988年改正では，国家責任も明確化された．それまでは，原子力損害による賠償規模が責任制限額を超過した場合，NRCあるいはDOEが事故調査をまとめ，その調査報告に基づいて議会が適切な措置を講ずるとされているに過ぎなかった．しかし，1988年法においては，NRCが事故原因と損害額の見通しについて調査報告を行い，それをもとに裁判所が，損害賠償金額が損害賠償措置額(責任制限額)を超える可能性があると判断した場合，大統領は裁判所の判断後90日以内に議会に対して，損害賠償の推定額，国家財政への影響，賠償履行ファンドの創設，賠償の実施方法など，具体的な補償計画を報告，提出しなければならない．そして，議会もまた被害者に対して公的責任を迅速かつ十分に果たすために必要な行動をとることが規定されたのだった[25]．

さらに，予防的避難に対する補償責任が明記された．すでに述べたように，TMI事故においてはNRCの勧告を受けて，ペンシルベニア州知事が避難命令を出した．この避難費用は，実際には損害が発生しなかった場合の予防的避難によって生じる予防的避難費用(Precautionary Evacuation Cost)と考えられる．それまででは，PA法における予防的避難[26]費用に関する解釈が明確ではなく，

23)　卯辰(2002)37～38頁．

24)　この段落は，水田(2005)，卯辰(2002)，卯辰(2012)，日本原子力産業協会政策推進部編(2012)を参考にした．

25)　注24に同じ．

補償対象であるかどうかは曖昧であった．そこで，1988年改正において，予防的避難の定義を明確にしたうえで，原子力事業者が負うべき責任としたのだった[27]．

このように，原子力事業への民間参入を促進する目的で法制度化されたPA法は，世論による公衆保護拡充要求と石炭業界など競争関係にある産業からの原子力過保護批判にさらされた連邦政府によって早い段階から見直され，TMI事故が発生する以前にすでに事業者相互扶助方式に制度変更がなされていた．さらに，TMI事故，チェルノブイリ事故を経て，事業者と国家が負うべき法的責任の抜本的見直しが，1988年に行われた，という経緯になる．その後も1原子炉・1原子力事故当たりの遡及保険料は適宜見直されており，現在は1億1190万ドルとなっている．

したがって，現在のアメリカの損害賠償措置は，

第一次　責任保険契約3億7500万ドル

第二次　1億1190万ドル×1.05(訴訟費用分)×104基＝122億1948万ドル

合計　　125億9448万ドル

となる．1ドル＝83.18円で日本円に換算すると，およそ1兆48億円が損害賠償措置額であり，同時に原子力事業者の責任限度額となる．

今や，1兆円に上る賠償措置額のうち，第一次措置の責任保険は300億円ほどに過ぎず，第二次措置としての原子力事業者自己負担が9700億円にも達する．この損害賠償措置額は各国の原子力損害賠償制度のなかでも突出した巨額さで，2番目はドイツの25億ユーロである．そして，1兆円を超過した部分は，国家補償の対象として必要な措置をとることを大統領および議会は義務付けられている．原子力損害の被害者は，国に対して損害賠償を請求する権利を担保されている，と解釈されている[28]．

---

26)　PA法における予防的避難とは，①PA法で定める各種核物質の放射能特性により，人体損害，財物損害を被る危険が切迫した状況下の避難，②避難命令を発することに正当な権限を有する州政府や地方政府によって開始された避難，である．

27)　注24に同じ．

28)　注24に同じ．

4　ドイツにおける原子力事業者責任の拡大

ドイツにおける原子力損害賠償制度[29]に関する基本的な事項は，2008年最終改正の「原子力の平和利用およびその危険に対する防護に関する法律」(原子力法)に規定されている．ドイツの原賠制度には際立った特徴が3つある．第一は，1959年の制定当初は有限責任原則が導入されたが，1985年の法改正で無限責任原則に転換されたことである．第二は，1975年の改正時に有限責任原則を定めた国際条約であるパリ条約に加盟したにもかかわらず，法的論理整合性に問題はないとして無限責任原則を採用したことである．第三は，制定当初から国際標準として無過失責任を取り入れているのだが，戦争・内乱あるいは異常な自然災害といった不可抗力による原子力損害に対する免責を一貫して認めていない点である．いわば，「原子力事業者に絶対的な無過失責任」[30]が課せられているといえよう．免責事由に該当するような場合こそ，まさに市民が原子力責任法の保護下に置かれるべきである，というドイツ固有の思想による措置であった．

1959年制定法において，責任限度額を5億マルクとする有限責任原則は，1975年の改正で10億マルクに引き上げられ(損害賠償措置額は5億マルク)，1985年改正において無限責任原則に変更された．この大転換がすでに，1986年のチェルノブイリ事故以前に行われていたことは注目に値する．ドイツ政府は，原子力発電開始からおよそ20年を経て，原子力産業は世界的な発展を遂げ，安全性も確実に向上し，したがって原子力産業の責任を制限する特別な保護策の必然性が失われた，と判断したのだった．その背景には，何より被害者の保護，救済こそ最優先されるべきである，との世論の高まりがあった．無限責任原則による事故の抑止効果こそを，社会は最も強く求めたのだった．

ドイツは，無限責任原則を採用する一方で，損害賠償措置の拡充を進めた．2002年改正において，損害賠償措置額は5億マルク(約301億円)から25億ユーロ(約2947億円)へ，およそ10倍に引き上げられた．25億ユーロの徴収シス

---

29)　ドイツにおける原子力損害賠償制度の記述全体に関して，以下の5つの文献を参考にした．能見義久(1993); OECD/NEA(1990); 加藤和貴(2005a)16～21頁; 卯辰(2012); 日本原子力産業協会政策推進部編(2012).

30)　ペルツァー(1980), p. 99.

テムはアメリカと類似し，二層構造となっている．第一層部分が原子力責任保険であり，2億5564万5000ユーロ(5億マルク分)を保険プールが引き受ける．第二層部分は「事業者間による相互保証」であり，22億4435万5000ユーロを子会社に原子力発電運営会社を持つ4大電力会社が手当てするのである．各社の負担割合は，4大電力会社が保有する原子力発電所の各炉の熱出力に応じて決められる．

他方，2002年改正では，国家補償額もまた5億マルクから25億ユーロまで大幅に増額された．では，民間事業者による損害賠償措置に対して，国家補償はどういう関係になるのであろうか．2002年以前は，5億マルクまでを損害賠償措置がカバーし，5億マルクを超える場合は10億マルクまで国家が補償し，さらに10億マルクを超える部分については，事故原因者である原子力事業者が無限責任原則に基づいて，自己責任において資金を調達するという，いわば「三階建て中抜きの事業者責任」といったユニークな制度であった．2002年改正以後は，国家補償が適用されるのは，「戦争危険」，「異常かつ巨大な自然現象」，「外国の原子力事故により国内で損害が発生した場合で，海外の事業者に損害賠償が請求できない場合，または補償額が少ない場合」といった不可抗力によって原子力責任保険が免責され，また事業者間相互保証による損害賠償措置が機能しない事態とされた．つまり，民間事業者による損害賠償措置が稼働しない場合には，国家補償がカバーするのである．

なお，損害賠償費用が損害賠償措置あるいは国家補償の上限である25億ユーロを超える場合は，無限責任原則によって原子力事業者が賠償責任を負うことになる．ここは明確な国家責任を打ち出しているアメリカとは，大きく異なる点である．ただし，ゲッティンゲン大学教授のノルベルト・ペルツァーは，「国家補償の最高限度額を超える場合でも，原子力損害が25億ユーロに責任を負うべき原子力事業者の資産の額を加えた額を超えるならば，国家的大災害のレベルに達したと言え，国家が憲法上の一般原則である国民の保護義務に基づき補償を行うべきである」とする[31]．

ここで，日本の原賠法の無限責任制とドイツのそれを比較，整理しておく．

31) 加藤(2005a)44～45頁(脚注)．

日本の無限責任制が不合理であるとされるのは，①原子力事業者の無過失責任と責任の集中という厳格責任に，さらに無限という絶対的な責任を課すアンバランスさ，②損害賠償措置を超えた部分の賠償責任に対して，国家の関与が「援助」という弱く曖昧な規定であること，にある．この2点によって，原子力事業者の損害賠償負担額が予測できず，経営計画に組み込めないため，万一の事態には経営が揺らぎかねず，その結果，原子力産業の健全な発展も被害者への迅速かつ適切な賠償もできなくなってしまう懸念がつきまとうのである．それに対して，ドイツの無限責任制は，事業者の損害賠償措置と同額の国家補償を定めることで，25億ユーロまでは国が責任を負う明快な規定となっている．同じ無限責任制でも，日本とドイツの構造は大きく異なっている．

なお，パリ条約は7条で有限責任原則を，10条で責任と損害賠償措置額(あるいはそれに相当する担保)の一致の原則を採用している．かかる国際条約の加盟を維持しつつ，ドイツが国内法を無限責任原則に転換できた理由は，以下の2つの条文解釈によっている．第一に，パリ条約7条は有限責任を採用しているものの，責任の最低額のみが規定され，具体的な最大賠償責任金額が規定されているわけではない．第二に，パリ条約10条の責任と損害賠償措置額の一致原則については，無限の損害賠償措置を行うという不可能を要求しているものではない．これらの解釈の背景には，無限責任といえども，実際の損害賠償においては原因者(賠償義務者)の総資産で責任は制限されることになり，事実上，最大賠償額は存在するのであって，形式的に法文上に存在しないことが問題となるわけではない，という認識がある．こうした解釈は一般化され，2004年に採択された改正パリ条約においては，締結国は国内法において有限責任，無限責任いずれの選択も可能であるとされている．

さて，1986年のチェルノブイリ事故以降，ドイツで「アウスシュティーク(Ausstieg)」という言葉が広く使われるようになった．バスや電車から降りるという意味であり，この言葉を日本語に置き換えたのが「脱原発」である[32]．「脱原発という言葉には，すでに原子力発電が社会の中で一定の役割を果たしている事実を認識した上で，原発からの脱却を図るという意味が込められてい

32)　高木仁三郎(1999)197頁．

る」[33]．原子力の即時全面廃止という「反原発」とは立場が明らかに異なる．ドイツは2002年，当時の連立与党のドイツ社会民主党と緑の党が法改正によって，脱原発を決めた．原子力法の第1条にある同法の目的を「原子力の研究，開発及び平和利用を促進すること」を，「電力の商業的生産のための原子力の利用を秩序正しく終了させ，終了の時点まで秩序正しい稼働を保障すること」へ全面転換したのである．

具体的には，17基が稼働していた原子力発電所を段階的に廃止する脱原発を決定，最後の原子力発電所の稼働は2012年までとすることを決定したのだった．既存の原発が老朽化するまでの運転継続を認める一方で，新増設は禁止し，他の電源に一定の時間的猶予を持って，現実に即して段階的に振り替えていく――この脱原発の思想が，これまで述べてきた，ドイツにおける原子力事業者による賠償措置と国家補償を組み合わせた，明快かつ十全な原子力損害被害者に対する損害賠償制度の理念的背景となっている．その後，2010年の法改正で原発停止期限は2012年から2035年まで14年延長されたが，本過酷事故を受けて，現在は2022年までにすべての原子力発電所を閉鎖する方針が決定している．ドイツでは2012年1月現在，9基1269万6000キロワットの原子力発電が運転されており，総出力は世界で8番目の規模である[34]．

5　パリ，ウィーン，CSC――国際条約の3系統[35]

原子力損害賠償制度においては，各国の国内法に加えて，国際条約が存在し，世界的な原子力損害賠償制度の全体の枠組みを形成している．国境を越えて生じる原子力損害(越境損害)の処理などに適切かつ迅速に対応するために国際的な共通ルールを定め，加盟国間の制度の共通化を図るためである．竹内(1961)が，原子力二法の立法化にあたって制約となった前提条件を4つ挙げたなかで，

33)　吉岡斉(2011)9頁．

34)　日本原子力産業協会政策推進部編(2012)138頁．

35)　この項の記述は，飯塚浩敏(2005b)28～38頁，卯辰(2012)，日本原子力産業協会政策推進部編(2012)を参考にした．なお，パリ条約，改正パリ条約，ブラッセル補足条約，改正ブラッセル補足条約の各全文はOECD/NEAウエブサイト，ウィーン条約，改正ウィーン条約，ジョイントプロトコルはIEAEウエブサイト(参考文献345頁)，CSCの全文(英文)は日本原子力産業協会政策推進部編(2012)294～318頁．

準拠せざるを得ない，あるいは準拠すべきであると指摘したことは，すでに述べた通りである．

現在，国際条約は，「原子力の分野における第三者責任に関する条約」(以下，パリ条約)，「原子力損害の民事責任に関するウィーン条約」(以下，ウィーン条約)，「原子力損害の補完的補償に関する条約(Convention on Supplementary Compensation for Nuclear Damage)」(以下，CSC)の3系統がある．時系列で整理すれば，以下の通りである．

1. パリ条約(1960年採択，1968年発効，1982年一部改正)[36)]．
2. ブラッセル補足条約(1963年採択，1974年発効，1982年一部改正)．
3. ウィーン条約(1963年採択，1977年発効)．
4. ジョイント・プロトコル(共同議定書，1988年採択，1992年発効)．
5. 改正ウィーン条約(1977年採択，2003年発効)．
6. CSC(1997年採択，未発効)．
7. 改正パリ条約(2004年採択，未発効)．
8. 改正ブラッセル補足条約(2004年採択，未発効)．

道垣内(2012)によれば，原子力の平和利用開始に伴って，1のパリ条約，2のブラッセル補足条約，3のウィーン条約が採択され，1986年のチェルノブイリ事故への対応として4のジョイント・プロトコルが直ちに作成され，その後，それぞれの改正および6のCSCの作成が行われた，という歴史的経緯になる．内容面を見れば，1のパリ条約と3のウィーン条約は原子力損害賠償に関する実体規定(原子力損害の定義など)・手続規定を定めていて，それぞれの改正条約が7の改正パリ条約，5の改正ウィーン条約である．また，2のブラッセル補足条約と8の改正ブラッセル補足条約は，それぞれ1のパリ条約と7の改正パリ条約を補足するもので，原子力損害額が一定以上となった場合に，国際基金(事故後に締約国が拠出する)から賠償原資を供給することを定めている．4のジョイント・プロトコルは，1のパリ条約と3のウィーン条約が別々に存在することから生ずる問題を解決するため，それぞれの条約の締結国に対して

---

36)　多国間にわたる国際条約は，条約内容が合意に至り(採択)，署名を経て，批准した国が一定数に達しなければ，発効されない．この場合，8年間を要したということである．

それぞれの条約を適用することを定めている．6のCSCは，アメリカを含む第三の国際条約として機能することを期待され，構想された[37]．以下に，これら国際条約の成立から現在までの変化過程を追い，その意味とともに詳しく検証したい．

なお，国際3条約はともに，原子力損害の賠償責任に関する基本原則の設定において4つの共通点を備えている．第一に，原子力事業者の無過失責任および責任集中，第二に，有限責任制の導入(賠償責任限度額の設定)，第三に，賠償責任限度額までの損害賠償措置の強制，第四に，裁判管轄権と適用法(準拠法)の整理である．ここでは，国際条約独特の第四の点に触れておきたい．国際条約の最大の意義は，国境を越えた越境損害の被害者救済にある．このとき，重要なのが裁判管轄権と準拠法である．越境損害は，数か国から十数か国にまたがる可能性があるから，損害賠償措置に関して，管轄権を持つのは事故発生国の裁判所か，それとも損害発生国なのかが問題になる．適用法についても同じである．原賠3条約は揃って，管轄権は事故発生地にあり，適用法は法廷地(裁判所が所属する国または地域)主義を採っている．

パリ条約は，原子力損害賠償に関わる最初の国際条約であり，経済協力開発機構原子力機関(OECD/NEA)を事務局とする．フランス，ドイツ，イギリス，イタリアなど欧州のEU加盟国を中心に15か国が締結，責任最低額は1500万SDR(約20億円)[38]とされた．次いで，パリ条約の資金措置を補う関係にあるブラッセル補足条約によって，賠償責任限度額の最高限度額が3億SDRに引き上げられ，その一部を負担するために条約締結国による損害賠償共同基金の制度が導入された．すなわち，1億7500万SDR(約231億円)までは事故国が公的資金で負担，残り1億2500万SDR(約165億円)を全締結国の分担金で負担することとしたのである．一方，ウィーン条約は国際原子力機関(IAEA)を事務局とし，広く各国の条約加入を求めるために，原子力事業者に課せられる最低責任限度額は500万ドルに設定された．中東欧，中南米などのIAEA加盟国

---

37) 道垣内正人(2012)147〜148頁.

38) SDR(Special Drawing Rights)は，特別引出権と訳される．国際通貨基金(IMF)加盟国の準備資産を補完する手段として，1969年に創設された国際準備資産．SDRの価値は主要4か国・地域の国際通貨バスケットに基づいて決められ，自由利用可能通貨との交換が可能.

を中心に38か国が締結している．2005年には，ロシアが加入している．

ここで，欧州から遠く離れた日本と両国際条約との関わりに触れておく．原賠法二法が制定された1961年に，星野英一が同年ブラッセルにおいて議論された「原子力船運行者の責任に関する条約案」と，ウィーンにおいて討議された「原子力損害に対する民事責任の最小下限国際的基準に関する国際条約案」を取り上げ，日本の原賠法二法と比較考察している．星野のスタンスは，「わが国も，従来のように，一方対立する利害・異なる意見をようやく調整した結果できた右原子力損害賠償二法であるから，とにかくその成立に努めると共に，国内の意見の分裂を背後にしつつ国際条約の審議に臨む，という苦しい両面作戦の時代がようやく終わり，右の二つの条約の審議に改めて力を注ぐと共に，国際条約の立場から，わが二法についてももう一度反省のできる段階に達している」という意欲的なものであった．要するに，両国際条約の審議に日本も積極的に参加し，その国際標準の観点から原賠法二法を見直せ，と主張しているのである[39]．見直しのポイントは当然原賠法第16条であり，原子力事業者の無限責任制から有限責任制へ，国家の援助から補償への変更であった．だが，星野のみならず世界標準の合理性にこれほどこだわった民法学者たちは，10年後にはその主張を放棄し，国家責任を曖昧なままにした原賠法を肯定する側に回る．その経緯は，第3章で述べる．

6　チェルノブイリの教訓とパリ条約，ウィーン条約の改正

パリ条約とウィーン条約は，チェルノブイリ原子力発電所4号炉のメルトダウン事故という破局的な事故を受けて，大幅に改正された．広部(2008)を参考にして，改正作業の前提となったチェルノブイリ事故の教訓を3点に要約して

---

39)　星野(1962)39頁．また，星野は同42～43頁で，原賠法を巡る国内状況と国際的な新しい趨勢との乖離を，こう嘆いている．「国際的な新しい大勢を目にしその合理性も了解しつつ，他方伝統的な考え方の強い各省の言い分をも理解して，内に国内法案を作成してその通過に努め，外に国際会議に臨むことの至難事は，外交会議の代表団の一員に加わった筆者も泌々と味わった．二法案は，異なった考え方のきわどい妥協・バランスの上に成立しているから，仮に国際的な大勢に理ありと感じたとしても，今更これを少しでも動かすことはできないし，外に対しても，担当官庁としては，国会で審議中の法案と異なった考え方を述べることはできない．ちょうど，タイミングが悪くて，きわめて辛い立場にあったのである」．

おく．第一に，原子力事故が国境を越えて外国に被害を与えた場合，これに対処する国際的な制度が広く十分には認められてはいなかった．一般に，私人の救済問題が国家間の問題となった場合，その解決は国際法あるいは外交交渉によることとなる．だが，原子力事故の発生を，一般国際法上違法だという前提に立って，事故発生国の国家責任を問い，国境外の被害者の法的救済を求めるのは困難であるとされた．外交交渉によっても，基本的には国家間の問題として処理され，個人の適切な救済に結びつけることは難しいとも考えられた．したがって，被害者である個人を法的に救済するには，国際条約による国家間の制度的な担保が必要だという認識が高まった．

第二に，したがって，チェルノブイリ事故を引き起こした旧ソ連が，パリ条約およびウィーン条約いずれも締結していなかったことによって混乱が増すこととなった．仮に旧ソ連が両条約あるいは同類の制度下にあれば，実効性のある被害者救済を実現できたはずである．このことから，国際制度としての原子力損害賠償制度の普遍性を向上させ，それを国際条約として，原子力発電施設を有するすべての国家が加入すれば，その下にある原子力事業者すべてが組み込まれ，最も望ましい国際制度になることが再認識された．

第三に，原子炉の放射性物質が外部に拡散する破局的事故においては，多種多様な損害が広域にわたって発生し，賠償額が巨額なものになるという現実を知った．事故発生地および周辺地域においては死傷者，健康被害，財産損害が発生するのに対して，国境を越えた広域被害の多くが環境被害であり，防止措置および回復措置に多大な費用を要するという現実に耐えられる国際制度が必要とされることが明らかとなった[40]．

パリ条約とウィーン条約はそれぞれ加盟国が限られているため，両条約を連結する必要性が1970年代半ばから指摘されていた．その指摘通りに，両条約ともに，チェルノブイリ事故が引き起こした多種多様かつ広域化した損害に有効に機能することができなかったことから，連結の機運が急速に高まった．その結果，1988年，被害者救済措置の地理的拡大を果たすために両条約を連結させる「ジョイント・プロトコル(共同議定書)」が採択された．事故を発生さ

40）　広部和也(2008)3～4頁．

せた国と被害を受けた国が異なる国際条約に加入し，加えてジョイント・プロトコルにも加入していれば，事故を発生させた国が加入している国際条約が適用され，国境を越えて被害を受けた国に対して賠償処理がなされる，という内容であった．

他方，パリ条約，ウィーン条約それぞれが制度を強化する余地を残していた．それでも，パリ条約は，ブラッセルにおける補足条約や追加議定書の採択などによって制度的拡充を進めていたが，ウィーン条約においては，原子力事業者に課せられる責任限度額の最低額がわずか500万ドルにとどめられ，被害者救済の実効性に疑問が生じるなど，法改正の必要性を指摘されながらも古い制度的枠組みを維持していた．こうした背景から，チェルノブイリ事故による教訓はIAEAにおいても強く認識され，ウィーン条約の改正作業が1989年に開始され，8年後の1997年に改正ウィーン条約およびCSCが採択されるに至った．以下に，広部(2008)と飯塚(2007)を条文の日本語訳も含めて参考にし，ウィーン旧条約と改正条約の主な点を取り上げる．

第一は，最大の改正点となった「原子力損害の定義」である．旧条約においては，「死亡又は身体の障害」と「財産の滅失若しくは毀損」のみを条約上認められる概念とし，「他の滅失又は損害」は損害の種類を特定することなく，「管轄裁判所の法律が定める場合」という規定によって，管轄裁判所の法判断を委ねていた．だが，改正条約においては，詳細な定義が定められることとなった．旧条約にも明記されている「死亡又は身体の障害」と「財産の滅失若しくは毀損」に加え，「管轄裁判所の法が決する限りにおいて」と前置きしつつ，以下の損害について規定している．

1. 死亡又は身体の障害と財産の滅失若しくは毀損から生じる経済損失．
2. 重大な環境汚染の回復措置にかかる費用．
3. 重大な環境汚染によって生じた収入の喪失．
4. 環境被害の防止措置費用及びその措置によって生じた更なる損失又は損害．
5. 環境汚染によって生じたのではない経済的損失で，管轄裁判所の民事責任に関する一般法で認められているもの．

第二は，条約の地理的適用範囲である．通常，国際条約は条約当事国間についてのみ適用される．旧条約においても，地理的適用範囲を定める特別な規定は存在しなかった．だが，改正条約では，条約の非締約国であっても被害場所のいかんにかかわらず適用されることになった．ただし，非締約国が被った被害については「適用除外」が限定つきで認められる．適用除外が認められるのは，「原子力施設を有し，かつ相互的利益を提供していない非締約国」に限られる．したがって，「原子力施設を有し，かつ相互的利益を提供している非締約国」と「原子力施設を有していない非締約国」については，適用除外が認められない．

第三は，責任制限と資金の保証措置である．損害賠償額が巨額に上ったチェルノブイリ事故を受けて，責任最低限度額の最大限の引き上げが改正主要目的の1つだった．責任最低限度額は，旧条約の500万ドルから3億SDR(約396億円)に一気に引き上げられた．ただし，以下のようにいくつかの選択肢が用意されている．

1. 3億SDRを下回らない額．
2. 1億5000万SDR(約198億円)を下回らない額．ただし，3億SDRとの差額が政府の公的資金によって提供されることを条件とする．
3. 上記の義務を果たすことが最初から困難な締約国は，議定書発効日から最長15年間については，その期間内に生じた原子力事故に関して1億SDRを下回らない額を設定できる．ただし，1億SDRまでの差額が政府の公的資金によって提供されることを条件に，1億SDRより小さい額を設定できる．
4. 500万SDR(約6億6000万円)を下回らない額．ただし，原子力施設若しくは当該核物質の特性に起因する事故の想定によっては，少額運営者の責任を，500万SDRを下回らない額に設定できる．ただし，上記3項目の責任最低限度額との差額を政府の公的資金によって提供されることを条件とする．

ここで注目されるのは，責任最低限度額の選択と設定は，国による公的資金との組み合わせによっていることである．いわば，国による公的資金の提供を条件に，原子力施設運営者の責任を軽減してもよいという構造になっている．旧条約においても，国による資金提供に関する規定があったが，あくまで賠償資金の保証措置との関係で不足が生じた場合の追加措置としての扱いであった．改正条約では，国は原子力施設運営者と同等かつ一体となって，国家の責任として資金措置を負う立場に置かれている．

他方，注目されるのは，改正条約では，無限責任原則を採用している国を対象とした規定が追加されたことである．この規定は，「我が国の主張を反映して……新たに挿入されたもの」[41]であった．つまり，無限責任原則を採用する日本が加盟できない大きな壁が1つ取り払われたということである．ただし，無限責任原則をとる国について，具体的には以下のように規定された．

1. 原則として3億SDRを下回らない額を保証措置額として設定しなければならない．
2. ただし，原子力施設の性質等に鑑み，3億SDRを下回る補償措置額を設定できる．だが，500万SDRを下回ってはならない．
3. 上記2を選択し，少額の保証措置額を設定し，実際にその額を上回る損害賠償責任が発生した場合，国は，最初に設定した資金的保証の限度まで必要資金を提供し，賠償請求権の支払いを確保しなければならない．

当時，日本の原賠法に規定された法定賠償措置額は600億円，少額賠償措置額は120億円または20億円であった[42]．3億SDRは約487億円相当であり，賠償措置額の設定自体は改正条約と矛盾するものではなかった．だが，改正条約によれば，少額保証措置額を設定し，仮に原子力損害が発生して賠償額がその措置額を上回った場合，600億円までの差額は国が公的資金によって支払う責任が生じてしまう．これまで述べてきたように，これは原賠法が認めるところではない．原賠法における無限責任制においては，損害賠償額が措置額を上回ったときには，まず原子力事業者に賠償責任が発生する．そして，原賠法第16条では，賠償措置額を上回る賠償責任が原子力事業者に発生した場合は，政府は原賠法の目的を達成するために必要と認めるときには，原子力事業者が損害賠償をするために必要な「援助」を行う，と規定されている．責任最低限度額および補償措置額の設定において，国家責任を原子力事業者と同等かつ一

41)　広部(2008)15頁．
42)　現在はそれぞれ，1200億円，240億円又は40億円に引き上げられている．

体の立場に置いた改正条約とは，根本的に考え方が異なる．ウィーン条約における改正規定との比較によって，原賠法の立法化時点から指摘され続けた日本の原賠法の特異性が，より明確となった．

第四は，免責事項である．旧条約の免責対象とされた「武力紛争行為，敵対行為，内戦又は反乱，異常な性質の巨大な天災地変に直接起因する原子力事故」から，「異常な性質の巨大な天災地変に直接起因する原子力事故」が外された．巨大な地震などの自然災害によって生じた原子力事故も，原子力事業者が責任を負うことになった．ドイツ国内法にも見られた「原子力事業者の絶対責任の追及」という側面の強化である．

第五は，時効と除斥期間[43]である．これらの規定の中で，とりわけ大きな変更がなされたのは，「死亡及び身体の障害に関する賠償請求権の除斥期間」である．旧条約では，基本的に10年とし，だが，原因が特定行為によるものは20年と設定されていた．改正条約では，原因となる行為のいかんにかかわらず，あらゆる場合において30年と規定した．放射線被害が人間の身体に影響を及ぼす際には晩発性が伴うことを重視した措置であった[44]．

以上の5項目は，改正ウィーン条約の被害者救済の観点から最も重要な改正点であると同時に，その対比において日本の原賠法との相違が明らかとなる．したがって，国際条約との整合性を高める，あるいは日本が国際条約に加入するためには原賠法の改正が必要になるが，改正ポイントの検証は後にCSCとの対比で行う．

1997年の改正ウィーン条約およびCSCの採択後まもなく，パリ条約およびブラッセル条約も改正作業に入り，2002年に終了，改正議定書が2004年に採択された．以下に，パリ条約の旧条約と改正条約の主な変更点を，広部(2008)と飯塚(2007)を条文の日本語訳も含めて参考にし，改正ウィーン法と比較しながら取り上げる．

第一は，改正の最も重要な論点であった原子力施設運営責任者の責任限度額

---

43)　法律関係を速やかに確定させるために，一定期間の経過によって権利を消滅させる制度．

44)　この項は，広部(2008)および飯塚(2007)を主要な参考文献としている．

である．旧条約が原則として責任最高限度額を1500万SDR(約19億8000万円)，危険度の低い施設や輸送手段については責任最低限度額を500万SDRと規定していた．改正条約では以下のように大幅に変更された．

1. 責任額をすべて，それを下回ってはならない最低限度額とする．
2. 計算単位をSDRからユーロに変更する．
3. 責任額を，7億ユーロ(約825億円．1ユーロ＝104円換算)に引き上げる．
4. 危険度の低い施設および輸送手段については，責任額を7000万ユーロから8000万ユーロとする．
5. 条約加入に際して7億ユーロの責任最低額を満たすことができない国に対しては，パリ条約改正議定書の採択日より最長5年間の期間内に発生する原子力事故に関して，加入国は自国の国内法で，責任最低額の半分である3億5000万ユーロを下回らない額に設定できる，という段階的導入規定を設ける．

すでに述べたように，改正ウィーン条約では，責任最低額の3分の1である1億SDRを下回らない額を設定でき，その額が議定書発効日から最長15年維持できる，という段階的導入措置を設けている．また，改正ウィーン条約同様，責任額を最低限度額とすることで，有限責任原則を採用する国だけでなく，無限責任原則を採る国も受け入れる姿勢に転じたことも注目される．

第二は，原子力損害の定義である．改正パリ条約でも原子力損害の定義は拡張され，改正ウィーン条約が定めた以下の4項目

1. 死亡又は身体の障害と財産の滅失若しくは毀損から生じる経済損失．
2. 重大な環境汚染の回復措置にかかる費用．
3. 重大な環境汚染によって生じた収入の喪失．
4. 環境被害の防止措置費用およびその措置によって生じた更なる損失又は損害．

までを同一とし，しかし，5番目の「環境汚染によって生じたのではない経済的損失で，管轄裁判所の民事責任に関する一般法で認められているもの」という規定は除かれている．その理由は，他の損害の定義だけではこの5番目の損害項目がカバーされていないとは確信しきれない，とされたからである．

第三は，地理的適用範囲の拡大である．旧条約では，締約国の国内法に特別

の規定がない限り，原子力事故とは締約国の領域内で発生し，被害もそこで被ったものでなければならない，とされた．つまり，適用対象は，条約締約国に限られた．改正条約では，非締約国で発生した原子力事故であっても，締約国等で生じた損害には条約が適用されるように地理的適用範囲が拡大された．具体的な規定は，以下の通りである．

1. 改正パリ条約締約国.
2. ウィーン条約とジョイント・プロトコルの締約国.
3. 原子力施設を持たない非締約国.
4. 改正パリ条約の原則に一致する原子力責任立法を持つ非締約国.

改正ウィーン条約も地理的適用範囲を非締約国まで拡大しているが，適用除外対象を「原子力施設を有し，かつ相互的利益を提供していない非締約国」に限定し，したがって，「原子力施設を有し，かつ相互的利益を提供している非締約国」と「原子力施設を有していない非締約国」については適用除外を認めない，という異なるアプローチを行っている．

第四は，免責事項である．改正ウィーン条約と同様，「異常かつ巨大な自然災害による原子力損害賠償責任は，原子力事業者はもはや免責されない」とした．第五に，消滅時効・除斥期間についても，改正ウィーン条約にならって，死亡又は障害に関する訴訟について，原子力損害についての賠償請求権の消滅時効期間又は除斥期間を 30 年まで延長した．

また，改正パリ条約とともに，改正ブラッセル補足条約も採択され，以下の 3 段階からなる補償制度が拡充された．これによって，改正パリ・ブラッセル条約の枠組みの下で原子力事故の被害者にとって利用可能な合計補償額は，旧枠組みでの 3 億 SDR から 15 億(約 1768 億円)ユーロに引き上げられた．その内訳は，以下の通りである．

1. 第一段階は，原子力事業者の資金的保証からなり，最低 7 億ユーロである．だが，その資金的保証を使うことができない，あるいは，使うことができても実際の損害賠償請求額に足りない場合は，7 億ユーロまでは，その不足分を国が公的資金によって補填しなければならない．この金額は改正パリ条約で定められた責任最低額に等しく，同条約の規定に従って分配される．

2. 第二段階は，国の公的資金からなり(国家補償)，第一段階の設定額と12億ユーロの差額相当である．第一段階が7億ユーロならば，5億ユーロとなる．
3. 第三段階は，すべての締約国によって提供される公的資金による共同基金であり(国際補償)，3億ユーロとなる．

これら三段階の合計で，15億ユーロとなるのである．ただし，現在，改正パリ条約・改正ブラッセル補足条約は，批准国が発効の条件である5か国に満たないため，まだ発効していない．その主な理由は，原子力事業者の責任最低額7億ユーロの資金的保証の確保の難しさである．例えば，原子力損害の定義が詳細になされたといっても，個別具体的賠償事象がすべて書き込まれているわけではむろんないから，純粋経済損失の容認に消極的な意見があり，損害保険による資金の担保が得られないことなどが起こる．実はこの問題は，福島第一原子力発電所の損害賠償を，例えば除染費用や風評被害をどれだけの範囲で認めるかという現実問題に共通するものである．

これまで述べてきたように，1970年代から1980年代にかけて，国際的な原子力開発を巡る環境は激変した．TMI事故とチェルノブイリ事故という2つの事故を経験したことで，原子力損害賠償制度は，アメリカやドイツにおける国内法においては，明らかに原子力産業育成から被害者の十全な保護に目的を移した．また，世界の原子力損害賠償制度の枠組みを形成する重要な役目を担った国際条約も，それぞれ被害者救済の視点から制度的拡充・強化を図る一方，互いが共通化することで，普遍性を増したのであった．それでは，これらの国際的環境変化は，日本の原賠法に対していかなる影響を与えたのだろうか．

第2節　なぜ日本だけがチェルノブイリを教訓としなかったのか

1　オイルショックと原発依存への傾斜

1973年10月，エジプトとシリアが領地回復のためにイスラエルを攻撃，第四次中東戦争[45]が勃発した．サウジアラビアやクェートなどアラブ産油国は対アラブ非友好国に対する石油禁輸を宣言，さらに，OPEC[46]加盟の中東湾岸産油国6か国がそれまで凍結されていた原油公示価格を130%引き上げた．加えて，OAPEC[47]が原油生産の段階的削減やアメリカなどイスラエル支持国への原油禁輸を決めた．原油需給は世界中で逼迫，価格は高騰し，世界中でインフレーションを引き起こした．第一次オイルショックの発生である．それまで石油メジャー[48]が握っていた原油価格の決定権は，この事件を機に産油国に移った．

オイルショックは，日本にとって戦後最大級の経済事件であった．原油価格の高騰は，高度成長期にあった日本を直撃した．当時，日本のエネルギーに占める石油依存度は78%に上り，アメリカ(47%)，イギリス(50%)，ドイツ(47%)などの先進国よりもはるかに高かった[49]．企業部門および家計の旺盛な電力需要を支えてきた石油の供給が途絶えるリスクが表面化した．国家のエネルギー政策の根幹は，エネルギー・セキュリティ(安全保障)[50]にある．日本はオイルショックによって，初めてエネルギー・セキュリティの危機に直面したのだった．政府は，緊急石油対策推進本部を設置し，石油電力の使用を10%節約することが盛り込まれた「石油緊急対策要綱」[51]を閣議決定し，とりわけ産業用大口石油需要家に石油消費の抑制を強いた．

電力の「安定供給の確保」を図るために，石油の備蓄政策を急ぐとともに，エネルギー源の多様化を進め，石油依存度を低減させることがエネルギー政策の基本課題として浮上した．注目が集まったのは，液化天然ガス(LNG)[52]と原

---

45) 1973年，イスラエルとエジプト，シリアなどの中東アラブ諸国との間で行われた戦争．

46) Organization of Petroleum Exporting Countries, 石油輸出国機構．産油国が欧米の石油カルテルに対抗して1960年に結成した組織．イラン，イラク，サウジアラビアなどが加盟している．

47) Organization of Arab Petroleum Exporting Countries, アラブ石油輸出機構．1968年，サウジアラビア，クウェート，リビアによって設置された．

48) 欧米7社の国際石油資本によるカルテル．産油国における探鉱，開発利権と国際石油市場における価格決定権を独占した．

49) 経済産業省資源エネルギー庁(2010)．

50) 経済産業省資源エネルギー庁(2010)によれば，現在の「エネルギーセキュリティ(安全保障)」概念の意義は，「国民生活，経済・社会活動，国防等に必要な「量」のエネルギーを，需要可能な「価格」で確保できること」である．

51) 経済産業省資源エネルギー庁編(2011)．

52) 「LNG導入の促進政策」(01-09-04-04)は，「化石燃料の中では燃焼時における二酸化炭素および窒素酸化物の発生量も少ないクリーンなエネルギーで，環境特性に優れている．また，

子力であった．だが，原子力発電所の建設は進んでいたものの，第3章で詳しく述べるが，1970年代に入ると産業公害が大きな社会問題となり，電力関連施設を巡る立地難が深刻化した．その典型が原子力発電所の立地確保であり，電力会社は自らの力だけでは解決できなかった．

こうした状況を受けて，政府は1974年，発電量に応じて発電事業者に課税し，それは発電所を受け入れた自治体への地方交付金とする電源三法[53]を成立させた．原子力発電の交付金は火力，水力の2倍以上の交付金が支給されるため，電源三法は事実上，原発立地促進の目的だったとされる．1979年に第二次オイルショックが発生すると，脱石油の方向性はさらに鮮明となり，石油代替エネルギーとしての原子力のウェートはさらに高まった．

エネルギー政策における第二の転機は，通商産業省総合エネルギー調査会(現経済産業省総合資源エネルギー調査会)がエネルギー政策を総点検し，報告書をまとめた1983年に訪れた[54]．総合エネルギー調査会は日本のエネルギー政策史上初めて，エネルギーコストの低減について言及した．このとき，エネルギー政策に「安定供給の確保」とともに「経済効率性」というコンセプトが持ち込まれた．オイルショック以降，時にはコストを度外視して石油依存体質からの脱却を急ぐ必要があった．そうした試行錯誤を経て，安定供給とコスト低減のバランスが重要視されるようになったのである．その2つの観点から，原子力発電の存在感はますます高まった．

その16年後の1999年，通産省が発表した1キロワット時当たりの電源別発電原価によれば，水力13.6円，石油10.2円，石炭6.5円，LNG 6.4円，そして，原子力は処分費も含めて5.9円で最もコストが低いとされた[55]．1980年代か

産出地が石油に比べ世界的に広く分布し，埋蔵量も豊富であるため，長期安定供給が図れるなど，供給安定性の観点からも基幹エネルギーとして高く評価されてきた」とする．

53）電源開発促進税法，電源開発促進対策特別会計法，発電用施設周辺地域整備法．

54）通商産業省総合エネルギー調査会(現経済産業省総合資源エネルギー調査会)(1983)．

55）通商産業省資源エネルギー庁(1999)．また，再試算を行った経済産業省資源エネルギー庁(2011)によれば，太陽光49円，風力10〜14円，水力8〜13円，火力7〜8円，原子力5〜6円，地熱8〜22円であった．これは福島原子力発電所事故以前のデータであり，原子力発電コストには原子炉建設の際の漁業補償金，再処理費用に加えて，1キロワット当たり1〜2円の燃料費などのバックエンドコストを含んでいる．ただし，電源三法による地元への交付金，原子力事業者からの地元対策寄付金，原子炉廃炉解体費用，原子力事故の際の賠償金などは含

ら90年代にかけて,「経済効率性」が原子力推進の明確な原動力になったのである. 次いで, 第三の転機は, 1990年前後に訪れた. 世界的に地球温暖化問題がクローズアップされ, エネルギー政策に「環境適合性」という新たな要素が加わったのである. 原子力発電の新しい社会機能に, 注目が集まった.

2　チェルノブイリを教訓にできなかった2つの理由

1986年のチェルノブイリ事故は, 日本においても原発離れの影響を及ぼしはした. 原発反対運動には従来よりも, 若年層や婦人層など広範な層が参加するようになった. 例えば, 1988年2月, 四国電力が伊方原子力発電所2号機において出力調整運転を行ったときには, 反原発運動家のみならず市民グループによって広く全国レベルの反対運動が展開され, 本社周辺に反対派が座り込むなど社会問題としてクローズアップされ, 運動の"ニューウェーブ"と呼ばれた[56]. ところが, 結局は,「(チェルノブイリ事故は)一般市民を幅広く巻き込んだ脱原発世論を高揚させたが, 日本政府の原子力政策への影響は小さかった. また国内各地の原発建設計画や, 青森県六ヶ所村の核燃料サイクル施設の集中立地計画にも, ブレーキをかけることはなかった」[57]のである.

数あるチェルノブイリ事故報告の中で, その全容を最も詳細に分析した1人である生物学者のジョレス・メドヴェジェフは, チェルノブイリ事故以後, 同等の事故に耐えられる原子炉を開発する戦略を進めている国としてアメリカ, ドイツ, スウェーデンなどとともに日本を挙げ,「21世紀に向かっての計画でもっとも先端を進んでいるのは, おそらくエネルギーの輸入にもっとも依存している日本だろう」[58]とし, その根拠に, チェルノブイリ事故の5か月後に通

んでいない(筆者).

内閣府原子力委員会(2011)は, 核燃料サイクルコスト, 事故リスクコストの試算を行い, 深刻な原発事故は1基当たり500年稼働の間に1回発生し, 5兆円の損害賠償が必要となるという仮定を置き, 原発コストは7.6円とした.

また, 内閣府国家戦略室コスト等検証委員会(2011)は, 2010年時点と2030年予測の比較を行い, 原子力(2010年8.9円以上, 2030年8.9円以上), 石炭(同9.5円, 同10.8円), LNG火力(同10.7円, 同10.9円), 石油(同38.9円, 同36.0円)とした.

56)　法政大学大原社会問題研究所編(1989)297頁.

57)　吉岡(1999)217頁.

58)　メドヴェジェフ(1992)342頁.

産省がまとめた計画を挙げている．その内容は，1990年から2030年にかけての研究，開発，建造計画が策定済みで，2030年までに35箇所の原子力発電所を開設し，13万7000メガワットを発電するものだった[59]．

実際，世界の発電用原子炉の新増設が1980年代末に失速したのを尻目に，日本は着実に新増設が進んだ．1970年代が20基，1980年代16基，1990年代15基とハイペースが続き，2000年代は5基にペースダウンしたが，2010年には総計54基が運転に入っていた．1970年頃より1990年代終わりまで，日本の商業用原子炉は，ほぼ直線的に年間150万キロワットのペースで設備容量を増やしてきたのであった．

チェルノブイリ事故の原子力政策に対する影響度合いが，日本とヨーロッパ諸国とで事情を異にするのは，「日本の国土に直接大量の放射能が降り注がなかったために，チェルノブイリ事故のインパクトが，ヨーロッパ諸国に比べて弱いものとなったと思われる」[60]上に，日本のエネルギー政策が第二の転機を得て，さらに第三の転機に向かって勢いに乗り，原子力依存を高めていく過程で起こったために，エネルギー政策の再点検の動機付けが極めて働きにくかった，あるいは意図的に回避したい状況にあったからである．

さらに，もう1つの理由として，そもそも日本の原子力事業者が原子力発電施設運営の当事者としてチェルノブイリ事故から教訓を見出そうとする真摯な姿勢を持たなかったことが挙げられる．複数の東京電力幹部は当時を振り返って，チェルノブイリ事故が日本の原発の規制，運営，損害賠償制度などの本格的な見直しの契機とならなかった理由を，2つ挙げている．第一に，日本の原発と炉形が違うこと，第二に，事故原因となったチェルノブイリ4号炉における実験が，「あまりにずさんで，一歩間違えれば爆発がおきかねない，日本の常識では信じがたいものだった」と，受け止めたことである[61]．吉岡(1999)によれば，事故の顚末は以下のようなものだった．

チェルノブイリ原発4号炉はRBMK 1000型原子炉で，ソ連がプルトニウム

---

59)　通商産業省(現経済産業省)通商産業調査会「総合エネルギー調査会の原子力部会」(1986)．

60)　吉岡(1999)217頁．

61)　筆者のインタビューに対する電気事業連合会幹部の回答(2011. 12. 10)．

生産炉として開発した軍用炉(黒鉛減速軽水冷却型天然ウラン炉)を原型とし，発電炉に転用したものだった．その特性は，出力増加によって炉心を通過する冷却水中の泡が増えると，泡の増加が出力のさらなる増加を招き，核分裂の暴走的拡大を招きやすい点――これを，低出力で正のボイド係数を持つ，という――にあり，安全上問題の多い原子炉であった．この4号原子炉で，ある実験が行われた．保守点検のための運転停止に入る直前で，最も大量の放射能を内蔵している時期であった．実験は，電源が断たれた場合を想定していた．予備のディーゼル発電機が立ち上がる約40秒間，タービンの慣性運転を利用して発電し，緊急炉心冷却装置などに電気を送ることでシステムの安全性を実証する目的で行われた．

ところが，ミスが続出する．まず，最初に運転員が原子炉の出力を下げすぎてしまったために，多くの安全装置を解除した上，低出力のままで原子炉を運転するしか手段がなくなった．実験が開始された．タービンへの蒸気供給を停止して慣性運転に移行した．すると，タービンと接続していた炉心冷却装置の回転が落ち，それによって炉心を流れる冷却水が減少し，その結果，温度上昇と泡の増加が始まり，出力が異常に増加し始めた．低出力で正のボイド係数をもつRBMK 1000型原子炉の最も懸念される事態である．運転員は慌てて緊急停止ボタンを押し，制御棒を炉心に押し込もうとしたが，制御棒の先端部分にある水排除棒が，核分裂連鎖反応を促進する黒鉛で作られていた．制御棒の挿入は核暴走の火に油を注ぐ結果となった．巨大な爆発によって炉心は粉々に破壊され，火災が起き，メルトダウンが一気に進んだ．

最も大量の放射能を内蔵している危険な時期に安全装置を解除し，必須の条件が整わないまま，原子炉の根本的な設計の欠陥をあえて暴くような低出力運転で実験を行うなど，確かに，「あまりにずさんで，一歩間違えれば爆発がおきかねない，日本の常識では信じがたい」実験ではあった．前述の東京電力幹部は，「専門家であればあるほど，対岸の火事としか思えなかった」と言う．日本における発電用原子炉は2号炉以降すべてアメリカ製の軽水炉であり(1号炉だけはイギリス製黒鉛減速ガス冷却炉)，その導入，改良，利用を，国産化とともに進め，原発運営に自信を深めていた専門家たちは，チェルノブイリ事故に対して，「同様の事故は日本では起こりえない」[62]と力説した．

彼らは，RBMK型炉には格納容器がないこと，低出力で正のボイド係数を持つことなどの欠陥を強調，同時に運転員のヒューマンエラーは高いスキルと安全意識を身に付けている日本では起こりえないと説いた．そして，核暴走事故はさまざまな原子炉のタイプで起こりえること，チェルノブイリ級の事故には格納容器など役に立たないこと，ヒューマンエラーはいかなる企業文化においても根絶できないこと──そうした指摘や批判に耳を傾けなかった．日本の原子力行政当局も同様の専門家の集団であり，国内原発の安全性を，核暴走事故の観点からは検証することはなかった[63]．

チェルノブイリ事故が教訓とならなかったのは，原賠法についても同様であった．損害賠償制度に関しては，すでに述べたように国際条約の統合普遍化が進み，日本の原賠法も参加を前提にした改正議論の必要が指摘され，改正パリ条約も改正ウィーン条約も無限責任制の国に加入の道を開くなど，具体的な検討課題項目も論点とともに整理された．だが，日本政府は時期尚早の継続検討課題として退け，原賠法改正，国際条約加入は果たされなかった．

3　JCO──初めての臨界事故と死者の発生

1990年代に入って，日本の原子力発電所の新増設はハイペースを維持していたものの，次第に変調をきたし，原子力政策の光と影の両面がくっきりと浮かび上がるようになる．すでに述べたように，地球温暖化対策の1つの柱であるCO_2排出量削減に貢献するという，原子力発電の新しい社会的問題に注目が集まり，原子力発電促進の第三の転機が訪れ，さらなる光が当てられた一方で，原子力発電および原子力行政に国民の不信感が高まらざるを得ない事故，不祥事が続出したのである．1990年代に限って，以下にまとめた．

1991　美浜原発2号機事故(わが国で初めて緊急炉心冷却装置作動)．

1995　高速増殖原型炉「もんじゅ」のナトリウム遺漏火災事故(科学技術庁へ虚偽報告，事故ビデオ隠蔽)．

1996　福島・新潟・福井の三知事が「原子力政策に国民合意を形成する提

---

62)　筆者のインタビューに対する電気事業連合会幹部の回答(2011. 12. 10)．
63)　吉岡(1999)212〜213頁．

言」．それを受けて「原子力政策円卓会議」発足．新潟県巻町で住民投票，東北電力が巻原発建設計画を断念．

1997　東海再処理工場のアスファルト固化施設で火災爆発事故(労働者被曝，隠蔽工作などで動燃事業団解体へ)．原発溶接工事データ改ざん問題．

1998　輸送容器データ改ざん問題．

1999　JCO 臨界事故(わが国初の臨界事故．原子力事故では初の死者)．

こうした一連の事故が原子力発電の安全神話への疑問を生じさせる一方，原子力事業者および公的機関の隠蔽体質があらわになったことで，国民は行政と電力会社に対して怒りと不安を増大させることになった．この頃，高レベル放射性廃棄物の処分問題で初めて原子力問題に関わることになった名古屋大学名誉教授の森嶌昭夫は，「原子力基本法では，民主，自主，公開という大原則があり，公開が大原則となっているのですが，国民の求める情報が国民に分かるような形で出されていない……情報の欠落による国民の不信感の根の深さに非常に驚いた」[64]としている．国民の不信，不安の高まりから次第に電源立地の確保調整が難しくなっており，1996 年には，福島・新潟・福井の三知事が「今後の原子力政策の進め方についての提言」[65]を出すに至り，それを受けて原子力委員会は，国民各層から幅広い参加を求め，多様な意見を原子力政策に反映させて合意形成を図るべく，「原子力政策円卓会議」を発足させている．

1999 年 9 月 30 日，株式会社ジェー・シー・オー(JCO)東海事業所の核燃料加工施設で，わが国原子力利用史上初めての核分裂連鎖による臨界事故が生じた．原子力事故による被曝で初めて死者(2 名)を出し，かつ，周辺住民の避難・退避を要するなどかつてない混乱を引き起こし，ついには，原賠法の制定以来初の原子力損害賠償適用事例ともなったのである．以下に，事故概要と賠償に掛かる対応について整理する[66]．

---

64)　石橋忠雄・大塚直・下山俊次・高橋滋・森嶌昭夫(2000)4 頁．

65)　1995 年 12 月の高速増殖原型炉もんじゅにおける 2 次系ナトリウムの漏洩，原子炉停止事故を受けて，佐藤栄佐久(福島県知事)，平山征夫(新潟県知事)，栗田幸雄(福井県知事)が橋本龍太郎首相に提出した．国民各界各層の幅広い議論，対話による合意形成を求めている．

66)　文部科学省(2008c)2～6 頁．

(臨界事故概要)

- 午前10時35分，核燃料加工施設である転換試験棟において，ウラン粉末から硝酸ウラニル溶液を製造している際に，この作業に使用すべきではない沈殿槽と呼ばれる設備に制限量を大幅に上回るウラン溶液を投入した結果，わが国初の臨界事故を起こした．
- 瞬間的に大量の核分裂反応が起こり，その後臨界状態停止のための作業が奏功するまでの20時間にわたって穏やかな臨界状態が継続し，周囲に放射線(中性子線・ガンマ線)が放出された．
- 3名の従業員が重篤な被曝を受け，そのうち2名が亡くなったほか，この従業員を搬送した消防署員や臨界状態停止作業に従事した作業員，事故施設周辺の住民が被曝した．
- 事故現場から半径350m圏内の住民に対しては午後3時に避難要請がなされ，半径10km圏内の住民に対しては午後10時半に屋内退避勧告が出された．
- 事故発生の翌日10月1日午前8時50分頃に臨界状態の収束が最終的に確認された．
- 県内全域において，事業所の休業による営業損害といった直接的影響のほか，事故後においても農水産業や観光業では深刻な風評被害が発生，JCOに対して多数の損害賠償請求がなされた．

(賠償に掛かる対応)

- JCOに対する賠償請求(被害の申し出)の総数は8000件以上あり，請求後の調査や被害者の取り下げなどを経た結果，最終的に約7000件が実際の賠償の対象になった．
- JCOが支払った賠償金の総額は約150億円であり，当時の賠償措置額10億円の保険金を充てても不足し，親会社である住友金属鉱山株式会社による資金支援により，賠償が履行された．
- JCOと被害者の当事者間交渉が行き詰まりを見せたため，国は科学技術庁長官名で住友金属鉱山に対し，被害者救済について最大限の支援を行うよう要請した．また，原賠法第18条に基づき紛争審査会を設置，申し立てのあった2件の賠償に関する紛争について和解の仲介を実施した．

JCO 事故は，国民はもとより，原子力発電の推進側にとってもショッキングな事故内容であった．当時の原子力安全委員会委員の住田健二の論文を引く．

> 今回の事故では，即発臨界発生の直接原因は極めて単純明快であり，臨界管理という原子力固有のもっとも本質的な技術における失敗に起因している．しかもそれが装置の故障とか個人的な過失というより，管理組織ぐるみの悪質な違反行為が直接的な誘因となった点で，内外でも最近では例のない失態であった．わが国では経験しなかった最悪の原子力事故と決めつけられても，抗弁の余地は無い．日本のような国でこのような杜撰な管理体制があったとは信じ難いと内外で報道されたのも，関係者として本当に恥ずかしい．もちろん，最近多発している新鋭技術での産業災害基幹産業での消費者被害，さらには重大な医療ミス等との共通性も改めて痛感される[67]．

JCO 事故原因は，チェルノブイリ事故はあまりにも拙劣な事例で学ぶに値しないと，原子力発電システム運営に強烈な自負を持つ日本の原子力事業者に冷水を浴びせるほど，信じられない杜撰さにあったのだった．

臨界事故によって放出されたのは，放射線であって放射能物質ではない．放射線被曝による人身傷害も，高い被曝を受けた3名の従業員以外は直ちに障害に結びつくものではなかった．しかし，事故時になされた行政措置による避難，退避は周辺住民に大きな心理的不安を与え，事故後は農漁業，商工業，観光業などに広く風評被害を与えることになった．事故直後から JCO に対する損害賠償請求が殺到し，3か月で 5000 件に達した．科学技術庁は原賠法第 18 条に基づいて「原子力損害賠償紛争審査会」(以下，審査会)を立ち上げた．

原子力損害賠償制度は，原子力平和利用のために必須のものとして生まれたことは，繰り返し述べた．ひとたび原子力事故が発生すると，それによって生じる原子力損害規模は，予測を超えて巨大化することが想定されるから，人々の安心を得るために十分な賠償措置が，事前に講じられておく必要がある——この原賠法が必要とされた建前が，実際の現実の事故の発生によって試されることになった．原賠法においては，JCO が該当する 5% 以上の濃縮ウランの

67）住田健二(2000)11～12 頁．

加工に掛かる賠償措置額は，事故発生当時は10億円だった．だが，「予測を超えて巨大化することが想定される」通り，賠償額は措置額をはるかに上回る150億円に達した．この事態に対して，原賠法の「原子力事業者の無過失責任・責任集中＋損害賠償措置＋国家援助」という三位一体の基本構造をいかに機能させ，迅速かつ適切な損害賠償を実施するかが，最重要課題となるはずだった．だが，政府は，原賠法第16条の国家援助規定を適用しなかった．その行政裁量権を駆使して，JCOの親会社である住友金属鉱山に資金支援をさせ，賠償を履行させて，事態を収拾したのだった．繰り返し述べてきたように，第16条の発動基準と，原子力事業者と国の賠償負担の線引きの曖昧さが原賠法の最大の欠陥であった．JCO事故はそれを明るみに出し，的確な修正を施す動機付けとすべき初めての事例であった．だが，政府は回避した．

4　危機感と高揚感の狭間で揺れる原子力事業者

1961年に成立した原賠法については，時限的な規定があることから概ね10年ごとの改正が行われてきた[68]．その時限的な規定とは，原賠法第20条の「適用期限の延長」を指す．国内外の情勢変化に対応するために，10年ごとに見直すことで制度的拡充を図る，という意図が込められている[69]．実際，JCOが該当する5% 以上の濃縮ウランの加工に掛かる賠償措置額は，事故の年，4回目にあたる1999年の原賠法改正において10億円から急遽120億円に引き上げられ，最終的な損害賠償額が150億円に達したという事故後10年間の総括を受けて，5回目にあたる2008年の原賠法見直しの検討会によって，さらに240億円に引き上げる報告書が出された(実際の改正は翌年の2009年)．

この検討会における賠償措置額引き上げについての議論は，注目に値する．JCO事故への国の対応に対して少なからぬ疑問が呈され，JCOの賠償能力を

68)　改正時は，1971年，1979年，1989年，1999年，2009年．賠償措置額がそれぞれ，60億円，100億円，300億円，600億円，1200億円に引き上げられた．

69)　「第10条第1項〔政府と原子力事業者との間で締結する補償契約〕及び第16条第1項〔原子力損害が賠償措置額を超える場合に政府が原子力事業者に対して行う必要な援助〕の規定は，平成21〔2009〕年12月31日まで適用される」としてあった．この適用期限は，その前回の1999年の法改正によって同年12月31日から10年間延長されたものであり，2009年の改訂においても2019年12月31日まで10年の「適用期限の延長」がなされた．

超えた部分を親会社に負わせたのはなぜか，妥当な措置なのか，討議された．複数の委員が，「原子力事業者の無限責任と国家関与の曖昧」の象徴である第16条に踏み込んだ．一体，「国の援助」とは何か．政府はその発動を検討したのか，したのであればなぜ発動しなかったのか，問い正したのである．原賠法の立法過程での激論以来，現実の事故発生による原賠法適用事例を受けて，初めて行われた公式議論であった．その2008年の原賠法改正論議に立ち入って検証する前に，1999年のJCO事故から2008年までのおよそ10年間の国内外の原子力に関わる情勢変化を振り返っておきたい．

2005年度における日本の発電電力量の電源別構成は，火力(石炭，天然ガス，石油等)60%，原子力31%，水力8%，地熱および新エネルギー1%である．原子力の構成比率は1990年の27%から1995年は34%に上昇するものの2000年は34%と横ばいであり，2005年には低下していることになる[70)]．1990年代に高まった原子力発電および原子力行政への不信感は，2000年代に入って減じるどころか強まるばかりだった．政府は2001年，経済産業省資源エネルギー庁に原子力安全・保安院を設置して，原子力安全行政の強化を図ったが，翌年の2002年夏，東京電力による原子力発電トラブル隠蔽事件が発覚した．2004年には，関西電力美浜原子力発電所3号機で配管が破裂，高温の蒸気が噴出して，5人の犠牲者を出す大事故になった．2007年には北陸電力と東京電力がそれぞれ，志賀原子力発電所1号機(1999年)と福島第一原子力発電所(1978年)で過去において臨界事故が発生していたにもかかわらず，長年に亘って隠蔽してきたことを公表した．2007年には，新潟県中越沖地震の影響で，東京電力の柏崎刈羽原子力発電所は長期に亘って運転中止を余儀なくされた．1995年から2002年にかけて，原子力発電所の新規立地はついにゼロとなった．

他方，海外においては逆だった．1980年代後半から続いた原子力産業の停滞を打ち破ろうとする動きがアメリカに現れ，次第に「原発回帰」現象が世界中に目立ち始めた．『エネルギー白書 2007年版』(2008)によれば，2001年，アメリカのジョージ・ブッシュ政権は，「国家エネルギー政策」を発表，それまでの市場主導型エネルギー政策を見直し，よりエネルギー・セキュリティに重

---

70)　経済産業省資源エネルギー庁(2006)．

きを置いた政策構想を打ち出した．政策変更の要因は2つあり，1つは，1999年以降OPECによる協調減産の成功により，石油価格の上昇が続いており，輸入依存度の高まりが問題視されたこと，もう1つは，2000年に発生したカリフォルニアにおける大規模な電力危機が，レーガン政権以来続いていた市場原理を重視する自由化政策の負の側面に焦点を当てたこと，による．国家エネルギー政策は，1. インフラ整備を含む国内エネルギー供給力の増強，2. 省エネルギーや再生エネルギーの開発を中心とした環境保全，3. エネルギー安全保障に関する国際的なイニシアチブ，の三本柱からなっており，原子力発電の拡大を促すものであった．この国家エネルギー政策を受けて2005年に成立した「2005年エネルギー政策法」には，「エネルギー自給率向上のための新規原子力発電所建設への支援」が盛り込まれ，減税や低利融資などの4つの優遇策が採用された．

他方，国家エネルギー政策の目標達成支援のため，エネルギー省は2002年，「原子力2010計画」を発表した．アメリカの原子力発電所の稼働原子炉は1990年に112基でピークを迎え，1998年には104基まで減少していた．その動きを反転，拡大させるべく，「原子力2010計画」は，2010年までに新規原子力発電プラントを設置するためのロードマップの役割を担っていた．ブッシュ政権は，2010年から2020年の間に40年の稼働期間を終了する既存の原子炉に対しても，20年間の稼働延長を認める決定を行った．

2006年には，原子力分野での新しい国際協力計画（Global Nuclear Energy Partnership）を発表，30年ぶりにアメリカにおける核燃料再処理を再開し，かつ他国使用済燃料の再処理も支援するという構想だった．こうした追い風に乗って，2010年時点では，全米で34基以上の建設計画が発表されていた．他方，チェルノブイリ事故以来，新規発注が止まっていた欧州で，2003年にフィンランド，2004年にフランスで新規発注が行われた．天然ガスにエネルギー政策の比重を移しているかに見えたイギリスも，原子力発電のオプションを確保した[71]．

このように，いわゆる「原子力ルネッサンス」現象が，世界中に立ち現れた

71）　経済産業省資源エネルギー庁編（2008）．

のだった．2000年代後半に世界中の原子力関係者を熱中させた「原子力ルネッサンス論」は，吉岡(2011)によれば，以下の3つの要素から成り立っていた．

1. 原子力発電拡大に有利な状況が，2つの要因から生まれた．第一は，世界的なエネルギー需要の増大を背景に，化石エネルギー価格が高騰，将来は十分な供給量を確保できなくなる恐れが生じたこと，第二は，地球温暖化防止へ国際社会取り組みが強化されたこと，だった．
2. 実際に，世界各地で新増設機運が高まった．とりわけアメリカ，中国，インドで大幅拡大が見込まれ，ロシア，韓国，日本も拡大基調に転じた．欧州も復調し，中東，アフリカ，東南アジアの発展途上国も，新たに原子力発電所を保有しようと動き出した．
3. こうして，1960年代以降に建設された古い発電用原子炉の廃止ペースを大幅に上回るペースで増設が進められれば，原子力発電は21世紀前半において拡大し，エネルギー供給全体に占めるシェアも高まると見られた[72)]．

だが，現実においては，この「原子力ルネッサンス論」の楽観的予想通りに世界で原発が拡充され，原子力産業が力強く復活したわけではなかった．先頭を切ったアメリカにしても，建設計画だけは大量に打ち出されたものの，TMI事故以来強化された規制をクリアした2基が2012年にようやく建設に入ったに過ぎない．ところが，「原子力ルネッサンス論」は，日本には強い実際的な影響をもたらした．国内の不祥事の多発による逆風を押し返し，2005年，原子力委員会は新しい「原子力政策大綱」[73)]を発表，今後10年間における主要三事業に関する基本方針を示した．そのうち，原子力発電については，地球温暖化とエネルギー安定供給に貢献しており，基幹電源として位置づけ着実に推進し，2030年以後も総発電量の30～40% 以上の供給割合を占めることを目指す，としたのである．この原子力政策大綱を受けて，経済産業省は2006年，「原子力立国論」[74)]と題するエネルギー戦略をまとめ，原子力開発をエネルギ

---

72) 吉岡(2011)16～18頁．

73) 2005年10月11日に閣議決定．原子力分野では，原子力発電のほか，原子燃料サイクルの確立，プルサーマルの推進，高速増殖炉の2050年頃の導入，使用済燃料の中間貯蔵，放射性廃棄物の処分などについての方針も打ち出された．

74) 経済産業省資源エネルギー庁総合資源エネルギー調査会(2006)によれば，前年10月に

ー・セキュリティ確保のための最重要課題と位置づけ，「日本型次世代軽水炉開発をナショナルプロジェクトとして推進する」とまで踏み込んだのだった．翌年の2007年には，甘利明・経済産業大臣(当時)とアメリカのボドマン・エネルギー長官は，「エネルギー安全保障に向けた日米エネルギー協力」に合意し，これに基づく「民生用原子力協力共同アクション」において，原子力エネルギー研究開発協力など日米間でさまざまな原子力協力を進めることとしたのだった[75]．

第3節　なぜ原賠法の骨格は「恒久的」なのか

1　日本エネルギー法研究所の謎

2005年，日本エネルギー法研究所が，「原子力損害賠償法制主要課題検討会報告書 —— 在り得べき原子力損害賠償システム」を発表した．同研究所は1981年，原子力を中心にエネルギーを巡る法律問題について，調査・研究を行う目的で設立された．実際，日本における原子力関連とりわけ原子力損害賠償制度に関わる多様な研究成果を，同研究所は挙げている．ただし，官庁からも業界からも中立的な存在であることを旨としているが，実態は，運営費のほとんどを電力9社でつくる総合研究機関「電力中央研究所」からの研究委託に頼っている．理事は大学教授など研究者であるが，研究員はほぼすべて9電力会社からの出向者である．したがって，原子力損害賠償制度の研究に基づく提言は，時の電力業界の主張を代弁している，あるいは，少なくとも異なる見解を打ち出しはしない，と考えていいだろう．

同研究所の所長は，谷川久・成城大学名誉教授であり，研究メンバーとして日本原子力発電株式会社参与の下山俊次が参加している．ともに，原賠法成立の頃から原子力損害賠償制度の整備に関わってきた碩学，斯界の重鎮である．この報告書をまとめるに際しての谷川の問題意識は，TMI，チェルノブイリ

閣議決定した「原子力政策大綱」の基本方針を実現するための具体的方策についてとりまとめた．冒頭に1.「中長期的にブレない」確固たる国家戦略と政策枠組みの確立など，5つの基本方針が示されている．

75)　経済産業省資源エネルギー庁編(2008)．

事故を機に原子力導入先進国および国際条約において原子力損害賠償制度の追加的拡充が急速に進んだこと，他方，国内ではJCO臨界事故によって日本の原賠法の不備があらわになったことを受け止め，4つに絞られた．1.原子力損害の概念，2.日本と海外との原子力損害賠償制度の相違，とりわけ無限責任制と有限責任制，3.原子力損害紛争処理体制の構築，4.国家の支援制度，である．

報告書の結論をここで要約しておこう[76]．1の原子力損害の概念については，原賠法が原子力損害の具体的範囲について何ら明文規定を持っていないことを問題視し，原子力損害の概念について法律上明記する必要がある，とする．特に，「原子力損害が何なのか」という定義に関して，明示的・具体的に原賠法に規定すべきだと提言している．第II部第5章で詳述するが，現状の原賠法では，民法第709条の法解釈の通説・判例に言う「相当因果関係」の範囲内にあると認められるすべての損害が原子力損害として補償対象となると解釈されてしまうからである．この提言は，改正ウィーン条約など国際条約がチェルノブイリ事故を受けて，原子力損害の定義を直接的な物的損害から幅広い経済損失に拡大したことを教訓とする一方で，JCO事故で風評被害の賠償処理に直面した経験から，原子力損害の定義を欠くことが損害賠償対象を拡大することにつながるとの危機感から発している．報告書は，原子力事故の「損害が発生したと想定するにはあまりに合理性のないような遠方で風評により損害が生じた場合は，原賠法上，損害賠償の対象とすることについて，疑問なしとはしないとの声がある」[77]と念押ししている．

3の新たな紛争処理体制の構築については，風評被害を含む150億円の被害を周辺地域にもたらしたJCO事故において，原賠法18条に規定された国が設置する「審査会」が機能しにくかったという反省に立っている．その理由は，JCO事故後に審査会に関する詳細な内容が決められ，後手に回ったこと，地元自治体主導の紛争処理体制のほうが被害発生地との近接性から，迅速対応が可能だったこと，審査会には和解・斡旋・調停機能しかないこと，訴訟に関しては審査会の審査が前提となっていないこと，などが挙げられている．そのた

---

76) 以下の記述は筆者の責任による要約であり，原文とは異なる．
77) 飯塚浩敏(2005a)8頁．

め，審査会とは別に，紛争を統一的・迅速・公正・中立的・専属的に処理する機関が必要と提言されている．

報告書がより重視しているのが，2の日本と原子力導入先進国の原賠法比較と4の国家の支援制度，である．すでに述べたように，アメリカとドイツは第一次損害賠償措置の積み上げ部分としての第二次損害賠償措置は，事業者間相互扶助制度あるいは事業者補償制度として，原子力事業者の自己責任負担制度に切り替えた．報告書はここに注目し，原子力事業の継続にあたって，いかに原子力事業者が自己の賠償責任をまっとうするかが最も重要だと強調したうえで，日本でもアメリカやドイツと類似の制度を検討すべきだと提案する．原子力事業者の賠償責任の十分な遂行義務をあえて持ち出したのは，それが国際標準のあるべき姿だからというよりも，以下に述べるように，原賠法第16条の国の援助規定の曖昧さを解決し，発動基準を明確化するための絶対条件であることを自覚していたからである．

報告書は，JCO事故の損害賠償措置額を超えた賠償部分を親会社に負担させたことを，被害者救済の観点から原賠法第16条の国の援助規定について何らかの検討がなされるべきだったと批判，原賠法第16条の発動基準の明確化の必要性を説いている．しかしながら，その実現困難さも自覚しており，答えを法改正などによる法的明確化に求めるのではなく，万が一の場合の国の援助を正当化できる準備を原子力産業が整えておくことに求めている．すなわち，原子力事業者の賠償責任が十分に遂行される体制がつくられているかどうかによって，国の援助の発動が正当化されるか否かが決まる．その体制づくりのためには，アメリカやドイツのような制度が有効であり，原子力事業者が全員参加によって自己責任を果たさない限り，国の援助が発動されたとしても批判の的になると，報告書は指摘している．

この報告書の議論に参加した複数の原子力関係者および政策担当者によれば[78]，報告書が書かれた2005年頃は，「原子力関係者は，危機感と高揚感というアンビバレントな思いを抱いていた」という．危機感は，1990年代から続く原発の事故，不祥事の続出に対する世論の反発によって，高まっていた．

---

78)　筆者のインタビューに対する政策担当者の回答(2012. 3. 10).

他方，高揚感とは，地球温暖化問題などを背景にアメリカを起点として世界を巻き込んだ原子力ルネッサンスによるものだった．「チェルノブイリとJCO事故に直面して，日本の原賠法の欠陥は明らかになっていた．世論の不信感を解消して危機を乗り越え，原子力ルネッサンスに乗っていくためには，原子力損害賠償制度的拡充は不可欠だと考えた」──．だが，その重要性が理解され，他の原子力導入先進国のように原賠法が進化を遂げることはなかった．

2　原賠法改正の検討会で葬り去られた第16条への疑問

文部科学省研究開発局原子力計画課は，5回目の原賠法改正のために「原子力損害賠償制度の在り方に関する検討会」(以下，検討会)を設け，7回に亘る議論の結果，2008年12月15日に第一次報告書をまとめ，公表した[79]．前述したように，この検討会における賠償措置額引き上げについての議論は，注目に値する．JCO事故への国の対応に対して少なからぬ疑問が呈され，JCOの賠償能力を超えた部分を親会社に負わせたのはなぜか，なぜ国は援助しなかったのか，複数の委員が，「原子力事業者の無限責任と国家関与の曖昧」の象徴である第16条に踏み込んだのだった．以下に筆者が第1回と第2回の審議の議事録[80]から委員の発言を抜粋，簡略化した．略した部分は……と表記した．発言順序は入れ替えていないが，発言をすべて略した場合がある．〔　〕は筆者による補足である．

第1回

○岡本委員　……どこまでが……〔原子力〕事業者として〔賠償〕責任を持たなき

79)　検討会構成員は，野村豊弘(学習院大学教授・検討会座長)，天野徹(独立行政法人科学技術振興機構審議役)，伊藤聡子(フリーキャスター)，岡本孝司(東京大学大学院新領域創成科学研究科教授)，吉川肇子(慶應義塾大学商学部准教授)，柴田洋二(社団法人日本電機工業会原子力部長)，道垣内正人(早稲田大学大学院法務研究科教授)，野村正之(独立行政法人日本原子力研究開発機構特別顧問)，原徹(日本原子力プール専務理事)，廣江譲(電気事業連合会理事・事務局長)，藤田友敬(東京大学大学院法学政治学研究科教授)，村上達也(東海村長)，四元弘子(弁護士)．顧問として，下山俊次(日本原子力発電株式会社参与)，谷川久(日本エネルギー法研究所常務理事・所長)．

80)　文部科学省(2008a)17～21頁，文部科学省(2008b)17～20頁．

ゃいけないかというのが，いまいちはっきり定義されていないような気がするなというところですが，そこら辺は最終的に国が後ろにあるということでカバーされているという認識でよろしいんですか．

○野村座長　保険を超える部分が政府の援助じゃなくて，国が直接の損害賠償責任を負うんじゃないかという，そういう趣旨ですか．

○伊藤委員　何かあったときに〔原子力事業者が〕払えなくなってしまったというときの国の援助というのは，どこまでというふうに決まっているんですか，それとも無限なんですか．

○山野原子力計画課長　そこは何も決まっていませんので，無限と言えば無限ですね．……原子力の場合は，……〔事業者には〕あらかじめ保険も掛けさせるということがあって，事業者ができるだけは頑張りなさいというのがあるんですが，事業者がバンザイの状況になって，被災者がたくさんいるのに国は何もしませんというのは基本的にないんで，そこは上限がない世界だと思います．ただ，……JCOのときはそういう親会社が出てきたというのもあるし，……バケツを使って何とかとか，明らかな過失の存在が明確な状況があって，国で支援という議論にはならなかったんですね．

○天野委員　そうですね．ただ，色々な議論は当然ありましたよ．

○山野原子力計画課長　議論はあったんだと思うんですけれども，結果的にしていないというか，親会社が全部できたということですよね．ある意味で日本的な解決法だと思いますけどね．……

○村上委員　JCOには支払い能力がなく，保険の10億円しかないんだと．それを超える場合は政府が補償するのだけれど，そのためには〔国会の〕議決が必要だと聞いておったんですがね．だから，政府がどこまでやってくれるかも分からないというか不確定なところがありましたので，住友金属鉱山を抱き込んじゃおうというような考え方だったんですよね．

○四元委員　今回，16条の2項をやろうというのは，一度も最初から最後までそれはなかったわけですよね．

○天野委員　いや，議論は当然していました．

○山野原子力計画課長　おそらく当時だって，住友金属鉱山が出てきてもやっぱり足らないとか，色々と考えたでしょう．補正予算を急遽組むとかはあったんだと思います，そこそこは．

○天野委員　当時考えていたのは，住友金属鉱山が何もしなくて，直ちに政府〔が財政出動する〕という案はだれも通らないだろうと思っていたと．

第2回

○四元委員　この前も少しお聞きしたことではあるんですけれども，結局，〔原賠法第16条の規定では〕国が必要と認めるときに援助をするとなると，国がある種この損害賠償の当事者になるわけで，そのときに国がどう関与するのかなというのは非常にかねてより〔疑問に〕思っていて，JCO事故に関しては，具体的な損害の賠償の個々のものについては，国は直接的には何もタッチ，関与をしていないということなんですかね．

○天野委員　私の当時の考え方は，国が賠償するというのは基本的ではなくて，まず国はあくまでも支援であって，賠償は当然事業者であると．

○四元委員　直接の当事者は事業者ですよね．

○天野委員　……国はその事業者を支援することはできる．……そのときに支援するだけの根拠がないといけない．その根拠はきちっと作らなくてはいけないというふうに思っていました．その根拠は実は2つで，事業者が一生懸命努力をしたという事実と，もう一つは公正にその損害賠償が行われた事実が要るだろうと思ったということですね．それで，その1点目が，親会社に対してお願いをする．親会社も一生懸命やったという事実が必要だ……，国がいずれ支援に出るときに非常に重要だと考えた，そういうことですね．

○四元委員　今回もどこかの時点までは国の支援ということも，一応，可能性としてはあるということだったわけですね．

○天野委員　……それは当然考えていました．なぜかというと，非常に小さい会社だということも……わかっていましたし，責任保険の保険金額が10億円しかないということも分かっていましたから．

○下山顧問　……〔国の支援には〕融資とか，色々な方法があるのだろうと思うので，ある意味では，住友金属鉱山に対してそういうことを……助言するということも，1つの援助ではないけれども，支援の意思形態だったのではないか……実質的には，天野さんなんかは非常に上手だったわけで…….

○谷川顧問　……この事件は，法律的に言えば極めて異例な処理が行われたケースだと思う．その最も異例なのは，本来の責任主体〔JCO〕が責任履行能力がないことは目に見えていたわけですよね．そのときに親会社を引っ張り出す．これは法人格が別ですから，親会社は本来出てくるものではないにもかかわらず，うまいこと親会社を引っ張り出して，親会社に事実上の責任を負わせることに成功した．これは，極めて異例のことで．今後そんなことが起こり得る保証ができないくらい異例なことなのではないか．しかし，それが実現できたから，本来の責任当事者であるJCO自身を存続させたまま事件が解決できたと．これも極めて大きなことで，問題を起こした会社には退場願わなければならないというのは，退場されたら困るんですよね．破産されていなくなったら請求する先がなくなってしまうわけで，これをどうやって生かしたまま問題解決しなければならないかを極めてうまいこと処理されたというのは，天野さんや下山さん以下，……関係した方々のうまい舞台回しの結果だったと私は感心しているところであります．

天野は文部科学省で原子力政策に関わった後，外郭団体である独立行政法人・科学技術振興機構に移って審議役となっており，すでに詳しく述べたように，下山は日本原子力発電株式会社参与，谷川は日本エネルギー法研究所常務理事・所長である．下山と谷川は，原賠法の立法当時から法制度整備に携わり，政府，業界と一体となって原子力産業の推進役となった原子力損害賠償制度の専門家であり，その経験的蓄積を持って検討会の顧問に居続けていると思われる．この政府の原子力政策を知り尽くした裏方たちが，政府の意向を伺い，沿いつつ，JCO事故処理の骨格作りを密かに担い，原賠法の適用可能性を突き詰めないまま，裁量による現実的処理を「うまくやった」と公式の場で賞賛しあっているのは，何を意味するのであろうか[81]．

政府と原子力事業者側に立つ谷川，下山にとっては，JCO事故に原賠法第

81）　田邉(2003)14〜15頁は，事業者に国の援助がなされなかったのは，「JCO事故が事業者の違法性の高い作業工程の中で発生したという点で特異であったからと一般には考えられている」としている．

16条が適用されて公的資金による援助がなされ，それに対して世論の批判が起こって原子力産業全体に跳ね返る事態を恐れ，避けたかったのだと思われる．官民一体で原子力産業を推進してきた政府と原子力業界もまた，同じであったろう．当時，両者ともに「原子力ルネッサンス論」に乗って，政府は「原子力立国論」を掲げ，原子力事業者とともに原子力発電所新増設の再開を目論んでいた．官民はそうした現実的な立場に立って判断し，谷川の言う「法律的に言えば極めて異例な処理」に着地させたのである．JCO事件を原子力損害賠償制度の拡充を図る機会と捉える発想はそもそも欠如しており，世論の批判回避が優先されたのであった[82]．

原賠法第16条の国家関与の曖昧さと，その第16条適用を回避した典型的な裁量行政に対して向けられた他の委員たちの率直な疑問も，政府および原子力事業者側に立った委員の老練な議論の誘導によって，何の成果も挙げないまま収束してしまった．

この検討会が行われた同じ年の2月，JCOの臨界事故に関する損害賠償訴訟に関する水戸地方裁判所の判決が下された．判決は，原賠法第4条1項「責任の集中原則」が，「原子力事業者以外の者が責任を負わないことを明記しているため，……原子力事業者に該当しない被告住友金属鉱山……に対しては，……民法を含むその他のいかなる法令によっても，当該損害の賠償をすることはできない」としている[83]．この判断は，東京高等裁判所でも是認されている．検討会で，谷川が「住友金属鉱山にうまく責任を負わせたのは法律的には極めて異例」としているのは，この判決も背景にあると思われる．政府によるJCO事故処理は，原子力損害賠償制度の三原則の1つを定めた原賠法第4条からも逸脱していたのである．

検討会の途中，東海村長である村上は，政府側に立つ谷川に対して痛烈に反論した．子会社という方式をとられたら親会社に請求ができないのであれば，

---

82)　すでに本文で述べたように，谷川は2005年に日本エネルギー法研究所の所長としてまとめた調査報告書のなかで，JCO事件において政府が原賠法第16条の適用回避したことを批判し，原子力損害賠償制度の拡充が必要だと説いていて，上記発言と正反対の主張となっている．

83)　水戸地方裁判所判決(2008. 2. 27 判時 2003号)．

原子力はさせられない．都合が悪いことがあったら困るから，100% 出資で別会社にして，法人格が別だから責任はないという企業は相手にできない．JCO に人を出し，すべての権限は住友金属鉱山が持っていたのだから，形式的に法人格は別だという話ではない．そういういいかげんな企業には核燃料など作ってもらいたくない．形式論から言えば，超法規的な対応だったということになるが，私は納得していない，との発言も，多様な議論が行われたことの証左としてのみ記録されたかのようである．

検討会の報告書を受けて，2009 年に原賠法の改正が行われた．重要な改正点は2つある．第一に，原子力事業者が確実に損害賠償を実行できるように賠償措置額を 600 億円から 1200 億円に引き上げた．第二に，「審査会」の役割規定に関して，「原子力損害の賠償に関する紛争について和解の仲介を行うこと」に加えて，新たに，「原子力損害の賠償に関する紛争について原子力損害の範囲の判定の指針その他の当該紛争の当事者による自主的な解決に資する一般的な指針を定めること」が付加された．検討会の座長として報告書を取りまとめた野村は，本過酷事故に関連して JCO 事故の教訓を振り返った論文で，原賠法第 16 条を巡る本質論を回避したことにはまったく触れないまま，他方で「このような改正が大きな意味を持つことになる時期がすぐに到来することはまったく予想していなかった」などと述べ，自らが導いた原賠法改正を高く評価している[84]．

3　アメリカの輸出戦略と日本の CSC 加盟議論

この 4 回目の原賠法改正に関わる検討会で，他方，注目されるのは国際動向と関連した議論である．すでに述べたように，改正パリ条約・改正ブラッセル条約および改正ウィーン条約が被害者救済の観点から制度的拡充を果たしていた．かねてより必要と指摘されてきたそれらの国際的制度との整合性の向上が本格的に議論された理由は，2 つある．第一は，TMI 事故とチェルノブイリ事故を受けて，日本にとっても損害賠償措置額の引き上げに迫られていたこと，第二に，国際条約加盟問題が原子力プラント輸出のための現実的戦略課題とし

84)　野村豊弘(2011)119 頁．

て浮上したことによる．第一については，原賠法を改正して，賠償措置額を600億円から1200億円に引き上げることにした．改正パリ条約が7億ユーロ(約1118億円，当時)以上の損害賠償措置を締約国に国内法で整備することを求めている現状に対応したものである．第二については，改正パリ条約および改正ウィーン条約ではなく，「原子力損害の補完的補償に関する条約」(CSC)が，加盟議論の対象とされた[85]．

その検討会で配布された説明と資料によれば[86]，CSCは1997年，改正ウィーン条約とともにIAEAで採択された．締約国はアルゼンチン，モロッコ，ルーマニア，アメリカの4か国である．パリ条約とウィーン条約の締約国はその条約を満たす国内法があればCSCを締約することができる．アメリカ以外の3か国はそれに該当する．CSCの特徴は，第一に，賠償責任限度額が3億SDR以上と低く設定されていること，第二に，原子力損害が3億SDRを超える場合，超過損害分については全締約国が一定のルールで拠出金を分担し，条約名通りに「補完的補償」を行うこと，にある．また，免責事由や除斥期間の条件が改正パリ条約，改正ウィーン条約よりも緩やかであることから，経済発展過程にあって巨額の賠償負担能力には欠けるものの，原子力発電の積極導入に動くアジア諸国などが，CSCには参加する可能性がある．改正パリ条約にも改正ウィーン条約にも加わっていないアメリカが，2008年になってCSCを批准した狙いはそこにある．

アメリカはブッシュ政権以来の原子力ルネッサンス政策に乗って，アジア諸国への原子力発電システムの輸出戦略の展開を目論んでいた．相手国が原子力発電事業の意欲を見せた場合，かつての日本がそうであったように，原子力損害賠償制度の構築が必須の条件となる．経済力の低いアジア諸国が原子力損害賠償制度を構築するには国際条約加入が近道であり，それも損害賠償措置額が低く，超過分については全締約国から拠出されるとするCSCが妥当である．

---

85) パリ条約，ウィーン条約ともに改正後は，有限責任制度採用国のみならず無限責任制度採用国にとっても法的抵触回避の措置が設けられ，加入条件が緩和されたこと，また，日本の原子力事業者の核燃料物質と放射性廃棄物の国際輸送の観点などからも，国際条約加盟議論が浮上した理由である．

86) 文部科学省(2008c)，藤田友敬(2002)を参考にした．

そして，CSC加入の重要性を説く資格を得るには，自ら加盟する必要がある——それがアメリカの戦略的判断[87]であった．そして，日本がCSC加入の議論を起こしたのも，原子力政策が一貫してアメリカと同一歩調で進められてきており[88]，民間においても東芝によるアメリカ・ウエスティングハウス社買収，三菱重工とフランス・アレバ社との中型炉開発での提携，日立製作所とアメリカ・ゼネラルエレクトリック社の原子力部門の統合等国際再編が進行，何より日本政府も，原子力発電システム輸出戦略を本格的に検討し始めていたからであった．

加えて，加盟対象として，改正パリ条約は最高水準の損害賠償措置額を用意し，被害者保護の観点からは最も充実してはいるが，改正パリ条約に対応した国内法の整備を検討しているのはEU諸国とスイスだけであり，日本とは地理的関係が希薄で越境損害への対応については加入メリットが小さく，かつ，日本が関係を深めたいアジア諸国が締結することは想定ができない．また，改正ウィーン条約についても，移行対象のウィーン条約締約国は中東欧・中南米の国だから，改正パリ条約と同様にメリットは少ないと考えられた．それに対して，CSCは前述の戦略的意図を満たすものであり，加えて原賠法との整合性において加入のハードルが低いというメリットがある．例えば，改正パリ条約と改正ウィーン条約の免責事項においては，日本の原賠法第3条ただし書きにある「異常に巨大な天災地変」を認めていないが，CSCにおいては認められる．また，除斥期間においても，改正パリ条約と改正ウィーン条約は，「死亡又は身体の障害は原子力事故の日から30年，その他の損害は10年」であるのに対し，CSCは「原子力事故から10年」であり，原賠法と矛盾しない．

しかしながら，CSCであっても加入を想定した場合，解決しなければならない法制度における課題が少なからずあった．原賠法改正に関わる第4回検討会においては，その課題を整理したうえで，CSC加入はワーキンググループによる継続的検討課題とされた．以下に重要な4点を挙げる．第一は，原子力

87）1回目の検討会で，道垣内委員は，「アメリカは輸出するために入っているわけですから」と発言している．

88）1回目の検討会で，事務局の山野原原子力計画課長は，「アメリカは日本に対して最近，入りませんかとかなりのプレッシャーをかけてきておるという状況」だと説明している．

損害の定義である．すでに述べたように，改正パリ条約，改正ウィーン条約，およびCSCにおいて具体的に明記された「死亡又は身体の障害と財産の滅失若しくは毀損から生じる経済損失」のみならず，「重大な環境汚染の回復措置にかかる費用」，「重大な環境汚染によって生じた収入の喪失」，「環境被害の防止措置費用及びその措置によって生じた更なる損失又は損害」，「環境汚染によって生じたのではない経済的損失」といった規定が，日本の原賠法には存在しない．

そもそも，原賠法における原子力損害は，第2条2項において「(イ)核燃料物質の原子力核分裂の過程の作用，(ロ)核燃料物質等の放射線の作用，(ハ)核燃料物質の毒性的作用，により生じた損害」と定義されているだけなのである．核燃料物質の3つの作用によって生じた損害という一般的な形で提示されているだけで，賠償対象となる損害を類型分類して規定しているわけではない．まことに曖昧であり，現実に事故が起きた場合には，「作用」と「損害」の間に相当の因果関係があるか否かを個別事象ごとに民法において判断することになる．国際条約との整合性を図るためには，原賠法第2条2項の改正が必要とされるのである．

第二は，改正ウィーン条約の解説でも触れた，少額賠償措置額に関わる公的資金の確保である．改正ウィーン条約と同様にCSCにおいても基本的な賠償措置額(責任最低限度額3億SDR以上)を規定する一方で，少額賠償措置(500万SDR以上の額)を認め，その差額を締約国の国が公的資金で確保することを義務付けている．しかし，日本の原賠法は無限責任制を採っており，損害賠償額が賠償措置額を上回ったときには，まず原子力事業者に賠償責任が発生する．そして，第16条の規定によって，賠償措置額を上回る賠償責任が原子力事業者に発生した場合は，政府は原賠法の目的を達成するために必要と認めるときには，原子力事業者が損害賠償をするために必要な「援助」を行う．国家責任を原子力事業者と同等かつ一体の立場に置いたCSCとは，明らかに相容れない．ここでも，立法化時点から指摘され続けた日本の原賠法の特異性が，明確になる．

第三は，拠出金の負担に関する国内制度である．CSCにおいては，賠償措置額を上回る損害賠償が生じた場合は，その差額は全締約国が拠出する基金によって補塡される．したがって，その拠出金を提供するための仕組みを講じなければならない．当時の日本政府の試算では，締約国の4か国に加えて，日本，韓国，中国が新たな締約国になった場合には，1件当たりの事故について締約国全体で拠出される額は最大2億ドル(当時のレートで約234億円)，日本の拠出金は最大約7000万ドル(同82億円)になると見込まれた．

CSC加盟問題の検討と同時に原賠法は改正され，賠償措置額は600億円から1200億円まで引き上げられた．CSCの規定する3億SDR(約528億円)をはるかに上回る水準であり，他方，他国が原子力事故を起こした場合の日本の拠出額は相対的に大きいものとなると試算され，加入メリットは低いのではないか，という疑問が呈されている．これは，明らかに日本において越境損害をもたらすほどの原子力事故が起こる可能性を想定せず，もっぱらアジア諸国が事故原因国となる前提の議論であった．原子力発電事業において，アジア諸国に対しては技術的にも制度的にも圧倒的優越的地位にあるという自負ゆえであろう．

第四の国際裁判管轄と準拠法問題において，その自負は顕著である．CSCに加入すれば，損害発生の原因となった原子力施設が所在する締約国に，専属的な裁判権が認められる．このため，日本は国際裁判管轄について明確な規定を置いていない民事訴訟法との整合性を整理する必要があるのだが，大方の懸念は別の点にあった．他の締約国が事故を起こし，日本に越境被害を及ぼした場合，当該国の裁判所のみが損害賠償に関する司法判断を行うことになり，日本国内での訴訟は適わなくなるため，それが日本の被害者の真の救済につながるのか，という疑問が優先されたのだった．だが，本過酷事故の後，状況はまったく異なるものとなっている．CSCに加入していないために，他国に生じたかもしれない越境損害について，現状では日本国内専属の裁判管轄が認められず，他国の裁判所の司法処理による損害賠償請求がなされる可能性が生じたのである．

こうしてCSCと原賠法の法制度的課題を整理すると，その解決には原賠法の骨格部分の改正と，理念的変更が必要となることが分かる．そうまでしてCSC加入を実現する必要性を政府は感じていなかった．なぜなら，政府のスタンスは，検討会報告資料にある2つの文に集約されるからである．第一は，それまで国際条約加盟を具体的には検討してこなかった理由として挙げた,「原子力先進国としてふさわしい水準の国内制度を有しており，国内で生じる原子力損害に関しては，既に被害者保護と原子力産業の発達のための法的基盤が十分に整備されてきた」[89]という自負である．第二は，検討会報告資料の第二章・原子力損害賠償制度見直しに関する事項のなかの「原子力損害の賠償責任や損害賠償措置等に関する基本的な枠組みは恒久的なものとしつつ，政府による補償契約の締結や援助の措置については，その必要性を一定の期限の到来時において適切に見直すというプロセスが制度的に組み込まれている」という記述である[90]．

結局のところ，原子力の平和利用が開始されておよそ50年の間，国内外で起こったさまざまな環境変化に対して，日本政府は被害者救済と公衆保護の観点に立った原子力損害賠償制度の改革・拡充・強化の必要性を認めなかった．上記文中にある「適切に見直す」対象は，1200億円まで引き上げられた損害賠償措置額に限ってのことであった．政府はあくまで1961年に成立した原賠法を,「原子力先進国としてふさわしい水準の国内制度」との認識を変えず，その「基本的な枠組みは恒久的なもの」とする姿勢を一貫して貫いているのである.「無限責任に象徴される原子力事業者の厳格責任と第16条と第17条における国家関与の弱さと曖昧さ」という原賠法の骨格が50年間不変のままであった理由は，政府が見直しを不要とした，その事実に尽きる．

4　電力自由化と国策民営体制の確立

もちろん，原賠法不変の構図の維持には，政府のみならず原子力事業者が深く関わっている．日本の原子力発電事業は，民間会社によって営まれながらも，国策による支援を必要不可欠のものとした．この体制を，国策民営[91]と呼ぶ．

---

89)　文部科学省(2008c)30頁．

90)　文部科学省(2008c)10頁．

91)　穴山悌三(2005)297頁は,「電気事業システムにあっては，……「国策」を立案する行政,「国策」に沿いながら自ら主体的に意思決定して原子力発電を建設・運転する電気事業者(「民営」),「国策」に沿いながら地域の安全と振興を図ってきた地元の各主体が，原子力発電の推進・活用を効率的に達成するために，それぞれの役割を果してきた．……「国策」についての理解は，原子力に関わる多くの人々によって多様な理解が存在しているが，法律等に基づアメリカの原子力平和利用戦略に組み込まれた日本の原子力開発は，当初から政・官・民の一体体制で進められてきた．しかし，橘川(2012)によれば，政府と原子力事業者の関係がより緊密になり，文字通りの「国策民営体制」を構築し，彼らが「インナーサークル化」したのは，1970年代中盤以降である．

その象徴が，1974年の電源三法の施行だった．9電力会社は，電力関連施設とりわけ原子力発電所の立地難を自ら解決できず，行政への依存を強めた．民間会社にすれば，国策協力という形で事業を進めている以上，損失やリスクは政府が肩代わりすべきだという意識もあったであろう．この1974年から1980年にかけて，電気料金を3度に亘り大幅に値上げした．電力業界では，電気料金改定を横並びでいっせいに行うカルテル的傾向が強まると同時に，行政対応を最優先する体質が色濃くなっていき，市場経済原則から乖離していく．原子力発電への国策支援が必要不可欠なのは，立地問題に加えて，使用済み核燃料の処理という市場メカニズムでは解決できない問題を抱えているためだ．したがって，この点からも，原子力発電は市場経済原則にそぐわないということになる[92]．

他方，「今日的課題として電力自由化は社会的コンセンサスといえる」[93]．しかし，電力自由化は制度改革による市場メカニズムの導入に他ならない．つまり，原子力発電は，電力自由化と相容れない，矛盾した関係にあるのである[94]．この問題は，原子力発電事業における国策民営体制の本質を浮かび上がらせた．2003年，経済産業省資源エネルギー庁総合資源エネルギー調査会は，電力自由化に関して第三次制度改革の基本方針を提示，「2007年4月をめどに全面自由化の検討を開始する」とした[95]．ところが，同調査会が2006年に発表した「新・国家エネルギー戦略」の中間取りまとめにおいては，原油価格の

くきちんとした形で記述されるものとしては先述の「長期計画」があり，この計画に沿って，わが国の原子力の研究，開発，利用が「国家的政策(国策)」として展開されてきたと理解される」とする．「長期計画」とは，1956年の最初の計画策定から2010年に第11回となった原子力委員会が定める「原子力の研究，開発及び利用に関する長期計画」を指す．

92)　橘川(2012)53～54頁．

93)　筆者のインタビューに対する政策担当者の回答(2011.9.20)．

94)　橘川(2012)112頁．

95)　経済産業省資源エネルギー庁総合資源エネルギー調査会(2003)．

高騰などを理由に「エネルギー・セキュリティの確保」が前面に打ち出されると同時に「原子力立国論」が打ち出され,「自由化」という文字は見当たらなくなったのである[96].そして,2007年に開始された第四次制度改革の検討では,自由化範囲の拡大は行われず,小売全面自由化は見送られてしまったのだった[97].

電力自由化を促進し,競争を市場に委ねれば,国家支援が必要不可欠である原子力発電は極めて不利である.国家支援によるコストを加算すれば,価格競争力が低下し,民間電力会社として事業存続が危うくなる.つまり,電力自由化は,民間電力会社の原子力投資を抑制する効果をもたらしてしまうのである.しかしながら,他方で,地球環境問題とエネルギー・セキュリティの観点から,依然として原子力発電は日本においては国策という位置づけにある.両者いずれかの選択を迫られ,エネルギー・セキュリティ確保を最優先事項とした.そのために原子力発電を重要視し,したがって,原子力投資を抑制する電力自由化を回避する,という結論に達したのである[98].それが,当時の原子力に関わる政府と事業者のインナーサークルにおける合意であった.その合意を,原子力ルネッサンス論がさらに強固なものにした.政府と原子力事業者,加えて原子力発電システムに関わるメーカーは新たな原子力の時代の到来に高揚するあまり,原子力産業育成の両輪の片方が,原子力損害賠償制度であることを忘れ去ってしまっていたのであろう.

---

96) 経済産業省資源エネルギー庁(2006).
97) 経済産業省資源エネルギー庁総合資源エネルギー調査会(2008).
98) 橘川(2012)117頁.

第 3 章

チッソ金融支援方式と支援機構スキームの共通性

第1節　なぜ産業公害は原賠法改正の制約条件となったか

1　民法学者たちの「転向」

敗戦がもたらした壊滅的な打撃を克服し，経済復興の道筋をつけ，政府が「もはや戦後ではない」と宣言したのは1956年の『経済白書』においてであった[1]．その4年後の1960年，池田勇人内閣は長期経済計画として国民所得倍増計画を閣議決定する．それは，翌年の1961年から10年の間に実質国民所得を26兆円に倍増させるというものであった．これより，日本は1973年に第一次オイルショックが起こるまでの10年あまり，高度経済成長路線をひた走る[2]．1961年は原子力損害の賠償に関する法律が成立，施行された年である．原子力のエネルギー政策への平和利用，原子力産業の育成もまた，戦後復興から高度経済成長への移行を急ぐ日本の一翼を担い，支えるものであった．

高度経済成長は，国家資源を重厚長大産業に集中傾斜配分し，経済構造の工業化を強力に押し進めることで軌道に乗った．第二次産業が活性化することで国民総生産が急速に拡大し，国民の賃金は上昇，生活改善は格段に進んだ．だが，工業化政策の成功が輝かしければ輝かしいほど，その影もまた色濃いものとなった．日本列島は各所で産業公害に蝕まれることになった．環境被害が深

1)　1956年7月発表．副題は「日本経済の成長と近代化」．結びの言葉は，戦後の日本の復興が終了したことを指して「もはや戦後ではない」と記述された．

2)　日本経済が飛躍的な発展を遂げたのは，1954年から73年の19年間であり，68年には国民総生産(GNP)で世界第2位となった．

刻化し，人々の生活のみならず生命までもが脅かされた．日本は，世界第二位の経済大国にまで躍進させた高度経済成長を奇跡と称えられる一方で，「公害先進国」として世界に広く知られることになる．その兆しは，1950年代に早くも現れていた．熊本県水俣湾周辺を中心とする不知火沿岸で当初は原因不明の奇病として発生した水俣病が「公式に発見」されたのは，1956年5月1日であった[3)]．

原賠法の起草に当たって，諸外国の原子力損害賠償に関わる立法事情などの調査を指揮したのは，民法学の権威である我妻栄であった．その我妻に師事した星野英一は，我妻が部会長を務めて原賠法原案を答申した原子力災害補償専門部会の一委員でもあった[4)]．星野は，1961年の原賠法成立からおよそ20年後の1980年に編まれた『日独原子力比較原子力法――第一回日独原子力法シンポジウム』[5)]において，原子力事業者に責任制限(有限責任)がなされず，無限責任が課されている日本独特の責任制度を取り上げ，こう述べている．

「1969年の原子力損害賠償制度検討専門部会[6)]の終了間際になって，原子力事業者代表[7)]は責任制限を強く主張した．しかし，その時には，これを支持する学者[8)]もあったが，より多くの学者はそれに反対した．反対の理由は，つぎのとおりであった．第一に，当時大きな社会問題となりつつあった公害につき，輿論は企業の責任を強調しており，企業の責任を制限する方向での改正は政治的にとうてい無理である．第二に，責任制限額を高額としたときになされるべき国家の義務的介入については，公害等の問題と関連させて総合的に検討されるべきであり，原子力損害についてのみ定めることは適当ではない」[9)]．

---

3) 患者の急増を重く見たチッソ付属病院の細川一院長が1956年5月1日に，水俣保健所に報告した．

4) 第1章第1節参照．

5) 金沢良雄編(1980)．

6) 総理府(現内閣府)原子力委員会原子力災害補償部会(1970)．

7) 専門部会構成員の内，原子力事業者は，石田芳穂(日本原子力発電常務取締役)，笹森健三(日本原子力発電取締役副社長)，荘村義雄(電気事業連合会副会長)．

8) 学者は，加藤芳太郎(東京都立大教授)，金沢良雄(東京大学教授)，谷川久(成蹊大学教授)，星野英一(東京大学教授)，我妻栄(東京大学名誉教授)．

9) 星野英一(1980)91頁．星野は94頁で，「今日において，公害，製造物責任などが大きな社会問題となり，また……被害者救済についての国の介入が輿論によって強く要請されているから，「援助」が法律上の義務でないことは，あまり大きな意味を持たなくなっている．政この専門部会の答申は1970年に公表されている．そこでは，「損害賠償責任の制限および国家補償」との項目において，責任制限について賛否両論が記されており，反対理由の中に，「今日，原子力事業者の損害賠償責任を一定の額で制限することは，原子力に対する国民感情あるいは最近の社会情勢からみて必ずしも適当とはいえない」という一文がある[10)]．この中の「最近の社会情勢」が星野の言う「大きな社会問題となりつつあった公害」を指しているものと思われる．

第2章で詳しく述べたように，原賠法には成立当初からその妥当性が問われ，将来の検討に委ねられている問題があった．政府は専門部会や懇談会を設置し，それら問題点についての検討を依頼してきた．その1つが，「1969年に設置された原子力損害賠償制度検討専門部会」であった．星野の回顧が興味深いのは，第1章と第2章で強調したように，日本の原賠法の最大の特徴の1つである原子力事業者の無限責任を非合理と批判し，国家補償と組み合わせた有限責任とすべきだと主張したのは民法学者たちであり，その我妻をはじめとする民法学者たちが，原賠法成立後約10年後には一転して，「当時大きな社会問題となりつつあった公害」の賠償問題との関わりにおいて，「原子力事業者の責任制限」に反対した，という事実である．

2 「産業公害の原点」としての水俣病

原賠法における責任制限問題が，いかにして公害問題と関連することになったのか．また，どのような相互作用を及ぼしたのか．その検証のために本章では，「産業公害の原点」[11)]といわれる水俣病の賠償問題を取り上げる．水俣病が産業公害の原点とされる理由は，大別して3つある．第一に，公害病の認定患者(行政から公害被害者として認められた患者)を頂点とし，自然環境の破壊や地

治情勢から，国会が十分な援助を決議することはほぼ確実に予想される」と述べ，第16条の政府による援助規定が補遺率上の義務でないことを批判し，原子力事業者の責任を制限する一方で国家補償を法的に担保すべきだという原賠法立法時の立場を大きく転換している．

10)　総理府(現内閣府)原子力委員会原子力災害補償部会(1970)．

11)　閣議決定「水俣病解決に当たっての内閣総理大臣談話」(1995. 12. 15)，水俣病訴訟弁護団編(2006)．

球生態系の変化を基底とする8階層ほどの「環境被害ピラミッド構造」[12)]の典型であることだ．工場による環境汚染が食物連鎖を通じて人体に影響を与えたのである．第二に，母親の胎盤を通じて胎児性水俣病が発生したことである．この2点は人類史の中で始めて経験されたことであった．とりわけ，後者は，「胎盤は毒物を通さない」という生物の進化の過程で獲得したといわれる機能が破綻したことを意味した[13)]．第三に，原因企業であるチッソ[14)]が水俣病の発生原因であるメチル水銀を含む排水を海に流すという汚染過程においては，行政(国と熊本県)やチッソに融資してきた関係金融機関も構造的に関与していることから責任論が発生し[15)]，補償，救済費用に関しても三者が協同して負担しなければならなくなったことである．

政府が水俣病を公害病と認定したのは1968年だが，チッソは1959年から一部患者団体と賠償交渉を開始している．だが，当時はチッソ自身が水俣病の原因企業であることすら認めておらず，賠償案はあまりに不誠実かつ不完全なものだった[16)]．その後，原因が特定され，被害の深刻さと広がりが次第に明らかになるにつれて，訴訟が頻発し，原因企業のチッソのみならず政府，地方自治体の行政責任までが厳しく問われるようになった．他方で政府の動きを見れば，水俣病正式発見の8年後の1964年に公害対策推進連絡会議設置を閣議決定，1967年に公害対策基本法を公布，1970年に内閣に公害対策本部を設置，

---

12) 宮本憲一(1989)99～102頁によれば，環境被害のピラミッドは，頂点の「認定患者」から順に「公害病」「健康障害」「ill-health」「生活環境の侵害」「地域社会，文化の破壊と停滞」「自然環境の破壊」「地球生態系の変化」の8階層で構成される．

13) 原田正純編著(2004)12頁．

14) 前身は，1906年設立の曽木電気株式会社と1907年設立の日本カーバイト商会で，両社が1908年に合併して日本窒素肥料株式会社となった．戦後の財閥解体で旭化成がまず分離され，新日本窒素肥料株式会社としてスタートし，1965年にチッソに社名変更した．

15) 山口孝(1985)は，多様な融資関係に加えて，人的関係などチッソに対する関係融資機関の構造的関与を詳しく分析している．なお，関係金融機関とは，日本興業銀行，三和銀行，農林中央金庫，日本債券信用銀行，東洋信託銀行，住友銀行，第一生命保険相互会社，肥後銀行である(すべて，当時の行名，社名)．

16) 酒巻政章・花田昌宣(2004)，永松俊雄(2007)などによると，患者団体とチッソの最初の補償交渉は1959年12月，水俣病患者家庭互助会とチッソとの間で，医師の判断に基づく申請者に対してチッソが補償金を支払う「見舞金契約」が成立する．契約内容は死者30万円と低く，加えて，将来チッソ水俣工場が水俣病の原因と決定されたとしても，さらなる補償金は請求しない，という条項が含まれていた．

臨時国会では公害対策関連14法案が成立，「公害国会」の異名をとった．そして，1971年には環境庁が発足する．

こうした時代状況を踏まえた上で，1970年当時を回顧した星野の叙述を解釈すれば，第一に，チッソなどの公害原因企業への世論の厳しい批判を考えれば，原子力事業者の責任制限論など受け入れられるはずがなく，第二に，仮に原子事業者の責任制限を認めれば，それが産業公害問題に波及し，公害原因企業にも責任制限が認められ，その結果，制限された責任以上の賠償負担は国家が負うことになりかねない．この2点がリスクとして，当時の政府部内で強く懸念されたということであろう．つまり，産業公害問題における行政の責任論，費用負担論が，原賠法見直しの制約条件として立ちはだかったのである[17]．

3　チッソと福島──2つの賠償問題に見る3つの共通点

他方，水俣病において患者救済を完遂するために自民党福田赳夫内閣によって1978年に開始された政府によるチッソ金融支援措置と，その33年後の2011年に発生した本過酷事故を受けて，原子力損害による賠償問題に直面した政府の対応策を比較すると3つの共通点を見出すことができる．第1の共通点は，被害状況と原因企業の賠償資力である．水俣病はすでに述べたように，「環境被害ピラミッド構造」の典型である．チッソ水俣工場から排出された水俣病の原因物質であるメチル水銀化合物が，熊本県不知火海沿岸をどの程度汚

17）小島延夫(2011)56〜57頁は，本過酷事故による深刻な放射能汚染問題に政府が対して的確な対応を行えないでいる状況について，以下のように法制度の欠落を指摘している．緊急課題である環境汚染の拡大防止と今後の環境浄化を法的観点から見た場合，「この事態に対応するための法律は，ほぼ完全に欠落している．……環境基本法は第13条で……，放射能汚染の問題については，大気汚染防止法・水質汚濁防止法・土壌汚染関係立法などの環境関係立法の枠外としている．また，廃棄物処理法においても，……廃棄物処理行政の外に放射性廃棄物を置くこととしている．歴史的経緯としては，公害対策基本法が1967年に制定されたときから，……放射能汚染の問題は，環境行政から除外されてきた．ところが，一方，原子力基本法その他の関係法律には具体的な定めは存在しない．……結局，大規模な原子力発電事故が起きたときの放射能汚染に対処するための具体的な法制度はまったくないまま，40年以上に亘り，日本の原子力発電は操業してきたのである」．

その後，2012年6月27日に交付された原子力規制委員会設置法で，環境基本法第13条は削除され，放射性物質による汚染措置も環境法の範疇となった．これに関連して，大気汚染防止法などの汚染防止関係法にも同様の規定を盛り込むことが検討されている．

染し，それによってピラミッドの基底にある「自然環境と生態系の破壊」をどれほど引き起こしたか，公害病の認定時に想定できるはずもない．

当然，賠償問題の解決スキームの設計にあたって，食物連鎖によってピラミッドの頂点たる認定患者の被害がどれほどに拡大しているか，総数，必要な措置，賠償総額など何も確定できない．また，水俣病においては，「汚染地区で患者が差別されていたという社会状況」[18]も，被害者数の予測を困難にした．確実であるのは，賠償問題は社会問題化しつつ長期化し，賠償金総額は巨額化するであろうこと，そして，チッソは実質債務超過の状況にあって単独では賠償資金を賄うだけの財務体力はない，ということであった．実際，水俣病公式発見から半世紀を経過した2012年時点でも，賠償問題は完結していない．

翻って，本過酷事故によって発生した原子力損害賠償問題も，放射能汚染という外部被曝に加えて，自然環境と生態系の破壊に発する内部被曝の広がりと深刻度は水俣病以上であり，いわゆる風評被害も広域で発生し，したがって損害賠償規模は想定しようがない．原発損害発生当時から賠償資金は少なくとも3兆円から5兆円は必要といわれ，第4章以降で詳しく述べるように，政府は東京電力単独の財務体力では賄えない可能性は極めて高いと見ていた．賠償総額が確定しないままに，被害者に対して賠償を迅速かつ適切に進め，それが長期化し，賠償額が巨額化しても持続可能であるスキームを，政府は緊急に構築しなければならなかった．

第二の共通点は，原因企業に対する損害賠償責任の追及である．政府の産業公害問題への対処方針は，「汚染者負担の原則」(PPP: Polluter-Pays Principle)を政策の根幹に据えることだった[19]．PPPとは，その名称の通りに公害を起こした原因企業に汚染回復責任と被害者救済責任を課す考え方であり，もともとは経済協力開発機構(OECD)が提起した概念である．本来は，環境被害を予防する事前的な費用を対象としていたが[20]，日本では独自の概念が形成され，

18) 酒巻・花田(2004)278頁．

19) チッソに金融支援措置を決めた閣議了解「水俣病対策について」(1978. 6. 20)に，「水俣病患者に対する補償金の支払いは原因者たる同社の負担において行うべきであるという原因者負担の原則を堅持しつつ」とある．

20) OECD(1975)．1972年に打ち出された国際貿易における各国の競争条件を均等化する

被害補償や原状回復などの事後的対策や行政費用を含み[21]，さらには「不法行為的発想，あるいは刑罰的発想(場合によっては，倫理的，道義的責任の発想)に基づく原則として理解され，普及してきた」[22]のだった．水俣病におけるチッソ金融支援措置においても，政府は根本思想としてPPPを維持するとの声明を繰り返した．PPP維持政策のもとでは，あくまで賠償責任は原因企業であるチッソが負い続けることになる．したがって，賠償責任をまっとうするためには，いかなる経営危機に陥ってもチッソを倒産させずに存続させる必要があることになる．しかし，賠償資金をチッソ単独では賄える体力がないのは明白なのだから，患者救済を完遂するためには，公的金融支援を行わなければならない，という論理的帰結になる[23]．

他方，政府が，原子力損害による賠償問題にPPPの理念が取り入れられているとしているわけではないが，東京電力への基本的な対処方針はまったく同じである．第II部で詳しく述べるが，政府は東京電力に対し，原賠法第3条本則を適用，「一義的損害賠償責任は東京電力にある」との方針を固め，賠償責任をまっとうさせるために資金援助を行うことによって東京電力の債務超過を回避，企業としての存続維持を図る方針を閣議決定した．政府が損害賠償問題に誠実に取り組もうとすればするほど，チッソ，東京電力ともに必死に支えざるを得ないという構図に陥ってしまう．その結果，犯罪的事件を起こした原因企業をなぜ公的資金で救済するのか矛盾するという批判が付きまとうことになるのである．

第三の共通点は，賠償制度に組み込まれた間接支援方式である．チッソ金融

ための原則．国が民間企業の汚染防止費用を補助金によって負担するかしないかで，市場競争において公平さが保たれない恐れが生じるため，基本原則として補助金禁止を決定した．

21) 除本理史(2007)7〜8頁．

22) 白石重明(1990)22頁．

23) 浜田宏一(1977)91頁は，公害賠償責任の経済的分析の項で，「被害者に損害賠償請求権を与えるか否かは，公平上重大問題であるのみにかかわらず，効率性の見地から，つまり公害の人的・物的被害の抑止の見地から見ても重大な問題となる．公害発生者である企業が，当然公害の被害に対する損害賠償を行わなければならぬという発生者負担の原則(polluter-pays principle)は，公害発生者である企業が最安価損害回避者(cheapest cost avoider)であるという観点から，公平性の基準だけでなく効率性の基準からも正当化されることになろう」と述べている．

支援措置の最大の特徴は，国が直接関与を行わず，熊本県が県債を発行，それを政府が引き受け，その資金を熊本県がチッソに融資するという「県が腹を貸しているだけ」[24]の間接方式にある．この間接支援方式は，水俣病賠償においては，熊本県という第三者を隠れ蓑にした国家責任の回避，あるいは関与の弱さが問題とされ，例えば，PPP の名の下で国が責任を回避しつつ，他方で実質的に責任を引き受けている[25]といった批判を長く浴び続けることになった．政府の本過酷事故における対処方針も，東京電力を債務超過転落の危機から救い，賠償責任者として存続させ，そのためには政府が資金援助を行うものの，それは支援機構を通じてであり，政府が直接関与するわけではない，というものであった．この支援機構による間接援助スキームは，実は，「チッソの県債方式を政策モデルとしたもの」[26]なのである．この支援機構スキームに対しても，水俣病補償問題同様，政府が直接損害賠償を行うべきであるという批判が付きまとうことになった[27]．

本章では以下に，まず，50 年に亘る水俣病史を概観し，次に原因企業であるチッソが患者賠償を完遂するために政府が行った金融支援方式の変遷を解説した上で，その金融支援方式の制度的根拠を検討する．これによって産業公害問題が原賠法の責任制限に関する議論に与えた影響を分析すると同時に，2 つの損害賠償制度に通低する行政思想を検証する．

第 2 節　なぜチッソを公的資金で救済しなければならなかったのか[28]

1　訴訟の頻発と行政の責任

水俣病は，環境汚染が食物連鎖を通じて引き起こした有機水銀中毒である．原因物質は，有機水銀化合物の一種であるメチル水銀化合物であり，チッソ水

24)　永松(2007)52 頁．
25)　酒巻・花田(2004)271～312 頁，除本(2007)89～90 頁．
26)　筆者のインタビューに対する政策担当者の回答(2011. 8. 20)．
27)　第 II 部第 5 章参照．
28)　第 2 節以降は，永松(2007)を主要参考文献としている．

俣工場のアセトアルデヒド製造施設内で生成され，工場の排水に含まれて工場外に流出したものである．このメチル水銀化合物が魚介類の体内に蓄積され，その魚介を多量に摂取した者の体内に取り込まれ，大脳や小脳に蓄積し，神経細胞に障害を与える[29]．

これらの事実，つまり，水俣病の原因がチッソの水俣工場から排出されたメチル水銀化合物であることを，政府が公式に認めたのは，1956年の公式発見から9年も過ぎた1968年であった[30]．政府がその原因とともに公害病と公式認定するまでに10年近い年月が費やされたのは，熊本大学研究班を中心とするメチル水銀化合物原因説に対して，原因企業であるチッソ，日本化学工業会などが反論[31]，さらに諸説が入り乱れ，政治的な思惑が絡んで議論が錯綜し，原因究明が遅れたからであった．

政府の動きは，極めて緩慢なものであった．1968年に政府がチッソを原因企業と認めたのは，同年にチッソ水俣工場がアセトアルデヒドの生産をすでに中止した後だった．また，経済企画庁が工場排水規制法に基づき，メチル水銀禁止の通達を出したのは翌年の1969年であり，熊本県が汚染魚を封じ込めるための仕切り網を水俣湾に設置したのはさらに5年後の1974年，水銀ヘドロ除去作業を開始したのは1977年であった(1990年まで継続された)．除本(2007)によれば，水俣病の正式認定が遅れたのは，チッソの水俣工場の生産力低下を避けるためだった．通産省は1955年に「石油化学工業育成対策」を開始した．その基本方針は，最新設備による石油化学工業の推進と同時に旧来の設備を廃

29)　主な症状は，手足のしびれや震えなどの四肢末梢の感覚障害や平行機能障害，運動失調，求心性視野狭窄，言語障害などがある．医師で水俣学を提唱する原田正純は，水俣病が食物連鎖によって起こり，また，胎児性水俣病が発生したことの2点を持って，「人類史上初であり，二十世紀を象徴する黙示録的事件」としている(原田編著 2004, 12頁)．

30)　閣議了解「水俣病に関する政府の公式見解」(1968. 9. 26)で，「チッソ水俣工場のアセトアルデヒド・酢酸製造工程中で副生されたメチル水銀化合物が原因」とされた．

31)　永松(2007)13～15頁によれば，水俣病の原因究明は，主に熊本大学医学部の研究班によって進められ，1963年に，チッソ水俣工場から排出された有機水銀が食物連鎖によって人体に影響を与えたとする最終結論を発表した．しかし，チッソが熊本県議会において熊本大学の有機水銀原因説は実証性のない推論であると反論，また，チッソ OB の橋本水俣市長(当時)と日本化学工業協会が連携して，廃棄された旧日本海軍の爆薬から海水に有毒化学物質が溶け出したという爆薬投棄説を発表した．他方，腐った魚にできるアミンによるアミン系毒物中毒説なども主張された．

棄する「スクラップ・アンド・ビルド方式」であった．しかし，チッソ水俣工場には旧来型の生産設備の新設を承認し，その結果，排水量は増大したのだった．その後，チッソの石油化学部門が事業として軌道に乗った1968年を待っていたように，その年の5月，チッソ水俣工場において，メチル水銀排水を垂れ流したアセドアルデヒド製造設備がようやく閉鎖されたのだった[32)]．経済発展政策に傾斜した当時の政府が，環境問題にいかに鈍感であったかの証左であろう．

必然的に被害は拡大し，その責任追及と損害賠償を求める動きは激しく，長期化することになる．原因企業のチッソはむろんのこと，熊本県，国に対して起こされた訴訟は多岐に亘り，チッソに対する損害賠償請求，チッソ幹部に対する殺人罪，過失致死罪，熊本県の認定診査の遅れ，国と熊本県の不作為責任[33)]を問う行政不服審査や行政訴訟も行われた．ちなみに，国と熊本県に問われた不作為責任については，3つの地裁判決は認めず，他の3つの地裁判決では認められ，司法判断は分かれた．こうした中で出された1990年の東京地裁の和解勧告に対して，政府は和解しない方針を堅持した．泥沼化した状況が解決に動いたのは1995年の村山富市政権[34)]においてであり，総理大臣談話が発表され[35)]，政治決着によって，5つの被害者団体それぞれとチッソの間に一時金支払いと紛争終結の協定が締結された．これによって，東京，熊本，福岡，大阪，京都の3高裁，4地裁で争われていた関西訴訟を除く国家賠償等請求訴訟は原告によって，取り下げられた．

---

32) 除本(2007)88頁．

33) 阿部泰隆(1988)116頁は，「不作為には申請に応じないという不作為と，第三者に対する規制権限を行使しないとか天災を防止しないという不作為がある」と述べる．水俣病には両方が該当し，前者は，被害者が熊本県に対して水俣病認定業務を遅延させたという不作為の違法を確認の訴えを起こし，勝訴したケースである(熊本地裁判決　1976. 12. 15)．後者については，阿部(1988, 177頁)は，「水俣病の原因がチッソの排水中に含まれる有毒物質を摂取した魚介類によるものであると判明しても，厚生省は，魚介類には回遊性のものもあって，水俣湾の魚類がすべて有毒化しているという明白な証拠がないから漁獲禁止はできないと回答して，それから11年間も有毒な魚の摂取を放置して患者を著しく増大させた」と批判している．熊本地裁(1986. 3. 30)は第三次訴訟判決において，チッソとともに国と熊本県の規制権限を行使しない不作為責任を初めて認め，約6億7400万円の支払いを命じた．

34) 自民党，社会党，新党さきがけの与党3党による連立政権．

35) 閣議決定(1995. 12. 15)．

最後に残された関西訴訟最高裁判決が下されたのが2004年，実に公式発見の日から半世紀が経過しているのである．最高裁判決は，「国と熊本県は遅くとも昭和34年(1959年)11月末ころまでには，水俣病の原因物質である種の有機水銀化合物であることを，高度の蓋然性をもって認識しえる状況にあった．また，国・県において，そのころまでにはチッソ水俣工場の排水に微量の水銀が含まれていることの定量分析は可能であったし，チッソが整備した上記排水施設が水銀除去を目的にしたものではなかったことも容易に知ることができた」[36]としている．

原因企業のチッソに対する民事責任，刑事責任とは別に，政府が重い腰を上げ，社会保障としての行政上の救済措置としたのが，1969年の「公害に係る健康被害の救済に関する特別措置法」(救済法)による水俣病患者認定である[37]．この救済法を引き継いだのが1974年の「公害健康被害補償法」(補償法)[38]で，日本型PPPが初めて具現化された法律として知られている[39]．公害による健康被害全般に対処する法律であると同時に，水俣病においては，その発生地域を指定，本人の申請に基づき，熊本県による医学的検診，認定が行われることになった．さらに1987年，補償法が一部改正され，「公害健康被害の補償に関する法律」(公健法)となった[40]．

しかし，これら3本の法律が受け継いだ水俣病認定制度は次第に整備が進ん

---

36)　最高裁判決(2004. 10. 15)は，大阪高裁判決(2001. 4. 27)を支持し，それまで水俣病と認定されなかった四肢末梢性感覚障害だけの健康被害者(関西訴訟の原告の一部)をメチル水銀中毒被害者と認め，補償対象とした．また，判決では，1960年1月以降，国が水質二法に基づく規制権限行使をしなかったことを違法とした．熊本県についても，1955年12月末までに熊本県漁業調整規則32条に基づいて規制権限行使をしなかったのは著しく合理性を欠くとした．こうして，行政の政策執行上の不作為によって被害が拡大したことを認め，被告である国と熊本県にチッソに認められた損害賠償義務のうち4分の1の損害賠償責任を課した．国・熊本県とチッソは，「不真正連帯」の関係とされた．この場合の不真正連帯とは，原告の健康被害者に対して，被告である国・熊本県とチッソが同一の内容の損害賠償義務を負うが，それぞれは主観的共同関係になく，別個の原因で負担すること意味している．したがって，どちらかの被告に生じた事由は他の被告に影響を及ぼさない．

37)　1969年法律第90号(12. 15)．

38)　1973年法律第111号(10. 5)．

39)　永松(2007)45頁は，補償法とともに日本型PPPを具現化したとして，公害防止事業費事業者負担法が1971年に施行されていることに注目する．

40)　2004年法律第111号改正(6. 2)．

だものの，政府設定による認定基準は「患者切捨て政策」と批判されるほど厳しく，患者は態度を硬化させ，認定審査問題は水俣病賠償の本質的問題であり続けた．2012年2月段階で公健法によって認定された水俣病認定患者数は，熊本県と鹿児島県の合計で2273人であり，生存者数は熊本県だけで360人である．また，水俣病とは認定されないものの水俣病に見られる四肢末梢の感覚麻痺を有する人(医療手帳交付者)5092人，四肢末梢感覚麻痺以外の一定の神経症状を有する人(保健手帳交付者)は2万2872人に上る．チッソ，熊本県，政府はこれらの人々に補償あるいは療養費，療養手当などを支給することとなった[41]．

2　患者県債方式による緊急避難的措置

政府に課された最大の政策課題は，長期化，巨額化することが確実な賠償資金の調達をいかに制度的に担保し，被害者の迅速かつ適切な救済措置につなげるかにあった．政府にとって，これは初めての行政課題であった．なぜなら，「水俣病のように，原因企業の補償能力をはるかに超える環境汚染が生じた場合，被害補償をどのようにするかを定めた法律は，わが国には存在しない」[42]からであった．

チッソは1973年の熊本地裁判決(第一次訴訟)における敗訴[43]によって補償金支払いが急増し，日本興業銀行(現みずほフィナンシャルグループ)などの取引金融機関から元本返済猶予，金利免除および棚上げという金融支援を仰いだ[44]．その年の9月期決算では，早くも債務超過に陥った．その翌年1974年度の売上高は643億600万円，経常利益は3億800万円に対して補償金支払額は35億8600万円であり，当期利益は8億6800万円の赤字，未処理損失は155億3000万円に膨らんでいる[45]．この時点ですでに実質破綻企業であり，チッソ

41)　熊本県環境生活部ホームページ．

42)　永松(2007)4頁．

43)　1973年3月，患者1人に慰謝料1600万円から1800万円の損害賠償を認める原告勝訴の判決が出された．

44)　元本408億円の返済猶予に加え，そのうち272億円分の利子の10億円を免除，13億円を支払猶予という特別措置がとられた．これによって，関係金融機関はチッソへの長期新規融資を停止した．

単独で補償を行いえる能力がないことは，誰の目にも明らかであった．

政府は1978年，「水俣病対策について」を閣議了解し，金融支援を決定した．それによれば，ポイントは3つある．第一に，原因者が被害者補償を行うというPPPの思想に基づき，水俣病患者に対する補償金の支払いは原因企業であるチッソが行う．第二に，患者に対する補償金支払いに支障が生じないように，金融支援措置によってチッソの経営基盤の維持・強化を行う．第三に，あわせて，地域経済社会の安定に資するものにする[46]．この3点を持って，国自らが，公害被害者および被害地域を救済するには，原因企業を倒産させずに存続維持しなければならないと初めて宣言したのである．具体的な金融支援スキームとして，「患者県債方式」が導入された．「患者県債」とは，熊本県が発行して資金を調達してチッソに貸し付けるための債券で，その6割を政府が資金運用部資金によって引き受けるのである．実質的には破綻しているにもかかわらず，原因企業であるチッソを倒産させず，補償の前面に立たせ，政府はあくまで支援を行うというPPP思想を反映させた政策手法であった．

1967年に制定された公害対策基本法[47]の第22条がPPPの考え方を反映しており，これを受けて公害防止事業費事業者負担法[48]が制定された．また，前述した1974年制定の補償法の第52条，第62条において汚染負荷量賦課金についての規定，補償費用などに充てる費用を関連事業者から徴収する仕組みとなっている[49]．また，『環境白書』(1975年)，『中央公害審議会費用負担部会答申』(1976年)といった政府の公式文書においても，「事後的費用を含み，かつ道義的社会規範としての性格を有することが社会通念として取り入れられている」とされていることを考えれば，1970年代前半において，日本型PPPは社会政策として定着しつつあったといえる．したがって，政府が水俣病における金融支援決定の際に，PPPの思想を前面に押し出した政策判断は妥当，あるいは整合的ではあろう．

---

45)　「チッソ株式会社有価証券報告書」(1973，1974年度)．
46)　閣議了解「水俣病対策について」(1978. 6. 20)．
47)　1967年法律第132号(8. 3)．
48)　1970年法律133号(12. 25)．
49)　白石(1990)19頁．

また，すでに述べたように，司法は一部の判決で国の不作為責任を認めたが，あくまで原因者はチッソであることには変わりがなく，仮にチッソが倒産したとしても，国が全面的に補償債務を自らに移転して肩代わりする法的責任が生じるわけではないというのが，当時の通常の司法解釈であった．当の政府も関西訴訟において最後まで行政責任の有無に関して患者側と争い，国の法的責任を認めていない[50)]．これも，国が間接型金融支援方式を採用した理由である．

1978年の患者県債方式によって開始されたチッソ支援を，永松(2007)は政策目的，手法，その効果の観点から3期に分けている．第一期は，1978年から1993年までの16年間で，「患者補償の完遂」が金融支援措置の主たる政策目的とされていた．第二期は，1994年から1999年までの6年間で，補償金支払いに加えて「チッソの経営基盤強化」が緊急の政策目的となった．第三期は，抜本的金融支援措置が決定された2000年以降で，政策目的はさらにチッソの「公的債務の返済」に転換された[51)]．水俣病患者救済の緊急措置だった公的金融支援は，次第にチッソの経営支援に踏み込み，ついにはチッソの公的債務返済スキームまで政府が考えなければならなくなったのである．以下に，永松(2007)の考察を参考に，重要点を詳しく解説する．

第一期における患者県債方式のポイントは，2つある．第一は，県債発行額の算定方式である．発行額は，「チッソが支払うべき毎年度の補償金支払総額の資金不足額」とイコールである．資金不足額は，以下の算式で求められた．

資金不足額＝補償金支払総額－(経常利益＋金利棚上額－公的融資元利支払額)

ただし，括弧内がマイナスの場合はゼロとする．

チッソは熊本県から融資を受けた，患者に支払う補償金を返済しなければならない．それが「公的融資元利支払額」である．他方，「金利棚上額」は約13億円であり，関係金融機関への支払猶予分であるから，「経常利益」とともに支払可能額に加算された．つまり，経常利益＋金利棚上分＝チッソの補償金に

50)　国・県の規制権限の不行使を違法として国家賠償法第1条による責任を認めた関西訴訟大阪高裁判決に対して，国は，国家賠償法の解釈適用の誤りとして最高裁に上告した．

51)　永松(2007)57頁．

対する支払能力であり，そこから「公的融資元利支払額」を引いたものが「支払可能額」となる．「補償金支払総額」から「支払可能額」を引いたものが「資金不足額」となる．その「資金不足額」を，患者県債を発行する熊本県から借り入れる．これが，「資金不足分だけを補塡するスキーム」である．

また，括弧内がマイナスの場合はゼロとするというただし書きは，「モラルハザードを防ぐ意味合いを持つ．経常利益と金利棚上額が公的融資元利支払額を下回る，つまり公的債務の返済が困難になるような事態はあってはならないのであり，仮にそのような事態になっても国・熊本県そして関係金融機関は面倒を見ないという意味である．これは，チッソの経営再建の確実な履行を前提としている」とされる[52]．

だが，この算定方式では，チッソは収益のすべてを補償金支払いに充当しなければならない．内部留保にまわして研究開発や設備投資に充てるという余裕はまったくないということになる．そうであれば，企業として「経営再建の確実な履行」を果たしえる可能性は極めて低いといえよう．

実際，患者県債発行前後3年間の決算は，

	1977年	1978年	1979年
売上高	858億4300万円	865億8600万円	1224億6600万円
経常利益	▲16億3100万円	▲3億3000万円	1億7500万円
補償支払額	51億9300万円	68億2500万円	59億8200万円
熊本県の貸付額	──	33億5000万円	45億1100万円

となっている．経営再建の将来像を描きえる損益状態には，とてもない[53]．

第二のポイントは，患者県債発行が1981年度までとされたことである．当時はチッソのみならず熊本県に対して不作為を問う訴訟が起き，国もまた被告となる可能性が高まっていた時期であり，補償金支払額は長期に亘って増大することは必至であった．それにもかかわらず，政府はわずか3年間の時限措置としたのである．このことと，チッソに将来のための投資を許さない患者県債

52）永松(2007)59頁．

53）文中のチッソ資金支援に関わる補償支払額，熊本県からの貸付額，患者県債発行額，公的債務元利支払額などのデータはすべて，熊本県環境生活部環境政策課(2012)『「チッソ株式会社に対する金融支援措置」についての経緯〈資料編〉』(4月)による．

発行額の算定方式の特性を考え合わせれば，患者県債発行による貸付支援スキームは，チッソの自立，再建を目指したものではなく，政府が熊本県という融資経路をとりあえず確保して倒産を回避するという，「患者補償がどこまで膨れ上がるか先が見えない時期における，チッソの補償金支払が滞らないことを最優先課題とした，文字通り緊急避難的，応急的措置であった」[54]．実際，政府においても認識は同じであり，自治省の横田光雄財政局調整室長は，県債発行が「緊急避難的にやむをえないもの」と答弁している[55]．

研究開発や設備投資といった内部留保も十分に行わずに，補償金支払いと公的債務返済を可能にする利益を確保しなければならないという支援スキームの矛盾は，時を経ずして露呈した．経営基盤は劣化する一方であることがあらわになり，政府は，支援開始の4年後である1982年度には早くも，経常利益の2分の1を内部留保にまわしてもよいという弥縫策的な変更措置を施した．だが，この措置は焼け石に水であった．補償金支払額のピークは1978年であり，その後，1988年までは40億円代，1990年代に入って30億円代と漸減したものの，他方で，患者県債貸付金とヘドロ立替債[56]を合計した公的債務元利支払額が1986年には40億円を超えて増大していったのである．ついに，支援が開始されてから10年後の1987年には，公的債務元利支払額(48億9300万円)が患者補償支払額(41億9500万円)を上回ることになった．

バブル好景気に支えられ，チッソの経常利益は1988年に88億2800万円，1989年に72億7700万円となり，補償支払金と公的債務元利支払金の合計をついに上回った．だが，チッソ金融支援措置の当初条件を満たしたのは，後にも先にもこの2回だけであった．バブル経済の崩壊でチッソが苦境に陥った1992年，経常利益は15億3200万円に急減し，60億円を超えた公的債務元利支払いは絶望的となった．新たな金融支援措置がなければ，倒産の危機にも瀕しかねない状況であった．政府は，1978年以降の補償金支払総額679億9306万円から患者県債発行総額574億300万円を差し引いた約106億円を，熊本県

54) 永松(2007)60頁．
55) 衆議院環境委員会議事録(1984. 7. 31)．
56) 水俣湾公害防止事業負担金を調達するために発行された県債．

が新たな県債を発行することによって調達し，チッソに貸し付ける臨時特別金融支援措置を決定する．これによって，1978年以降，患者に支払われた補償金は，すべて県債方式による熊本県からの融資によって賄われることになった．つまり，「チッソが支払うべき補償金の不足分だけを補塡する」というチッソ支援スキームは，事実上破綻したのだった．

3　支援スキームの崩壊，政治決着による「抜本的支援措置」へ

チッソ支援第二期にあたるのは1994年度から1999年度までの6年間であり，倒産危機にさらされた「チッソの経営基盤の強化」が喫緊の政策課題となった．その間に，政府は大きく分けて3つの政策を打ち出した．第一に，1994年，チッソに設備投資資金を供給するために県債——患者県債に対して設備県債と呼ばれる——を，5年間に亘り100億円を発行することを決定した．設備県債の購入には国の資金運用部資金が充てられ，熊本県は「地域振興基金」を設立，そこを経由してチッソに間接供給することとした．新たな資金支援に際して，地域振興基金をわざわざ設立しなければならなかったのは，チッソ支援開始を決めた1978年の閣議了解に盛り込まれた「地域振興」の大儀を，「設備投資資金供給による経営基盤強化策」を覆う衣として必要としたからであった．

第二に，複数の裁判が長期化するのを受けて，1990年の東京地裁をはじめとして各裁判所から相次いで和解勧告が出された事態を重く見た村山連立政権が1995年，政治主導による「解決一時金の支払い」をはじめとする決着案を患者団体に示した．チッソは患者団体に解決一時金を支払うこととし，その原資に初めて国の一般会計予算が投入されることになった．貸付資金の85%が一般会計予算からの支出，残り15%を熊本県が県債を発行，資金運用部資金で全額引き受ける．チッソへの貸付けは，新たな基金「解決支援財団」を設立，そこを経由して行われた．設備県債と同様の間接支援手法である．貸付条件は，22年据置50年返済，利払いも猶予という異例の措置であった．チッソは1997年までに，5回に亘って総額317億円を借り入れている．ここで注目されるのは，大蔵省が固執した「資金運用部資金を活用した県債方式」という制度の枠組みが崩され，ついに一般会計予算の投入に追い込まれたことである．

第三に，1997年，熊本県が「水俣・芦北地域環境技術研究開発支援基金」

を設立，そこを通じて，チッソが設立した環境技術開発の子会社「株式会社水俣環境技術開発センター」に事業補助を行うことを決定した．このスキームは解決一時金同様，国の一般会計から20億円，資金運用部資金で100％引き受ける熊本県債で調達した10億円の合計30億円を同基金に出資，基本財産29億9000万円とチッソ子会社への資本出資金1000万円を賄うもので，チッソは別途4000万円を出資した．つまり，国はチッソの技術開発への補助にまで踏み込んだのである．付け加えれば，チッソ支援第二期にあたる6年間に，2回の公的債務の低利借換措置が行われている．

国はじわじわとチッソ支援の深みに踏み込んでいった．しかし，患者県債方式が3年の予定で開始されたことが象徴するように，打ち出される時々の政策は常に緊急避難的な「必要最低限の支援」であった，政府の政策は中長期的，総合的視点を欠き，原因企業チッソが独力で賠償問題を完遂できるようになると思われた場面は一度もなかった．結局は，公的金融支援を開始して22年後の2000年2月8日，政府は閣議了解によって，「抜本金融支援措置」を打ち出した．公的債務返済を事実上引き受ける事態に追い込まれたのだった．

当時2000年3月末には，患者への補償支払金は年間28億9500万円に低減していたが，経常利益は40億4100万円に過ぎなかった．他方，チッソに対する貸付金額は累計で1359億円に上り，チッソが償還すべき元利を合わせた公的債務は2568億4700万円で，すでに償還を果たした分を差し引いても残高は1611億4200万円であった．その1年前の1999年3月期において，貸借対照表は負債合計2891億円に対して見合うべき資産合計は918億2400万円，つまり，すでに差し引き2060億7800万円の債務超過に陥っていた．もはや，抜本的な公的資金投入が不可避であった．チッソに対しては，30億円を切って漸減傾向にある毎年の認定患者への補償金支払いに専念し，熊本県に対する公的債務の返済義務は残るものの，「ある時払い」方式が導入された．政府はついに一般会計からも財政資金を投入，同時に，政治決着における一時金支払貸付金の債権放棄まで行っている．抜本策の骨格は，以下の通りである[57]．

57）閣議了解「平成12年度以降におけるチッソ株式会社に対する支援措置について」(2000. 2. 8)．

1.「患者県債」の発行を2000年6月で停止する(これによって，チッソは熊本県に対する利子付借金(補償貸付金)を増大させずにすむことになる).
2. チッソは経常利益を毎年40億円確保することを前提として，患者に対して補償金支払いを行う．また，熊本県に対して「可能な範囲」で補償貸付金の返済を行う(いわば，「ある時払い」方式である).
3. チッソの補償貸付金返済額は熊本県の「患者県債」元利償還額である．したがって，チッソが補償貸付金返済額のうち自力で返済できない場合，その同額が元利償還額資金として不足することになる.
4. この不足分の80%は国の一般会計による補助金，残りの20%については特別県債の発行によって充当する．特別県債は全額，政府資金で引き受ける.
5. 関係金融機関の既往債権のうち，利子分約350億円を債権放棄し，残存債務も無利子化する(約13億円).
6. 一時金支払貸付金のうち，国庫補助金相当額85% 約270億円を返済免除する.

これらを骨格とする抜本策の全体の仕組みは極めて複雑であるので，ここでは細部の説明を省き，簡略化して示す．熊本県は2000年度であれば，期限を迎えた総額72億9650万円に上る県債を，大蔵省資金運用部と民間金融機関から償還しなければならなかった．チッソに対してこの公的債務返済の支払いを猶予するのだから，代替策を用意しなければならない．この償還期限を迎えた県債のうち大蔵省資金運用部が引き受けていた80% にあたる58億3710万円は国が一般会計から熊本県に対して補助する．民間金融機関が引き受けていた20% の14億5800万円については，熊本県が「特別な県債」を発行し，チッソに貸し付け，償還資金とする．「特別な県債」の引受けは政府であり，県の償還資金も政府が地方交付税で手当てするのである.

この優遇策によって，チッソがいかに返済負担を軽減されたか，永松(2007)の整理を借りて，数字で表しておく[58]．例えば，2004年度のチッソの返済可能額は10億5700万円となる一方，本来チッソが返済しなければならない公的

58)　永松(2007)88頁.

債務は93億2400万円であり，不足分の82億6700万円が多様な手法の組み合わせによって国の負担となったのであった．また，除本(2007)によれば，2001年度末の熊本水俣病事件における環境コスト総額は2493億4600万円であり，うちチッソは542億1600万円，国が628億8500万円．これ以外に，各種県債の利子が1200億円で，7割をチッソが負担している[59)]．

チッソは，毎年の経常利益で患者への補償金支払いを賄える目処がついたことによって，これに専念することにし，他方，県債方式を停止すれば，公的債務はそれ以上増えない．それをチッソの代わりに国が熊本県に返済する．チッソは債務免除をされるわけではないが，「ある時払い」という事実上の棚上げを行う――最後の最後まで，PPPの形式だけは確保することによって，国は法形式上の責任を回避しつつ，実質的に責任を引き受けるというチッソ金融支援措置における二面性が維持されたのだった．

第3節　なぜ行政は「間接型支援方式」を志向するのか

1　現行制度の維持と間接関与への固執

チッソに対する金融支援措置の政策評価を行う場合，水俣病に関する先行研究者たちや患者団体などから呈されてきた，そもそも，なぜ社会的な事件を起こした加害企業を公的資金で救済しなければならないのか[60)]という根源的な疑問に答えなくてはならない．その素朴な問いは，第一に，自らの体力で賄いきれない損失を生じさせた企業は市場から退出することが原則である，という資本主義経済の規律を重視する観点，第二に，多くの生命を失わせた犯罪企業は消滅してしかるべきであるという道義的責任追及あるいは感情的反発が加わって，発せられたものだった．

これに対し，政府はPPPを貫徹する立場に立った．政府にしてみれば，公的金融支援は，原因企業であることの責任を軽減する救済策ではなく，「倒産

59)　除本(2007)57頁．
60)　宮本憲一(1987)138頁．

による安易な社会的責任の放棄は許さず，何年かかろうと原因企業に償わせる「参加の強制」の一手法」[61]の側面が強かった．まさしく，賠償問題をはじめとする事後的外部不経済の内部化の徹底や，OECDが対日環境政策レビューにおいて，「汚染者処罰の原則」と評した懲罰的意味合いを強く含む日本型PPPの特質がよく現れている政策といえる[62]．それは，本過酷事故に端を発した賠償問題と東京電力存続の可否，経営形態を巡る世論，政府対応においても共通しており，厳しい合理化や経営陣の総入れ替え要求といった日本型PPPの著しい特徴が見られたが，その分析は第II部と第III部で改めて行う．

他方，水俣病においては，特に被害の拡大に関して原因企業のチッソとともに行政の責任がさまざま問われてきた．その責任を重く見る立場の者からは，チッソの存続維持を図った上に，それを県債方式という間接的支援によって遂行した行政，とりわけ政府に対して，「チッソは国と県の防波堤．チッソが存続することにより，国と県が表面に立たずにすんできた」[63]，「国としての責任を認めたくないために「県債方式」で熊本県に押しつけてきた」[64]，「国が責任を回避しつつ，実質的に責任を引き受ける」[65]といった指摘，批判が絶えなかった．

それでは，なぜ国は直接チッソを支援しないのであろうか．その制度的根拠を，永松(2007)が熊本県環境生活部および公害部の作成資料からまとめて4項目に整理している[66]．なお，この4項目の妥当性を筆者が財務省幹部に聞き取り調査[67]を行い，確認が取れたので以下に記す．

1．資金運用部資金の運用については，資金運用部資金法7条で国・地方公

61）　永松(2007)173頁．

62）　OECD(2002)は，日本型PPPを「単に汚染者が有罪であり，したがって処罰されなければならないという意味しか持っていない．要するに，この原則は「汚染者処罰の原則(punish polluters principle)」として理解されているのである」と評した．原因企業に対して処罰的だが，さまざまな補助を行う日本型PPPは，外部不経済を徹底的に内部化して環境保護と公正競争の両立を目指すという経済原則としてあるべきPPPから逸脱しているという指摘であろう．

63）　田中啓介(1994)24頁．

64）　宇井純(2000)808頁．

65）　酒巻・花田(2004)309頁．

66）　永松(2007)53～56頁．

67）　財務省幹部聞き取り調査(2012. 10. 11)．

共団体に対する貸付けに限定されていることから，チッソへの直接貸付けはできない．

2. 国の一般会計からの貸付けについては，一般的に個別の法律によって行われている．また，貸付先はすべて公法人であり，民間企業への直接貸出しの例はない．
3. 財政投融資機関からの融資については，現行法で産業開発や経済社会の発展に寄与するものへの融資を業務としており，補償金支払いのための融資はその範囲にない．
4. 国の債務保証による貸付けについては，国や地方公共団体が民間企業の債務保証を原則として禁止されていることから困難である．

つまり現行制度(当時)においては，資金運用部資金，一般会計，財政投融資資金，政府債務保証という，国の4つの財政ポケットすべてが，民間企業に対する融資など直接的補償には使えない，という結論が政府見解とされたのである．

他方，熊本県が県債方式によってチッソに直接融資を行うことができる根拠についての永松(2007)の整理は，以下の2項目である(上記と同様，財務省幹部に確認した)．

1. 地方財政法5条では，出資あるいは貸出しを行う場合，その目的と相手方への規定はない．
2. 地方債を貸付金原資とする場合，貸付金返済の将来見通しが立っていることが必要であるが，今回の貸付け(そのもの)は，将来の返済を可能ならしめる措置である．また，万一，チッソが返済できない事態となっても，国が十分な措置をとる配慮がなされる，とされている．

患者救済において，日本型PPPの貫徹を掲げて原因企業チッソを市場に「強制参加」させたものの，チッソに単独で事後的費用を賄うだけの体力がないことは明白であり，公的金融支援は避けられぬ道であった．だが，その必然としての政策において，上に述べたように政府のチッソに対する直接支援は制度的に困難であった．その難局を打開するために県債方式を採用，国からの資金借用者はあくまで熊本県であり，チッソではないとすることで，安全・的確な運用を義務付けられている資金運用部資金を充当する正当性を確保した．その一方で，熊本県がチッソに直接融資する論理も巧みに構成された．その結果，政府がチッソに認定患者の保証金支払資金を融資するスキームが，当時の現行法制度の枠内で整えられたのだった．

ただし，政府は患者救済という人道的な社会的課題を解決するという使命感から，現行制度の不備を県債方式という創意工夫を持って，積極的に克服しようとしたのではあるまい．そこには，現行制度を盾にして，国の関与を可能な限り限定的なものにしようとする動機が強く働いているように見える．ここで，第2章で詳しく解説した原賠法立法時に，原子力損害賠償における原子力事業者の責任を制限して国家賠償を行う原案を拒否，国家関与を弱める条文づくりに成功した財務省の論理を再掲する．

1. 原子力事業の健全な発達に資するために，国が原子力事業者に対して助成・援助措置を講じることはできる．だが，被害者の保護を国が直接責任を負う形で図ることはできない．
2. なぜなら，国策を遂行する原子力事業者といえども私企業である．日本の財政支出の考え方として，第三者たる私企業の被害者に対して直接損害賠償責任を国が負って支払う前例は，明治以来ない．法理論としても許されない．
3. このような前例をつくることは他の産業被害にも波及し，国の財政負担は膨大なものになる恐れがある．
4. したがって，この法体系を通じて，被害者の保護を図るということは目的に入れるべきではない．
5. 国は原子力事業者に対して損害賠償が経営を破綻させることなく行われるように資金面で援助する．
6. その資金援助の過程を通じて，事業者が被害者に賠償支払いできるようにすればいい．

県債方式に関する政府見解と原賠法に関する大蔵省の主張を読み比べると，ともに法的責任回避と実質責任遂行の二面性が貫かれており，行政の政策発想は不変である，との1つの証左であろう．

2　事件被害者と「公共利益の特別犠牲者」

さて，チッソの存続と県債方式に隠れるような国の半身の姿勢を批判する者たちの主張を突き詰めていけば，国が患者救済の前面に立ち，大量の公的資金の一挙的投入をもって解決を図るべきだ，という結論になるであろう．だが，上に展開されたような大蔵省の論理を見れば明白なように，私企業の賠償問題を国が肩代わりする意思は，国にまったくないのである．それどころか，国家関与を限りなく抑制する動機付けが強く働く．その理由は，「前例をつくることは他の産業被害にも波及し，国の財政負担は膨大なものになる恐れがある」からである．

水俣病の先行研究は膨大なものがあり，少なからぬ研究者たちが原因企業チッソと行政(国と県)，関係金融機関ひいては化学業界，アカデミズムの責任を多角的かつ精緻に分析している．また，金融支援措置における行政の責任に関しては，政府が絶対維持を唱え続けたPPPの変容に則して考察したものもある．例えば，除本(2007)は金融支援措置の拡大，多様化，複雑化をPPPの拡大過程として捉え，国も拡大された原因者の1人となった，と解釈する．それに対し，永松(2007)は，金融支援措置は時を経てPPPを逸脱したのであり，国に拡大された原因者としての自覚はない，という立場に立つ[68)]．

しかしながら，いずれの研究においても，国家の公的資金はいかに使われるべきか，という観点からアプローチしたものはほとんどない．これについて，2つの問題意識を述べておきたい．第一に，一般会計予算であろうが政府保証であろうが国家の公的資金とはいうまでもなくすべて税収が源であり，国民全体の利益になるように，国会の決議を経て，公平，公正，平等に使われなければならない．それが財政民主主義の原則であり，規律である．一部特定のものだけが利益を享受するような使われ方は，政策として適切ではない[69)]．それでは，産業公害による患者や原子力損害被害者という一部特定の人々を直接・間接の国家賠償あるいは支援によって救済することが，法的になぜ認められる

---

68)　除本(2007)87～92頁，永松(2007)100～101頁．

69)　浜田(1977)90頁は，公害の損害賠償責任に関わる法制システムの条件の1つに，「不幸にも生じてしまった損害を社会の成員に及ぼす負担がいちばん少ないような形で配分しなければならない(第二次費用の節減)」を挙げている．

のであろうか.

行政法においては,「国家賠償」と「損失補償」という2つの行政救済制度が存在する.「国家賠償制度」は,国家,公共団体の行為・施設に瑕疵のある場合に,私人の側に生じた財産的損害の補塡であり,それに対して,国家の行為自体は適法だが,それによって私人の側に生じた特別の損失をそのまま放置しておいたのでは,公平負担の理念に違反することとなるので,これを補償しようとするのが,「損失補償制度」である[70].「損失補償制度」をさらに説明すれば,適法な公権力の行使によって財産上の特別の犠牲が発生した場合に行われる「財産的補償」である[71].いわば,「公共利益のための特別犠牲者」の救済であり,例えば,都市計画のための私有地の収用などが該当する[72].この財産権を産業公害や原子力事故によって脅かされる生命・健康だと類推し,置き換えることも可能である,という判例がある.この判例をもって,産業公害による患者あるいは原子力損害被害者は,「公共利益のための特別犠牲者」だとする先行研究がある[73].この論理は国民の大多数に受け入れられるものであろうか.

---

70)　塩野宏(2013)356頁.

71)　田中二郎(1974)211頁.

72)　日本国憲法第29条第1項は,「財産権は,これを侵してはならない」と定め,同3項では,「私有財産は,正当な補償の下に,これを公共のために用ひることができる」と定め,損失補償の根拠を作っている.

73)　卯辰(2012)207~208頁は,「勧奨予防接種事故(不法行為)につき,被害者らは伝染病の蔓延予防という公共の利益の「特別の犠牲」になっており,受益者である国民全体(国)が,憲法29条3項の類推適用(財産権に関する同条項を生命・健康に類推)または同条の直接適用(同条項は生命・健康を含むという見解)により,「損失補償」を与えるべきである」とした判決がある(東京地裁1984. 5. 18判決〔類推〕,福岡地裁1989. 4. 18判決〔適用〕).ただし,東京地裁判決の控訴審判決は,生命身体はいかに補償を伴っても公共の利益のために用いることはできないとして,損失補償に関する部分を否定し,国の過失による国家賠償責任を肯定した(東京高裁1992. 12. 18判決)」と述べた上で,「控訴裁判決では否定されているとはいえ,損失補償に関する考え方を原子力損害にも類推し,法律で明確に規定することも考えられる.……発電原価が低いといわれてきた原子力発電電力を使用し便益を教授してきた者(受益者たる国民全体,すなわち,それを代表する国)が,「公共利益の特別犠牲者」に対して損失補償を与えるというものである」とする.

この見方に対して,ある政策担当者は筆者のインタビューに答え,「原子力損害の被害者に対して国が支援する根拠を「公共利益の特別犠牲者」に対する損失補償とするには,国の原発推進政策と原子力損害の発生との因果関係が弱い」という見解を示した.

第二に，税収の再配分機能を実質的に担う財政当局が，チッソ金融支援の軌跡に繰り返し見られたように，なぜ現行制度の秩序維持に固執し，変容する支援策の論理整合性のつじつまあわせをしてまで財政規律の維持を主張するのだろうか.「前例をつくることは他の産業被害にも波及し，国の財政負担は膨大なものになる恐れがある」と公言するのはなぜなのか．その行政の組織的行動原理の有り様と形成過程を分析し，過去の賠償問題と重ね合わせて歴史的視点からも論考を行う必要があろう．例えば，戦後直後に開始された広島・長崎に投下された原爆被害者に対する医療事業をはじめとする救済策[74]においても，国は厳しい制限をもって被害者を切り捨てたという批判を浴び続けた．また，東京大空襲[75]の被害者による訴訟[76]においては，被告の国は国家賠償責任をかたくなに否定している．戦争の惨劇という国民にとっては避けようがなく，国家責任については産業公害や原子力損害と比べることもできないほど明白と見られるケースにおいてすら，政府は直接的な賠償責任を認めず，国は財政支出を可能な限り抑えようとするのである．

---

74)　原子爆弾の被爆者に対する補償などを定めた法律は，「原子爆弾被害者に対する援護に関する法律(1994)」が施行され，それに伴い「原子爆弾被害者の医療等に関する法律(1957)」，「原子爆弾被爆者に対する特別措置に関する法律(1968)」が廃止された．

75)　1945年3月10日，来襲したアメリカのB29爆撃機325機により33万発の焼夷弾が，東京深川，本所，浅草を中心とする下町の住宅密集地28.5 km^{2}に集中投下され，わずか2時間半で犠牲者は10万人を超え，被災者約100万人，焼失家屋約27万戸の被害を与えた無差別絨毯爆撃をいう．

76)　東京大空襲訴訟東京地裁判決(2009. 2. 14)は，原告の国に対する謝罪と総額12億3200万円の損害賠償の請求を棄却した．

判決文によれば，原告は，「①東京大空襲は国際法に違反するものであったから，東京大空襲により死傷の被害を受けた者またはその遺族は，アメリカ合衆国に対して損害賠償を請求することができたにもかかわらず，被告が，サン・フランシスコ平和条約締結の際に，上記損害賠償請求権を放棄したことは外交保護義務に違反し，また，②被告が東京大空襲の被害者を何ら救済せず放置したことは，立法上の救済義務，行政上の作為義務，条理上の作為義務にそれぞれ違反するところ，これらの作為または不作為は，国家賠償法の違法な公権力行使に当たる」と主張した．

『朝日新聞』(2009. 2. 15)によれば，国は①に対しては，原告らが主張の根拠とした「ハーグ陸戦条約適用によるアメリカ合衆国に対する損害賠償請求権」について，第二次世界大戦にはハーグ陸戦条約は適用されないし，されたとしても個人に対する損害賠償請求権は認められていないと反論，判決はそれを受け入れ，原告の主張を失当とした．②についても，原告らの請求それ自体または主張自体失当であるから，認否の対象となる要証事実は確認できないとして，「釈明の要を認めない」という姿勢をとった．

財務相経験者であり，財政再建論者の代表格でもあり，行政とりわけ財政当局の行動原理を知り尽くしている与謝野馨は，財務省がいかなる案件においても，財政支出に通じる可能性を封じる理由として，次の2点を挙げている[77].

第一に，新たな財政支出のため，その資金調達手段である増税あるいは新税の実現が極めて難しいと身に染みて知っていること．いわば，経済産業省は産業振興のための減税を志向する役所であり，財務省は常に増税を考えなければならない立場に立たされている．おのずと，行動原理は異なったものになる．

第二に，国の統治機構の中で唯一財政規律を維持する立場にあって，財政を緊縮的に扱うことが権力の源泉であることを知っていること．予算の手綱を緩めた途端に永田町，霞ヶ関のなかでの権威は低下する．税の争奪戦の主導権を握ることにレーゾンデートルがあることを，十分わきまえている．

例えば，原子力損害において5兆円の損害賠償資金が必要とされ，原子力事業者の責任が合理的理由で免責されたとすれば，国の財政からの歳出となる．歳出は歳入の裏付けがなければならない．歳入はつまるところ，国民の税負担である．5兆円はおよそ消費税の2% 分にあたる．時限措置だとしても，5兆円を確保すべき新増税立法を国民が認めるであろうか．もし増税措置をとらなければ，本来は5兆円の公共サービスを享受するはずであった国民の利益が失われることになる．つまり，被害者と被害者以外の国民──それぞれは認識していないが──との5兆円の税の争奪戦となるのである．

こうした潜在的な税の使途を巡る対立問題と増税の困難さを知り尽くしている財政当局はいずれのケースにおいても例外なく悲観論に傾き，損害賠償問題の出発点に立ち返って，その国家の責任を否定するか，関与を限りなく限定しようとする．その発想は組織防衛的色彩を拭えないとしても，財政民主主義の観点からみても妥当であると言えよう．問題の根幹は税の配分にある．問われているのは政府の姿勢に加えて，特定の人々に対する支援を公共の利益と認めるか否か，社会の有り様あるいは国民全体の意思である．

77)　筆者によるインタビューに対する回答(2011. 7. 10).

原子力損害賠償支援の政策学

第 4 章

東京電力
破綻回避の真実

第1節　本過酷事故はなぜ「5つの複合問題の解決策」を欲したか

1　求められた「5つの複合問題の解決策」

災害研究においては15年ほど前から，アメリカを中心に「Natech Disaster」という概念が注目されている[1)]．「Na(自然)」災害によって「Tech(技術)」災害が引き起こされるという概念であり，本過酷事故はその典型的事例であった．東日本大震災とその直後の巨大津波という2つの自然災害が原子力発電所の損壊による放射性物質の大量拡散事故という技術災害を引き起こしたのである．Natech Disasterは，被災のありようを広域化し，輻湊化し，深刻なものとし，事態の収拾を複雑化し，長期化し，国家レベルで巨大な資金を要する困難なものとする．原子力の専門家の間では，「ひとたび原子力事故が発生したときは，それによって生ずる原子力損害の規模・結果は，予想を超えて巨大化することが想定」[2)]されてきた．過酷事故発生によって社会が大混乱に陥る――そのありうべからざる事態が，現実のものとなったのであった．

政府が支援機構スキームを損害賠償スキームとして決定したのは，大震災から2か月を経過した5月13日，原子力発電所事故経済被害対応チーム関係閣僚会合決定においてであった[3)]．この時点で，死者・行方不明者は2万5000

---

1)　ニール(2011)．
2)　谷川久(2005)．
3)　「東京電力福島原子力発電事故に係る原子力損害の賠償に関する政府の支援の枠組みについて」を決定．内容については第II部第5章第3節参照．

人を超えていた．被災地では捜索活動が依然難航し，全国18都道府県で約13万人が避難生活を強いられていた．仮設住宅の建設は急ピッチで進んでいたが，用地確保は難航していた．福島第一原子力発電所の損壊した原子炉から拡散する放射性物質の歯止め策は見当たらず，生命の安全をめぐって社会不安が増し，諸外国政府は自国民に国外退去を促すなど安全確保に必死となった．他方で，風評被害が広がり始め，経済的損失の拡大は必至となった．また，事故のわずか3日後には，東京電力が電力供給不足に陥り，首都圏で計画停電が始まり，国民の日常生活，企業の生産活動は大きく制約されていた．日本は戦後初めて，深刻な電力危機に見舞われたのだった．人々は事故原因企業である東京電力に，極めて厳しい視線を向けていた．

東京電力は日本有数の巨大企業である．2010年3月末時点の売上高は5兆162億円，最終利益1337億円，従業員数3万8227人，契約件数2862万件，株主数は79万人に上る．株式の36%を金融機関が占め，外国人持ち株比率も17%に達していた．総資産は13兆2039億円(純資産2兆5164億円)，株主資本を2兆5190億円(資本金6764億円)まで積み上げた．有利子負債は7兆5239億円を抱えていたが，信用力の高い社債で5兆1698億円[4)]を調達していた．この巨大企業が，突然経営難に陥った．本過酷事故の発生により，原子力発電所が損壊，原子炉の安定をはじめとする事故収束工程に膨大な費用が必要とされ，加えて，火力発電依存度の増大によるコストアップ，さらには広範囲かつ長期に亘る損害賠償——これらの巨額の資金負担を背負う東京電力は，債務超過転落が疑われ始め，信用力はマーケットで急速に低下した．

本過酷事故発生から1週間後の3月18日，米格付け会社のムーディーズ・インベスターズ・サービスは東京電力の長期格付けをA1から2段階，31日にはさらに3段階引き下げて，Baa1とした．3月31日，米格付け会社のスタンド・アンド・プアーズ社も，AA－からBBB＋に4段階社債格付けを引き下げた．3月最終週，東京電力債の信用リスクを取引であるクレジット・デフォルト・スワップ(CDS)のスプレッド(上乗せ利幅)は，40ベーシスポイントで低位安定を誇っていた震災前から450ベーシスポイント近くまで，急上昇してい

4) 「東京電力株式会社有価証券報告書」(2009年度)．

た．4月半ば頃には，東京電力債の国債金利に対する上乗せ幅は4% 近くまで広がり，もはや投機的格付け債券と同様の取扱いになった．影響は他の電力会社にも広がり，関西電力は4月25日の約800億円の社債償還には長期借り入れで対応した．九州電力と中国電力は社債発行を中止した．社債発行を見合わせる動きは他業界にも広がり，社債市場は機能不全に陥っていた．東京電力の株価は震災前の2000円超から大幅に下落，4月5日には83% 低下し，1952年以来59年ぶりに上場来最安値を更新，ストップ安で362円となった．

資金繰りの先行きに危惧を抱いた東京電力は，3月18日に早くも金融機関におよそ2兆円の緊急融資を要請した．その1週間後の3月25日，全国銀行協会会長であり東京電力のメインバンクでもある三井住友銀行頭取の奥正之は，経済産業省事務次官の松永和夫を訪ねた．東京電力の財務状態の先行きを懸念し，政府の対処方針を確かめるためであった．その6日後の3月31日には，メインバンクの三井住友銀行6000億円をはじめとして8金融機関合計1兆9000億円の緊急融資，しかも無担保の融資が実行された．このときの事情を三井住友銀行首脳は，「東京電力は債務超過に転落，また，資金繰りも行き詰る可能性が高く，通常の審査基準では融資できない状態にあった．それにもかかわらず融資を機関決定できたのは，メインバンクとしての社会的使命に加え，松永事務次官から，「融資には事実上の政府保証がついていると考えてもらっていい」と受け取れるような言葉があったからだ」と説明した[5]．

その緊急融資から2か月近くが経過した5月20日，東京電力は2011年3月末の連結決算を発表した．売上高は5兆3685億円で7% 増加したものの，福島第一原子力発電所の原子炉冷却，安定化や廃炉費用など合計1兆204億円を特別損失として計上，繰り延べ税金資産も取り崩したため，最終損益は1兆2473億円の赤字に転落した．この巨額の赤字によって，株主資本は前期の2兆5190億円から1兆6303億円まで減少，純資産も2兆5164億円から1兆6024億円に急減した[6]．新年度の2011年度は，社債の償還と借入金の返済に7500億円，福島第一原子力発電所等の復旧費用や火力発電等の燃料費を合わ

5)　筆者によるインタビューに対する三井住友銀行首脳の回答(2011. 4. 20)．
6)　「東京電力株式会社有価証券報告書」(2011年度)．

せ，新たに総額2兆円の資金が必要と見られた．また，3〜5兆円に上ると見られた損害賠償費用の計上の仕方次第では，2012年9月中間決算あるいは2013年3月本決算において，マーケットが懸念する債務超過転落の可能性が高まった．

このように，本過酷事故はさまざまな社会的混乱を引き起こした．政府は損害賠償制度の構築を迫られる一方で，これらの社会的混乱を収拾し，破局的事態を回避する有用な危機管理策を打ち出さねばならなかった．政策担当者たちは，互いに影響しあう5つの複合問題が発生した，と認識していた．第一に，被害の発生が甚大かつ広域，長期間に及び，被害総額は3〜5兆円規模と予想された．その巨額の損害賠償を完遂するまで支払い原資を確保する持続可能なスキームを考え出さねばならなかった．第二に，福島第一原子力発電所原子炉の事故収束，安定化を急ぎ，放射性物質の飛散を食い止めねばならなかった．第三に，東京電力の計画停電続行を回避して，安定した電力供給体制を取り戻さなければならなかった．第四に，電力債の信用を回復し，社債市場の安定化を図り，電力会社のみならず産業界の資金調達を正常化しなければならなかった．第五に，東京電力に巨額の融資を行っている金融機関の損失発生を回避し，金融システムの安定を維持しなければならなかった．三井住友銀行首脳が述べたように，3月31日の金融機関による緊急融資の背景に，非公式な政府の強い要請があったことを，政策担当者たちは損害賠償スキーム構築の前提としなければならなかったからである．この経緯とともに，将来に亘って東京電力の資金繰りが厳しく金融機関の支援維持が必須であるのは明らかであった．こうした事情が制約となった支援機構スキームは，「金融機関の損失回避を前提としている」という強い批判を長きに亘って浴びることになる．

このように，損害賠償スキームと呼ばれたものは，損害賠償のためだけに有用なスキームであってはならず，東京電力に関わるこれら5つの複合問題を同時整合的に解決する機能を組み込んだ危機管理政策でなければならなかった．

2　相反する2つの制約条件

5つの複合問題の解決策を生み出すために必要不可欠な前提条件は，東京電力の債務超過を回避し，企業として存続維持し，事業を継続させることにあると，政策担当者たちは当初から考えていた．仮に，東京電力に対して会社更生法などの法的整理を行えば，5つの複合問題は解決するどころかさらに悪化し社会が破局的事態に至りかねない，と判断したのである．その判断の根拠は，第5章で詳しく検証する．ここで重要なのは，政府が東京電力存続維持を基本方針とすることが公的資金の投入につながるということである，政府は本過酷事故を引き起こした原因企業をなぜ救済するのか，という国民の疑問あるいは批判に答えなければならない立場に立つことになる．水俣病の原因企業であるチッソに対して政府が公的資金支援による存続維持を決定した際に同様の批判が起こったことは，第I部第3章で詳しく述べたが，まったく同じ構図が再現されたのであった．

他方で，東京電力の存続維持の具体的手法を見出すことも，極めて難しい問題であった．資金援助が必須であるのは自明であったが，東京電力は収益の悪化と巨額損失の計上によって資金繰りに逼迫すると同時に，実質債務超過に陥る可能性が高い状態にあり，したがって，資金繰り支援と資本増強の両面の援助措置が必要であった．しかも，東京電力の財務的苦境は，長期に亘ってさらに悪化するのは明白であったから，将来いかなる財務状況に陥った場合においても債務超過を確実に回避することができるスキームを考え出さねばならなかった．言い換えれば，決算期ごとに発生する損失を，そのつど相殺して財務を毀損しない資金援助の仕組みを必要とする，ということだった．

政策担当者に求められたのは，両義的なスキームの設計であった．東京電力の加害者としての責任を追及する世論は極めて厳しいものであり，東京電力の存続維持が東京電力の救済と受け取られるスキームでは，世論は容認しないであろうことが予想された．救済色をいかに薄めるかは，世論に敏感な民主党政権からの重要な要請でもあった．したがって，損害賠償スキームは，5つの複合問題を同時に解決する実効性の高い危機管理政策であることに加えて，それが事故原因者である東京電力に加え，債権者などの関係者に対しても厳しく責任を追及する仕組みが組み込まれたものでなければならなかった．

そうしたいかなる状況でも債務超過を回避でき，それでいて救済色を消して厳しい責任追及を行うという，相反する2つの制約条件を満たすスキームの設計の中核的役割を担うことになったのは，資源エネルギー庁電力・ガス事業部電力市場整備課長(当時)の山下隆一であった．電力市場整備課が，資源エネルギー庁の電力・ガス事業部内にあって，電力会社と電力市場を所管していたからである．その山下には，産業再生機構への出向経験があった．

産業再生機構は2003年4月16日に設立され，4年後の2007年6月5日に清算された．株式会社であるが，株式の過半数は政府(実際には，預金保険機構)が保有する公的機関であった．日本は当時，1990年代後半から続いていた不良債権処理問題の最終段階に差し掛かっていたが，有用な経営資源を有しながら過大な債務を抱えた企業群に対して，金融機関は債権回収を図ることもできず，かといって再建を図る能力と意欲も欠いており，膠着状態を突破することができず，経済低迷と信用秩序の不安定さの要因となっていた．こうした状況の中で，産業再生機構は企業再生支援を目的として設立され，そのために債権の買取り，資金の貸付け，債務保証，出資などの機能を有していた．産業再生機構はこれらの資金援助機能を駆使する一方，金融機関に一部債務の免除などを協力要請し，さらには経営内部に立ち入って不採算事業を整理するなどの事業再構築を経て，新しい再建スポンサーに売却する，といった再生手法をとった．産業再生機構が再生支援を決定した企業は，代表的なケースであるカネボウ，ダイエーほか41社に上る．

産業再生機構には，弁護士，公認会計士，アナリスト，コンサルタントなどが民間から集められたが，企業再生を遂行できる能力を持った官僚たちもまた各省庁から送り込まれていた．その1人が山下であった．産業再生機構設立準備室の参事官補佐として参加し，2003年から2004年にかけてディレクターを務めた．実は，支援機構スキームの設計と実践には，山下以外にも産業再生機構において企業再生実務を身に付けた者たちが，少なからず関わっている．例えば，山下の後任として経済産業省から派遣され，産業再生機構が解散する2007年までディレクターであった成田達治は，発足時から支援機構に転じ，法律家や公認会計士などの実務家を取りまとめるプロジェクト・マネジメントを担った．民間から産業再生機構に弁護士として参加した大西正一郎は，東京電力の資産査定を行う第三者委員会のメンバーとなった．

他方，支援機構スキームには公的資金による援助が必須であり，財政当局の関与と判断は極めて重要であった．財務省の主要メンバーは，主計局次長の中原広，主計官の鑓水洋，神田眞人，参事官の高橋康文らであった．第III部第7章で詳しく述べるが，支援機構スキームは預金保険制度の運営主体である預金保険機構がモデルの1つとなっている．中原は金融システム危機当時に金融庁に在籍し，破綻処理に辣腕を振るった経験から，預金保険制度を知り尽くしている．高橋は預金保険機構への出向経験があり，また，3年半もの間内閣法制局に勤務した法律の専門家であった．高橋は支援機構スキームを支援機構法に成文化する作業を取り仕切ることになる．

東京電力の存続維持には，公的資金援助と同時に民間金融機関の融資継続も不可欠であった．だが，前述したように，三井住友銀行は東京電力のメインバンクであると同時に全国銀行協会会長行として，事実上の政府要請である緊急融資に応じたものの，東京電力に対する政府方針を摑み切れず，不安を消せないでいた．三井住友銀行専務の車谷暢昭が善後策の相談に訪れたのは，金融庁審議官の森信親であった．そのとき，森が車谷に紹介したのが山下である．森は内閣府産業再生機構設立準備室に参事官として参加し，山下の上司となり，その後も信頼関係を築いていたのだった．

ちなみに，森は1980年代前半の旧大蔵省主計局主査時代，チッソに対する公的金融支援に関わり，「熊本県の患者県債方式」[7)]を熟知していた．患者県債方式は，熊本県が賠償資金に使途を限定とした県債を発行し，それを国が購入することで熊本県が資金を調達し，チッソに貸し出すという，いわば間接支援の仕組みを採った．支援機構スキームも政府による東京電力への間接支援であり，患者県債方式もモデルの1つになっているのである．このように再生実務に詳しい者たちと，預金保険制度あるいはチッソ金融支援といった過去の政策スキルを蓄積した者たちそれぞれが，個人的信頼関係を生かしながら，支援機構スキームを組み立てる際の大きな役割を担ったのであった．

このように省庁の壁を越えて東京電力問題に参集した行政官たちが支援機構スキームの原型を固める一方で，支援機構法として立法化される過程において政策決定の中心を担った公式組織は，「原子力発電所事故による経済被害対応室」(以下，経済被害対応室)であった．ここには，経済産業省，資源エネルギー

---

7)　第I部第3章参照.

庁，文部科学省，財務省などから約40人が派遣された．

第2節　損害賠償責任は誰にあるのか

損害賠償スキームを構築するために最初に必要なことは，損害賠償責任がいったい誰にあるのか，所在を確定することである．そのために重要となる原賠法の条文は，原子力事業者の責任について規定した第3条，第4条，国の関与について定めた第16条，第17条である．また，第3条には本則の他，ただし書きとして原子力事業者の免責事項が挿入されている．それぞれについて，第I部第1章で詳しく述べたが，以下に要点を改めてまとめた上で論考を進める．

民法において，損害賠償請求が行われるケースは，2つに大別される．1つは，民法第415条による債務不履行に基づく損害賠償請求であり，もう1つは，民法第709条による不法行為に基づく損害賠償請求である．原賠法における損害賠償は，後者の民法第709条の不法行為に基づく損害賠償に該当すると考えられている．事故原因者である原子力事業者によって，被害者に対して不法行為がなされたと見なすからである．

ただし，原賠法の特徴の1つは，原子力事業者の損害賠償責任を民法における一般の不法行為に対する責任とは区別し，特例として，第3条で「無過失責任」を認め，かつその免責事由を極めて限定的なものとしていることにある．つまり，加害者に「故意または過失」がなく，また，被害者にとって「故意または過失」の立証が困難であっても，原子力事業者に損害賠償責任が発生し，被害者は賠償支払いを受けることができる．

「無過失責任」

第3条　原子炉の運転等の際，当該原子炉の運転等により原子力損害を与えたときは，当該原子炉の運転等に係る原子力事業者がその損害を賠償する責めに任ずる．ただし，その損害が異常に巨大な天災地変又は社会的動乱によつて生じたものであるときは，この限りでない．

次に，原子力損害の原因が原子力事業者にではなく，納入業者等の関係者に帰するものであったとしても，原子力事業者に損害賠償責任は一元化される．これを，「責任の集中」という．さらに，日本では原子力事業者に責任制限を定めていないため，原子力損害賠償においては原子力事業者が「無限責任」を負う．したがって，原子力事業者には，無過失責任，責任集中，無限責任の3点からなる極めて厳格な責任が課されていることになる．

「責任の集中」

第4条　前条の場合においては，同条の規定により損害を賠償する責めに任ずべき原子力事業者以外の者は，その損害を賠償する責めに任じない[8)]．

第3条については規定の意味するところが2つに分かれており，前半が無過失責任を規定した本則であり，「ただし」以降の後半は，通常「第3条ただし書き」と呼ばれる免責規定である．原子力損害が，「異常に巨大な天災地変」または戦争やテロといった「社会的動乱」によって起こった場合には，「不可抗力」として原子力事業者の損害賠償責任が免責されるという規定である．法的概念における不可抗力とは，外部から普通に要求される注意や予防方法を講じても，損害を阻止できないものであり，債務不履行や不法行為の責任を免れ

---

8)　第4条で原子力事業者への責任集中が規定されていたとしても，国が国家賠償責任を問われうる，とする指摘はある．大塚直(2011b)40頁は，「仮に，規制権限不行使に基づく国家賠償責任が認められるとすると一原子力事業者の責任と国家賠償責任が共同不法行為ないし競合的不法行為となる余地はありうる」とし国家賠償請求が可能か否かは，原子力事業者への責任集中を規定する原賠法第4条との関係で問題が生じる恐れがあるが，「この規定は，①機器・資材等の供給者が，事故の際に責任を負うことをおそれ，供給を拒むことが考えられるため，それを未然に防ぐ必要があること，②仮に機器等の供給者が賠償責任保険を締結してしまうと，保険の引受け能力が十分でなく，原子力事業者の保険による賠償能力が低下してしまうため，引受能力の最高額を得るためには保険証券の需要の累積を避ける必要があったこと，③高度技術の集合体である原子力施設の場合，損害を発生させた原因者の究明を被害者に行なわせるのは酷であること，が挙げられる．これらのいずれを見ても，国家賠償責任を否定する理由はなく，同条は国家賠償責任を排除していないと解しうると思われる．また，もし国家賠償請求が認められないとすると，憲法違反となるおそれもないではない」とする．同様の見解は，日本弁護士連合会(2011)31～33頁にも見られる．

また，小島(2011)65頁は，国の権限行使に過失があり，同過失によって事故と損害が惹起されたことが認められた場合には，国は原賠法第4条によって免責されず，「国家賠償法第1条に基づく賠償責任を負うと解すべきである」と主張する．

磯野弥生(2011)39頁も，責任の集中原則は，「原子力事業者を中心にそれに関わる事業者との関係に着目したものと見る」べきであり，国の法的責任が免除されるわけではないとする．それに関わる事業者とは，原子力設備，関連機器の納入業者を指すと見られる．

一方，政府監修の逐条解説書である科学技術庁原子力局監修(1980)59頁は，国家賠償法の適用は排除されるという見解を取っている．

るとされる[9]．したがって，例えば，戦争という不可抗力行為によって原子炉が破壊され，放射性物質が大気中に拡散し被害が生じた場合，原子力事業者に厳格責任を負わせるのは妥当性と合理性を明らかに欠くし，もはや民法による民事賠償の枠を超えた，国家が関わる問題と考えることが妥当である，ということである．だが，他方で，「免責事由の法的性質については，原子力損害賠償制度において，一般の不法行為法における不可抗力の免責要件が極めて厳格化された場合であるとする見方が一般的である」[10]とされている．さらに，自然災害については，国際的な観点からは免責事項として認められていない，という指摘がある[11]．

では，「異常に巨大な天災地変」とは，いかなる自然現象を指しているのであろうか．本過酷事故を引き起こした東日本大震災と大津波は，「異常に巨大な天災地変」に該当しないのであろうか．仮に該当すると判断されれば，東京電力は損害賠償責任を免責されることになる．したがって，原賠法に則って損害賠償スキームを構築するための第一歩は，「第3条ただし書き」を適用するか否か，言い方を変えれば，東京電力に不法行為をなした損害賠償責任があるのか，東京電力も大地震と大津波の被害者であって損害賠償責任はないのか，その判断となるのである．

このように原賠法は，無過失責任という賠償責任における特例を定める点で，民法の特別法の性格を有しており，原賠法に定めのある場合は原賠法が優先して適用されるが，原賠法に定められていない点は，一般法である民法の規定に従うことになる．したがって，原則的には，原子力損害の認定や賠償内容は加害者である原子力事業者と被害者の当事者同士で行うこととなり，当事者間に争いがある場合は最終的には裁判によって解決される[12]．ところが，原子力損

---

9)　小学館大辞泉編集部編(2012)．

10)　田邉・丸山(2012)6頁．

11)　大塚直(2011a)49頁は，「3条1項但書きは，本法制定以前に調印された，原子力損害に関する1960年のパリ条約の規定を導入したものと理解されているが，そこでは，やはり通常の不可抗力よりも免責される場面を限定する趣旨が示されている．さらに，パリ条約以後の国際条約では，自然災害を免責事由と認めること自体をやめることにしている．このような原子力損害賠償法の沿革となる条約の理解や，その後の国際的趨勢は，3条1項但書きを厳格に解すべきことを示しているといえよう」とする．

害が甚大なものとなった場合，原子力事業者が無限責任を負っているとはいえ，その賠償資力に限界があるのも事実である．そうした場合を想定し，原賠法は第16条と第17条においては賠償責任における「国の措置」を定め，国家関与のあり方を規定している．この国家関与規定の存在によって原賠法は行政法の要素をも色濃く備えることになった．当事者同士に任せることなく，政府が損害賠償スキームを構築し，必要とされれば資金援助を行わなければならない義務を負う根拠ともなっている．損害賠償責任を規定した第3条を出発点とし，本則を適用して東京電力に損害賠償責任を認めれば，第16条に則り，ただし書きによる免責条項を適用すれば第17条に則って「国の措置」を講じることになる．

「国の措置」

第16条　政府は，原子力損害が生じた場合において，原子力事業者(外国原子力船に係る原子力事業者を除く．)が第3条の規定により損害を賠償する責めに任ずべき額が賠償措置額をこえ，かつ，この法律の目的を達成するため必要があると認めるときは，原子力事業者に対し，原子力事業者が損害を賠償するために必要な援助を行なうものとする．

2　前項の援助は，国会の議決により政府に属させられた権限の範囲内において行なうものとする．

第17条　政府は，第3条第1項ただし書の場合又は第7条の2第2項の原子力損害で同項に規定する額をこえると認められるものが生じた場合においては，被災者の救助及び被害の拡大の防止のため必要な措置を講ずるようにするものとする．

第16条にある「賠償措置」とは，第6条と第7条に定められた原子力損害を賠償するための資金的(財政的)措置である．原子力事業者は，民間保険会社

12)　田邉・丸山(2012)2頁は，「このことは原子力損害賠償制度が，特別法である原賠法によって修正・手当てがなされているとはいえ，純然たる私人対私人の紛争解決手段の法的枠組み・思想に基づいて存立していることを意味する．……一般法としての民法不法行為法の考え方……を法理論上は貫徹させる形で，福島事故の賠償処理に関する，一連の法運用，法的措置がこれまでなされてきている」と述べ，あくまで被害者に対する損害賠償責任は東京電力が負い，政府が支援機構を経由して資金支援を行うという間接的スキームが採用された根拠を，民法不法行為の考え方に求めている．

と原子力損害賠償責任保険契約，および政府と原子力損害賠償補償契約を締結しなければ，事業を行ってはならない．原子力損害の原因の種類によって，民間保険会社，政府いずれかから賠償資金が支払われるが，現在の限度額は1200億円である．また，同条にある「この法律の目的」とは，第1条に規定された「被害者保護」と「原子力産業の育成」を指す．これらの規定を本過酷事故に当てはめると，発生時点で賠償措置額の1200億円をはるかに超える損害が生じるのは自明であり，原賠法制定目的である被害者保護が最優先されなければならないのも当然である，と考えられる．このように，原賠法第16条の規定に則って解釈を進めれば，政府は，東京電力が損害賠償責任をまっとうするために必要な資金援助を行うスキームを緊急施策として設計，実施しなければならない責任を負うことになる．援助の範囲，方法は，行政の裁量によって決定される．

他方，前述したように，第3条ただし書きが適用されれば，東京電力の賠償責任は免除されるのだから，政府は第16条の賠償措置とは異なる方針を採らなければならないことになる．東日本大震災はマグニチュード9であり，福島第一原子力発電所を襲った津波は14 m を超えていた．では，この自然災害が，第3条ただし書きにある「異常に巨大な天災地変」に該当し，事故の発生は不可抗力と見なされて東京電力の損害賠償責任が免責となった場合は，どういう措置がとられるのであろうか．事故原因企業の損害賠償責任が免じられる場合には，民法の特例である原賠法においては，国が損害賠償責任を負う義務も失われて，損害賠償を行う主体が消滅してしまうことになると解釈されているのである．

1960年，原賠法を巡る国会質疑において，科学技術庁長官の中曽根康弘は，「第3条におきます天災地変，動乱という場合には，国は損害賠償をしない，補償してやらないのです．関東大震災の3倍以上の大震災，あるいは戦争，内乱というような場合は，原子力損害であるとかその他の損害を問わず，国民全般にそういう災害が出てくるものでありますから，これはこの法律による援助その他ではなく，別の観点から国全体としての措置を考えなければならないと思います」と述べている[13]．原賠法における援助義務は消滅し，「別な観点」から措置する，という場合を想定したのが上記の第17条の規定であることはすでに述べた．国は被害者に対して，原子力損害に対する損害賠償責任によってではなく，国として当然なすべき国家的災害からの救助といった観点から措置を講じなければならないと定めている．これは，いわば日本国憲法第3章第25条[14]に記された国の社会的使命を果たすためであり，損害賠償責任を根拠にしたものではない．したがって，損害賠償スキームの確立に向けて，政策担当者たちは，第3条本則適用に加えて第16条に則った「損害賠償資金援助スキーム」の構築か，第3条ただし書きによって東京電力を免責し，第17条を根拠とする「被害者救助スキーム」を構築するのか，判断しなければならなかった．彼らが選択したのは，前者であった．

第3節　東京電力に免責条項が適用されなかったのはなぜか

1　与謝野馨の免責適用支持の論理

原賠法第3条ただし書きにおける「異常に巨大な天災地変」については，原賠法のコンメンタール(逐条解説書)である『原子力損害賠償制度』[15]や1998年の「原子力損害賠償制度専門部会報告書」[16]などで，「歴史上例の見られない大地震，大噴火，大風水災等」と定義されてきた．『原子力損害賠償制度』では，その大地震の規模を，「例えば，関東大震災[17]は巨大であっても異常に巨大なものとは言えず，これを相当程度上回るものであることを要する」としている．そして，政府は「相当程度上回るもの」とは，「関東大震災の約3倍以上であること」という見解を示してきた[18]．

---

13)　衆議院科学技術振興対策特別委員会議事録(1960. 5. 17)．

14)　「すべて国民は，健康で文化的な最低限度の生活を営む権利を有する．②国は，すべての生活部面について，社会福祉，社会保障及び公衆衛生の向上及び増進に努めなければならない」．

15)　科学技術庁原子力局監修(1980)．

16)　内閣府原子力委員会原子力損害賠償制度専門部会(2002)．

17)　1923(大正12)年9月1日(土曜日)午前11時58分32秒，神奈川県相模湾北西沖80 km(北緯35.1度，東経139.5度)を震源地として発生したマグニチュード7.9，海溝型大地震．

18)　科学技術庁原子力損害賠償制度専門部会(1998)によれば，中曽根の国会答弁(前出)の他に，杠文吉科学技術庁原子力局長の下記の国会答弁(1961年)がある．

例えば，1998 年の「原子力損害賠償制度専門部会」(9 月 11 日)では，何を基準に「関東大震災の 3 倍とするのか」が議論され，結論として，基準は「震度」や「マグニチュード」ではなく，「加速度」だとされた[19]．加速度とは，地震の単位時間当たりの速度の変化率を示す指標である．弁護士である渡邉雅之は，その 3 点において関東大震災との比較を行っている．それによれば，マグニチュード(地震のエネルギーを示す指標)の比較では，関東大震災は 7.9 であり，東日本大震災は 9 である．マグニチュードが 1 増えるとエネルギーは $10^{(1.5\times 1)}$(およそ 31.6228 倍)となるから，東日本大震災は関東大震災の約 45 倍となり，「異常に巨大な天災地変」になりうる．ただし，1960 年のチリ地震は 9.5，1964 年のアラスカ地震は 9.2，2004 年のインドネシア・スマトラ沖地震は 9.1 であり，東日本大震災は観測史上 4 番目の規模であり，政府が答弁してきた「想像を絶する地震」とはいえない．次に，震度(地震の揺れの程度を示す指標)を基準にした場合は，双方ともに 7 程度であり，「3 倍」には届かない．さらに，加速度の比較においては，東日本大震災は最大 2933 ガルルであるのに対し，関東大震災は公式データがなく推定値は 200 ガルル程度であるから，「3 倍以上」とはいえるであろう[20]．

原賠法第 3 条ただし書きの適用による免責を，強く要望，主張したのは当事者である東京電力と巨額の融資を行っている金融機関であった．東京電力は 4 月 25 日，原子力損害賠償紛争審査会(以下，審査会)に清水正孝の社長名で要望書を提出した．原賠法第 18 条は，原子力損害の賠償に関して紛争が生じた場合について，1 項で，「審査会を置くことができる」とし，2 項で，「和解の仲

安全審査の点でも，関東大震災の二倍ないし三倍の地震に耐え得るという非常な安全度をとっておるわけであります．それさえももっと飛び越えるような大きな地震というふうにお考え方いただければいいのではなかろうかと(1961. 4. 12)．

関東大震災を例にとりますれば，それの三倍も四倍もに当たるような……天災地変等がございましたおり，……超不可抗力というような考え方から，原子力事業者を免責させる……(1961. 5. 23)．

19) 科学技術庁原子力損害賠償制度専門部会(1998)によれば，下山俊次委員が，「一般的には，震度・マグニチュード・加速度であろうが，三倍といったときには，おそらく加速度をいったものであろう．関東大震災がコンマ 2 くらいなので，コンマ 6 程度のものか」という見解を示し，部会長が，「異常に巨大なといったときの基準は，現時点では加速度であろうと推定できる」と同意している．

20) 原子力損害賠償実務研究会編(2011)17～18 頁．

介」及びその「事務を行なうため必要な原子力損害の調査及び評価を行なうこと」とし，3項で，「審査会の組織及び運営並びに和解の仲介の申立及びその処理の手続に関し必要な事項は，政令で定める」としている．審査会は，原子力事故による被災者保護の観点に立ち，原子力損害の範囲の判定に関する指針を定める役割を担っているのである．その第一次指針は，4月28日に出される予定であった．

その3日前に提出された要望書は，「一時指針の策定に当たっては，当社の実質的な負担可能限度も念頭に置かれたうえ，公正，円滑な補償の実現に資するものとなるようご配慮」を求めるとともに，福島第一原子力発電所の放射性物質漏洩事故が「平成23年3月11日に発生した東北地方太平洋沖地震に起因して発生したものであり，当該地震がマグニチュード9.0という日本史上稀にみる規模の地震であったこと，およびその直後に努生した津波が福島第一原子力発電所において14～15メートルまで達する巨大なものであったことを踏まえれば，弊社としては，本件事故による損害が原賠法第3条ただし書きにいう「異常に巨大な天災地変」に当たるとの解釈も十分可能であると考えております」という認識を述べている[21)]．

東京電力はまた，4月26日，本過酷事故で被害を受けたとして，福島県双葉町の男性(34歳)が東京電力に対して損害賠償金の仮払いを求めた仮処分申し立てに関し，東京地方裁判所あての書面で，第3条ただし書きにある「異常に巨大な天災地変」に今回の大震災が該当し，東京電力が免責されると解する余地がある，との見解を示している[22)]．また，社長の清水は4月28日の記者会見で，「〔免責理由に当たるという〕理解もあり得ると考えている」と述べた[23)]．一方，大震災と本過酷事故の発生から1年余を経過し，事実上の引責辞任に追い込まれた会長の勝俣恒久は2012年6月26日のインタビューで，「最初の選択肢は，第3条ただし書きの適用と会社更生法の適用申請の二つだった」と述

---

21) 「原子力損害賠償紛争審査会の能見義久会長に当てた東京電力の清水正孝社長による「要望書」」(2011. 4. 25).

22) 「東京電力，賠償免責の認識「巨大な天変地異に該当」」『朝日新聞』2011年4月28日朝刊.

23) 東京電力本社における記者会見ホームページ.

べている[24)].

他方，全国銀行協会会長で三井住友銀行頭取の奥正之は，4 月 14 日の定例会見で，東京電力の損害賠償責任に触れ，「今回の事故は，結果的に想定以上の津波で被害が拡大している．因果関係を考え，原賠法第 3 条の本則とただし書きや，法律ができるまでの国会答弁，委員会の議事録などをよく読む必要がある」と述べ，第 3 条ただし書きが適用される余地があるという見解を示した．また，原賠法第 1 条にある目的にも言及，「被害者の救済とともに原子力事業の健全な発達という 2 つの目的がある」と指摘してから，「われわれ(金融機関)から見ると，東京電力のみならず各地の電力事業者が市場で自立できる財務内容を保つことが「健全な発達」と考えられる．このことを国としてしっかり受け止めて，コミットしてもらうことが大事だ」と国の関与の重要性を強調した[25)].

奥のコメントの意味を，三井住友銀行幹部は次のように解説した．「金融機関にとって，電力会社が他の事業会社よりも信用度が高いと判断する根拠は 2 つある．1 つは，自然現象が原因となった損害賠償については，第 3 条ただし書きで免責されるという原賠法の担保があることだ．われわれは電力会社への融資や社債購入に際して，地震や津波などの天災地変リスクは織り込んでいない．もう 1 つは，原価コストの上昇を電気料金の引き上げによって吸収できる「総括原価方式」[26)]という，いわば政府の担税能力に似た特権を有していることだ．この 2 つの根拠が仮に失われたとしたら，電力会社の信用能力は低下し，他の通常の事業会社と同じ取引扱いになる．ということは，銀行は今のような巨額な融資や社債購入などできなくなるということだ」[27)].

さらに，当時の菅直人内閣の閣僚の中で，「税と社会保障の一体改革」を担当する経済財政政策担当大臣である与謝野馨がただ 1 人，第 3 条ただし書き適

---

24) 「原発の安全へ現状超える対策必要　東電・勝俣会長インタビュー」『日本経済新聞 電子版』2012 年 6 月 26 日 2 時．

25) 筆者の全国銀行協会定例会見メモより．

26) 電力料金は，経済産業省が所管する電気事業法に基づき，「総括原価方式」で計算される．発電・送電・電力販売に関わるすべての費用を「総括原価」としてコストに反映させ，さらにその上に一定の事業報酬率を上乗せした金額が，電気料金となる．

27) 筆者のインタビューに対する三井住友銀行幹部の回答(2011. 10. 11)．

用による東京電力の免責を強硬に主張していた．与謝野は当選10回を重ね，長らく政界中枢に身を置き，経済産業相，財務相などを歴任した重鎮であり，政策通としても行政への影響力も有していた．彼は大学卒業後，日本原子力発電株式会社に入社，5年間の業務を通じて日本の原子力政策を熟知しており，また，原賠法に関する知識を有していた．ちなみに，与謝野を日本原子力発電に紹介し，その後，自らの秘書として政治家の一歩を踏み出させたのは，日本の原子力平和利用の道を開いた中曽根康弘であった．

与謝野の免責事項適用の論拠は，3つある．第一に，原子力発電事業は国の政策として開始したのであり，その歴史的経緯を踏まえ，非常事態においては国が全面的に責任を負うべきである．第二に，一民間企業に資力を超える無限責任を課すのは資本主義社会として論理矛盾である．この2点は，原賠法立法時に民法学者によって指摘された問題点であり，それを是正しなかったのは立法上の誤りであり，したがって運用で正すべきである．第三は，原子力事故原因の想定範囲とは，最善，最良，最新の科学的知識，人間の理性，判断力，それらすべてを駆使して，なおかつそれに安全係数をかけたものである．今回の大地震と大津波が想定内であったとすれば，それに対して備えを怠った東京電力だけでなく，規制当局つまり国の責任も問われなければならない．

より正確に言えば，与謝野は，国による全面的な被害者救済を主張していたのであり，その実現手段として第3条ただし書き適用にこだわったのだった．この有力者の主張に対して，財務省は「異常に巨大な天災地変とは，巨大な地震や津波などではそもそもなく，たとえば，隕石が落下した，というような事態を指し示す」という見解を示した．与謝野は，「そんなありえないような事態を想定した法律などない」と強く反論，主張を変えようせず，政府内での対立が表面化したのだった[28]．その後，支援機構スキーム決定の最終段階で，与謝野は，官房長官である枝野幸男と激しく対立，関係閣僚会合で怒鳴りあいを演じることになる．

28)　筆者のインタビューに対する与謝野の回答(2011. 7. 11)．

2　枝野幸男の免責適用拒否の論理

枝野は官房長官という政府を代表する立場で，また，弁護士出身という法律の専門家として，東日本大震災とそれに伴う大津波は「異常に巨大な天災地変には該当しない」という立場を貫いていた．例えば，4月27日の記者会見[29]では，「免責条項が適用されることは，法律家として考えられない」と明言した．また，5月2日の参議院予算委員会においては，福島瑞穂議員（社会民主党）の「東京電力の賠償責任に上限はないという理解でよろしいですね」という質問に対して，次のように答えた．「昭和36年の法案提出時の国会審議において，この異常に巨大な天災地変について，人類の予想していないような大きなものであり，全く想像を絶するような事態であるなどと説明されております．今回の事態については，国会等でもこうした大きな津波によってこうした事故に陥る可能性について指摘もされておりましたし，また，大変巨大な地震ではございましたが，人類も過去に経験をしている地震でございます．そうした意味では，このただし書きに当たる可能性はない，したがって上限はないというふうに考えております」[30]．

福島が質問し，枝野が否定している「東京電力の損害賠償の上限」とは，当時，東京電力が免責事項を適用しない場合の代替案として下交渉を始めていた，いわゆる「上限案」と呼ばれたものである．これについては，詳しくは第5章で述べる．この答弁では，枝野は，第3条ただし書きは，2つの理由から適用できないとしている．第一は，「国会等でもこうした大きな津波によってこうした事故に陥る可能性について指摘もされて」[31]いたことである．第二は，東日本大震災が「人類も過去に経験している地震」であることだ．これは，前述した，1960年のチリ地震は9.5，1964年のアラスカ地震は9.2，2004年のイン

29）　首相官邸における閣議後の記者会見報道『日本経済新聞』2011年4月28日朝刊．

30）　参議院予算委員会議事録．また，参議院文教科学委員会議事録（2011. 4. 19）によれば，文科大臣の高木義明も「原賠法第3条ただし書きについては，これは昭和36年の法案提出時の国会審議において，人類の予想していないような大きなものであって全く想像を絶するような事態であるなどと説明をされております．……今回の事故については原子力事業者が責任を負うべきであるとする第3条の第1項本文を適用することを前提に対応を進めております」と答弁している．

31）　前掲の杠文吉科学技術庁原子力局長の国会答弁（1961年）などを指す．

ドネシア・スマトラ沖地震は9.1であり，東日本大震災は観測史上4番目の規模であることを指しているのだろう．

3　分かれた法律家の見解

このように，政府と東京電力および金融機関の間で，第3条ただし書きの解釈について，見解は対立した．

それでは，法律の専門家はいかなる見解を持っていたのだろうか．考え方は2つある．第一は，これまで述べてきたように，専ら東日本大震災とそれに伴う津波が第3条ただし書きの免責事由「異常に巨大な天災地変」に該当するか否かを判断するアプローチである．第二は，免責事由を「原子力施設と損害発生の因果関係の中断の一形態とみるアプローチ」である．つまり，東日本大震災とそれに伴う津波が「異常に巨大な天災地変」に該当するとしても，それだけでは不可抗力として因果関係が中断されたとは認められない．東日本大震災とそれに伴う津波が原子力損害を引き起こした唯一の原因であること，言い換えれば，東京電力の人為的活動が介在しないことが明らかになって初めて免責される，という考え方である[32]．この考え方は，「原因競合の問題」とも言われる[33]．

先行研究によれば，第一のアプローチにおいては，免責適用を積極的に主張する論考として森嶌(2011)などがあり，免責適用を否定する論考として小島(2011)[34]，淡路(2012)，大塚(2011a)などがある．小島と淡路は第二の原因競合

---

32)　田邉・丸山(2012)6～7頁．

33)　淡路剛久(2012)31頁は，「もし，原子力事業者としての東電に，「異常に巨大な天災地変」と競合ないし共働して原発事故との間に因果関係上の原因と評価されるような人為(作為または不作為──いわゆる人災)があった場合には，原因競合の問題が生じ，天災と人為との関係について法的な判断が加えられなければならないことになる．原賠法3条1項ただし書の免責規定は，原子力損害が「異常に巨大な天災地変……によって生じた」ことを要求しているところ，「によって生じた」の定めは，因果関係の観点からは，「異常に巨大な天災地変」が原子力損害の排他的な原因であることを前提としている，と解されるからである」と述べた上で，フランス法における不可抗力と原子力事業者の人為との原因競合問題を論じている．

34)　小島(2011)64～65頁は，東京電力の4つの過失の可能性を指摘する．第一に，津波が来る以前に外部電源がすべて地震で喪失し，他方，女川原発では外部電源が喪失しなかったことから，福島第一原発の外部電源確保の方法に過失があった可能性がある．第二に，1号機における地震直後の圧力容器の圧力急低下，水位の低下，格納容器圧力の異常上昇は，地震による

のアプローチからも考察し，本過酷事故には東京電力の人為的要因が見出されるとし，免責されないと結論付けている．なお，岩淵(2011)と田邉・丸山(2012)は，免責適用の可否を直接には論ぜず，実際問題として政府がなぜ免責適用を否定する運用を行ったのかという観点から論考を行っている．

4　勝俣恒久の免責要請撤回の論理

しかし，政策担当者たちは，当初から，免責条項の適用は事実上，不可能だと判断していた[35]．それは，第3条ただし書きを仮に適用し，東京電力を免責にした場合は，第一に，訴訟の乱立によって東京電力の経営をさらなる混乱に追い込みかねない，第二に，国が前面に立って「被害者救助スキーム」を構築しなければならなくなり，巨額の税金の投入が必要になる，という事態を危惧したからであった．

第3条ただし書きが適用され，東京電力が賠償責任を免責されたとすると，東京電力はいかなる立場に立たされることになるのだろうか．原子力事業者の無過失責任を定めた原賠法第3条は，不法行為を定めた民法第709条の特例法である．その無過失責任が免責されるということは，損害賠償問題に適用されるのは，特例法である原賠法ではなくなり，代わって民法第709条に立ち戻る，

配管損傷が原因である可能性を推測させ，安全対策上の過失の可能性がある．第三に，非常用電源が機能を失った場合に稼働すべき冷却機能が働かなかったのは，地震によって冷却材が喪失した可能性があることから，冷却機能メンテナンスに関わる過失の可能性がある．第四に，1号機から4号機まで操業開始から30年以上を経過したものであり，かつ1980年頃までには，さまざまな欠陥が判明していたマーク1型といわれる沸騰水型軽水炉であることから，寿命を超えて使用し続けた過失の可能性がある．

35)　岩淵正紀(2011)22頁は，「事故直後から政府が免責は認められない旨を一方的に宣言し，東京電力の言い分は事実上封じられてしまった．法文解釈運用の手法として，原賠法16条の援助の内容を決める上で，免責が成り立つ可能性の程度を考慮するということもありえないことではないと考えるので，政府としては，この免責の点についての東京電力のいい分を聴いた上で，原賠法16条の援助スキームを決めるというプロセスも，ありえたのではないかと思う」と述べる．

森嶌昭夫(2011)40頁は，「震災発生後10日頃から，……放射性物質の影響が多方面に広がりを見せ始めると，政府は，東京電力が……損害賠償責任を負っているとして，早々と損害賠償金の一部を仮払いさせるための手続きに取り掛かった」と政府の意図をほのめかす．田邉・丸山(2012)26～27頁は，免責の可能性があるにもかかわらず，実際問題として，政府が原子力事業者を有責に追い込むことがあるとすれば，事故の真の原因究明が行われず，事故再発防止が大きく阻害されることになる，と指摘している．

ということである．民法第709条が定める不法行為は，「無過失責任」ではなく「過失責任」であるから，当事者同士が紛争状態となり，さらに裁判に至ったとすれば，「原子力事業者の過失」の立証責任は原告に生じることになる．被害者による本過酷事故における東京電力の過失責任の立証は容易ではないであろう．

だが，政策担当者たちは，東京電力に過失が皆無であったとはとても断定しえない状況であることを重視していた．小島(2011)らによれば，そもそも事故当初から，外部電源確保の方法，地震に耐えられない配管の看過，冷却機能のメンテナンスあるいは操作，およそ30年とされた設計寿命を超えた運転などについて，東京電力に重大な過失があったのではないかと，批判的な見方は少なからずあった[36]．政策担当者たちは，被害者および国民の感情的な反発も手伝って東京電力の過失責任を追及する訴訟が続発し，それによって東京電力の経営が混乱に陥ることを恐れた．その懸念は，後に本過酷事故を「人災」だと判断した国会事故調の報告書などと照らし合わせれば，妥当なものであったと思われる[37]．ある政策担当者は当時，「免責条項を適用したら，訴訟の頻発による混乱で東京電力は潰れる」と言い切った[38]．なお，こうした判断は，前述した免責事由に対する第二のアプローチである「原因競合の問題」に基づくものだとも解釈できる．仮に，東日本大震災とそれに伴う津波が「異常に巨大な天災地変」に該当するとしても，東京電力に過失責任がまったくないと言い切れない限り，免責適用はできないという法的立場に，政策担当者は立ったのである．

一方，第3条ただし書きの免責適用を主張していた東京電力会長の勝俣も，加害者の立場で訴訟に臨んだ場合のリスクを重視する判断に次第に傾いていった．勝俣は『日本経済新聞 電子版』のインタビューの「東電は当初，3条た

---

36)　小島(2011)64〜65頁，大島(2011)43頁など．

37)　東京電力福島原子力発電所事故調査委員会(2012)7〜122頁は，東京電力および規制当局がリスクを認識しながらも対応をとっていなかったこと，それが事故の根源的な原因であること，これらの点が適正であったならば今回の事故は防げたはずであることを，1.本事故直前の地震に対する耐力不足，2.認識していながら対策を怠った津波リスク，3.国際水準を無視したシビアアクシデント対策，の3点から検証している．

38)　筆者のインタビューに対する政策担当者の回答(2011.9.3)．

だし書きの免責条項を主張していたが，徐々に触れなくなったのはなぜか」という質問に，「原賠法は欠陥法だった」と返答している[39)]．以下は，回答の引用である．

弁護士さんたちも，基本的に3条ただし書きでやって(法的に)勝つ可能性があると話していました．ただ，その裁判の相手が国じゃなくて被災者になってしまう．例えば，10万人の被災者の方がいたとして，何らかの格好で賠償を求めてくるのも裁判で扱って，そのときに「3条ただし書きだから我々は無罪．免責だよ」と主張して裁判をするとしましょう．そうすると，決着するには数年，どうやったって数年かかりますよね．要するに，被害を与えておいて，避難所にいる被災者の方相手に裁判をして「我々は無罪だ」と主張することができるのか，と考えました．原賠法が(事故の賠償の負担などについて不明確な)欠陥法だった，ということを，しっかりと確認していなかった．……そういう裁判を続けていったら，社会的糾弾も激しい．銀行もカネ貸してくれなくなるかもしれない．だから，つぶれちゃうっていう可能性だって充分あるわけです．それも長期間にわたっての裁判になるから．

実際問題として，免責適用の成否は，東京電力が第3条ただし書きによる免責を主張する裁判で決定されることになる．その場合，司法判断の確定は最高裁判決に委ねられ，数年が費やされることが予想される．その間，東京電力が何ら損害賠償あるいは被害者救済を行わず，免責を主張し続ければ，社会的批判が巻き起こり，その結果経営が混乱，経営不安が高じて破綻に至りかねない．免責適用は現実問題として不可能だ，勝俣はそう判断したのであった[40)]．

5　政府が重畳的債務引受け者になる恐怖

他方，第17条適用を受けて，国が「被害者救助スキーム」を構築して立法化した場合，巨額の税投入がなされ，財政に重圧がかかることを政策担当者た

39)　『日本経済新聞 電子版』2012年6月26日2時.

40)　岩淵(2011)22頁は，「諸般の事情からみると，東京電力の上記選択は現実的な経営判断といわざるを得ないだろう」とする.

ちは強く恐れた．2009年8月の衆議院総選挙で圧勝，政権交代を果たした民主党政権は，「国民の生活が第一」，「暮らしのための政治を」といったキャッチフレーズを掲げ，公約として1人当たり年額31万2000円の子ども手当創設や出産支援，公立高校無償化，年金制度改革，医療・介護の再生，農家の戸別所得補償，高速道路の無償化など生活支援策を前面に押し出していた．この「大きな政府」を志向する民主党政権が，いわば東京電力の重畳的債務引受け者として前面に出てしまうと[41]，賠償額が際限なく膨らむ救済措置を政策として採用してしまうのではないかと，とりわけ財務省は強く危惧したのであった．ある政策担当者は，「支援機構スキームの設計の根底には，われわれの政治に対する不信がある」と述べた[42]．すでに，日本の債務残高は先進国中で最悪のGDP(国民総生産)比で180％超にも膨れ上がっており，それでいて，当時は大震災の復興財源，集団予防接種を巡るB型肝炎訴訟の被害者への和解金支払い[43]に関わる財源を確保しなければならないという問題に直面しており，長期，短期双方の財政制約が重く課されていた事情も加わっていた．

損害賠償額の膨張を恐れる政策担当者たちにとって，民主党政権の財政支出の拡大体質に加えて，懸念は原賠法の規定そのものにもあった．例えば，飯塚(2005aおよびb)によれば，原子力損害に関わる規定に関し，日本の原賠法は諸外国の同法および国際条約との比較において，大きな特徴が2点ある．そのいずれもが損害賠償額の膨張につながりかねないものであった．第一の特徴は，原子力損害賠償制度が適用される原子力損害の原因を「原子力事故」ではなく，「原子炉の運転等」としていることである．原賠法第1条は，「原子炉の運転等

41)　債権者に対して負っている債務を，第三者が債務者に代わって引き受けることを「債務引受け」という．債務引受けには，「重畳的債務引受け」と「免責的債務引受け」の2種類がある．重畳的債務引受けとは，債務を引き受ける側が，従来の債務者とともに連帯して同等の債務を負担することである．文中の場合は，東京電力とともに連帯債務者として政府が賠償支払いを引き受けることを意味している．

42)　筆者のインタビューに対する政策担当者の回答(2011. 8. 22)．

43)　菅直人政権は2011年7月25日，東日本大震災の集中復興期間(2011～2015年度)の復旧・復興予算19兆円の財源の大枠を固め，2011年度第1次・第2次補正予算で手当てした6兆1000億円を除く12兆9000億円のうち，10兆3000億円を臨時増税で賄う方針を決めた．また，B型肝炎訴訟被害者への支払いは30年間で約3兆円が必要と見られ，5年間で1兆円の臨時増税を行う方針が示された．

により原子力損害が生じた場合における損害賠償に関する基本的制度を定め」ると規定しており,「原子力事故」の発生を損害賠償適用に必要な要件としていない．さらに言えば，原賠法においては,「原子力事故」に関する規定は存在しない．この点において，国際標準的とされる原子力損害賠償制度とは異なっており，例えば，改正ウィーン条約においては，第2条で「原子力事故により生じたと証明された原子力損害について責任を負う」とされ，第1条では「原子力事故」を定義している44)．

損害賠償の対象となる原子力損害の原因を「原子力事故」ではなく「原子炉の運転等」とするということは，仮に，原子炉が「正常運転」していても原子力損害が発生した場合には，損害賠償の適用対象となる，ということである．例えば，原子力事故の発生の可能性が生じたと判断され，原子力発電所周辺の住民たちに緊急避難を要請，実施したにもかかわらず，結果として原子力事故には至らなかった，つまり，正常運転であった，というケースである．この場合，避難に要した費用は，損害賠償の適用対象となる．実際，原賠法を補完する原子力損害賠償補償契約法第3条2項には，政府が結んだ補償契約によって補償する対象の1つとして,「正常運転(政令で定める状態において行なわれる原子炉の運転等をいう)によって生じた原子力損害」が定められている．

第二の特徴は，原賠法においては,「原子力損害」の具体的範囲についての規定がなく，なおかつ，賠償対象となる損害を分類規定しているわけでもない，ということである．原賠法第2条2項は，原子力損害について,「核燃料物質の原子核分裂の過程の作用又は核燃料物質等の放射線の作用若しくは毒性的作用(これらを摂取し，又は吸入することにより人体に中毒及びその続発症を及ぼすものをいう.)により生じた損害」と規定している．これによって，原子力損害とは，原子力災害によって発生した放射線，大気に拡散した核燃料物質等

---

44)　日本エネルギー法研究所(2001)11頁によれば，改正ウィーン条約では，第1条1項(l)で原子力事故を,「原子力損害を引き起こす出来事または同一の原因による一連の出来事をいい，防止措置に関する限りにおいては原子力損害を引き起こす重大かつ明白なおそれを生じせしめる出来事または同一の原因による一連の出来事をいう」と定義している．

また，日本エネルギー法研究所(2007)22頁によれば，改正パリ条約では，第1条(a)(i)で原子力事故を,「原子力損害を生じせしめる一つの出来事または同じ原因による一連の出来事を意味する」と定義している．

によって引き起こされた人的損害および物的損害と考えられる．だが，その損害賠償が適用される人的損害および物的損害に関して，範囲・類型に何ら具体的規定がないのである．第I部第2章で詳しく述べたように，パリ条約，ウィーン条約はともに改正作業を経て，原子力損害の対象範囲を拡大するとともに，具体的な類型を持って，定義し直している．原子力損害の定義の曖昧さという点においても，原賠法は特異である[45]．

すでに述べたように，原賠法に特に規定のない事由については，不法行為に関する民法の一般原則が適用される[46]．原子力損害賠償の対象となる損害範囲についても，同様である．したがって，実際に発生した損害のうち，原子力事故と「相当因果関係」にある損害が賠償の対象になる．飯塚(2005a および b)によれば，「相当因果関係」とは，民法において不法行為の一般的要件・効果を規定する第709条の法解釈の通例・判例における概念であり，その範囲の確定については，民法において損害賠償の範囲を規定する第416条が類推適用される．第416条では，「相当因果関係」にある損害とは，「通常損害に加え，特別事情による損害のうち予見可能性のある損害」とされている．大まかに解説すれば，「相当因果関係説」とは，加害行為と損害発生との間に原因と結果(因果)の関係があり，一般的に考えても，同様の加害行為があれば同じような損害が発生すると考えられる(予見可能性がある)場合は，損害賠償責任が発生する，という考え方である[47]．したがって，相当因果関係の適用基準が定型化されているわけではない[48]．

---

45)　飯塚(2005a)2〜5頁．

46)　田邉・丸山(2012)5頁は，「我が国では，何が原子力損害に該当するかについても一般法である不法行為法の原則が適用される．「原子力損害」の内容が具体的に規定されていない理由の一つには，救済すべき損害の内容・範囲を相当因果関係の解釈によって柔軟に捉え，内容を列挙することにより救済内容を制限することのないようにしようという政策的な配慮があった他，事業者に無限の賠償責任を負わせる我が国制度の下では，賠償対象とされる損害の内容をカテゴリー化し，その優先順位をつける必要がない，という法的思考があったものと考えられる」と述べている．

47)　飯塚(2005a)3頁，同(2005b)38頁．

48)　本過酷事故を受けて，文部科学省原子力損害賠償紛争審査会(2011b)は，「今回の原発事故と相当因果関係にある損害とは，社会通念上，当該事故から当該損害が生じると考えるのが合理的かつ相当であると判断される範囲の損害をいう」とした．この損害賠償の範囲について，大塚(2011b)41頁は，「判例の相当因果関係概念を採用しており，経済的損害においても民主党政権は財政拡張的体質に加えて世論に敏感であり，仮に国が「被害者救助スキーム」を講じると想定した場合，原賠法における原子力損害規定の曖昧さと相まって救済対象がより拡張的範囲で認められ，救済費用が限りなく膨れ上がっていく恐れを，政策担当者たち，とりわけ財務省は抱いたのだった[49].

6　わずか1か月で固められた支援機構スキーム原案

このように，原賠法第3条ただし書きによる免責条項の適用は回避された．官邸，経済産業省，財務省，金融庁，文部科学省，東京電力，金融機関それぞれの利害，思惑が絡んだ非公式・公式のさまざまな議論，交渉がなされ，それらは支援機構スキームに収斂し，支援機構法として立法化されることになるが，その過程において政策決定の中心を担った公式組織は，すでに述べたように，内閣府に置かれた経済被害対応室であった．だが，経済被害対応室の発足は4

同様である．……わが国の判例では，民法709条の適用および416条の類推適用(最判昭和48・6・7民集27巻6号681頁)によってのみ，賠償範囲が確定されてきており，……原子力損害についても，裁判例は，条文上何らの限定も加えられていないことから，同様の一般論を展開している(東京高判平成17.9.21判時1914号95頁)．中間指針もこの立場を前提としているといえよう」と述べる．

49)　なぜ免責適用が実際問題として否定されたのかという筆者と同じ問題意識を持って論考した田邉(2012)24〜27頁は，被害者，東京電力，国の三者の立場から以下のように総括している．東京電力が免責を主張した場合，司法判断による最終決着としての最高裁判決までに数年かかることが予想される．1.被害者の立場に立てば，仮に司法判断で東京電力の免責が認められた場合，改めて原賠法第17条に基づいて国に対して救済措置を求めることになるが，第17条は具体的規定を欠いているために，被害者救済が不十分な結果となる可能性がある．一方，免責が認められず東京電力の損害賠償責任が認められた場合でも，被害者の救済は判決確定時まで遅れることになる．したがって，一刻も早く東京電力の有責性を確定させ，無限責任による賠償を獲得したい，ということになる．2.東京電力の立場に立てば，司法判断による最終決着がなされるまでの間，損害額が増大する可能性がある．また，司法判断の結果にかかわらず，東京電力が直ちに被害者救済を行わなかったことに対して，強い社会的非難が向けられる可能性が極めて高い．さらに，原発立地活動を進め，地域社会との信頼関係の構築と維持を重視してきた電力会社にとって，司法判断が確定するまでの間，被害者を放置することはとうてい是認できない．したがって，第16条の国の援助を期待しつつ自らの社会的責任の一環として直ちに被害者補償を行う選択肢を取る．3.国の立場に立てば，東京電力が免責された場合，改めて救済措置を講じなければならないうえに，「被災者の救助及び被害の拡大の防止のため必要な措置」(第17条)を早期に講じなかったことに対する法的責任を問われかねない．他方で，第16条を適用し，東京電力に賠償責任を負わせる場合は，自らの援助の範囲を行政裁量によって決定できる．したがって，第16条の適用を選択する．

月11日であり，本過酷事故およそ1か月後のその時点で，すでに支援機構スキームの原案は固まっていたのである．4月15日には，早くも2つのメディアが報道していることが，その証左である．1つは『日本経済新聞(朝刊)』で，見出しは，「原発賠償・保険機構案」としている．もう1つは筆者の執筆による『週刊ダイヤモンド』(4月23日号，15日発売)の記事であり，タイトルは，「“被災者救済策”の政府原案判明「9電力共同出資機構」で調整」[50]であった．

筆者の記事の前文は，「東京電力福島第一原子力発電所の放射能漏れ事故に対する損害賠償額は，東京電力の支払い能力をはるかに上回り，経営基盤を揺るがす．電力安定供給を維持し，賠償方法を確立し，株式，債権の暴落による金融不安を回避するには，公的関与の“被災者救済策”が必要だ．政府原案が明らかになった」であり，それに続く本文の要旨は，次のようなものであった．

1. 電力会社9社が共同で出資し，「原子力損害賠償補償機構(仮称)」を設立，業界相互扶助方式によって，東京電力へ資金を供給する枠組みを創設する．
2. 9社はすべて原子力発電所を保有しており，将来の万が一の事故に備える保険的機能を付与することで，機構への出資の正当性を担保する．
3. 同機構が東京電力へ劣後(他の債権より支払い順位が劣る)ローンを供給，あるいは劣後債を購入することで広義の資本を増強し，事故関連の損失の計上による債務超過を回避する．
4. 東京電力は，およそ10年をかけて分割返済をする．
5. 機構の資金が不足した場合は，民間金融機関から融資を受けるが，政府が債務保証を行う．
6. 機構の信用力を担保するために，政府が機構に出資することもありえる．
7. 東京電力に対して経営責任を厳しく追及する一方で，民間企業として存続させ，最大限の損害賠償責任を負わせ続ける．
8. 政府内には，東京電力に対して直接出資を行い，一時国有化する案や，水俣病の加害企業であるチッソのような新旧分離案などがあった．しかし，国の財政負担を最小限にとどめ，東京電力の事故責任を最大化するための最適案は，この機構設立だと判断された．

50)　遠藤典子(2011)．

この記事は，機構が政府から国債を交付され，その償還資金で東京電力に賠償資金を交付するという機構の最大機能については取材で知りえなかったために，触れていない．また，修正すべき点は，出資する電力会社は原子力発電所を保有しない沖縄電力を除く８社となったこと，また，現時点では10年間程度では東京電力が返済を終えられないという認識が広がっていること，の２点である．他はすべて，支援機構スキームに生かされ，重要な骨組みとなった．

第 5 章

原子力損害賠償支援機構を設立した政府の意図

第1節　東京電力の法的整理が回避されたのはなぜか

1　原賠法における紛争処理体制の不備

本過酷事故によって生じた巨額の費用負担によって債務超過に陥る可能性が高まる東京電力に対して，政府は特別な資金援助を行わず，会社更生法適用による法的整理[1)]を行うべきとする人々も少なからず存在した[2)]．会社更生法適用論への根強い支持の理由は，第一に，一事業会社である東京電力を公的資金によって維持存続させる特別な理由が見当たらないこと，第二に，正当化できる特別な理由もなく実質破綻会社を救済すれば，市場経済の原則を逸脱して公平性を損ねること，第三に，経営責任を追及し，株主と債権者，その他関係者に平等な負担を求めることができる最も透明性が高く，裁量性を排した手法であること，第四に，史上類を見ない悲惨な事故を引き起こした原因企業の責任は司法の下で明らかにされるべきであること，等による．例えば，代表的論者の1人である野村修也中央大学教授(後の国会事故調査委員会委員)は，原賠法第3条ただし書きによる免責適用を主張し，そうでなければ法的整理に移行すべきだとした．主張のポイントは，以下の3つである[3)]．

1)　池田靖(2003)38～46頁には，経営困難に陥った企業の再生手法には，関係者の合議で行う任意整理(私的整理)と民事再生法や会社更生法などによる法的整理の2種類があること，法的整理の中でも会社更生法が最も厳格な再生手法であること，会社更生法が大規模な事件や担保権が多く設定されている場合に有効であることなどが解説されている．

2)　小島(2011)，日本弁護士連合会(2011)，福井秀夫(2011)，星岳雄(2011)28頁など．

3)　野村修也(2011)．

第一に，今回の原子力損害は，明らかに「異常に巨大な天災地変」によるものなのだから，東京電力は原賠法第3条ただし書きが適用され，賠償責任は免責されるべきである．第二に，事故原因が第3条ただし書きに該当せず，東京電力に免責条項を適用しない場合，つまり，第3条本則による賠償責任が生じると判断した場合は，賠償額の膨張と原子力事故による廃炉などの損失計上によって債務超過に陥ったとしても，税金によって救済，存続させる大義(あるいは特別な理由)は見当たらない．なぜなら，金融システムのように金融機関の破綻が決済システムの崩壊に直結しかねないというシステミック・リスク(破綻の連鎖)[4)]が想定されるわけではないからだ．第三に，したがって，原子力事業者が債務超過に陥る恐れが生じた時点で，会社更生手続きに移行すべきである．会社更生法の適用によって，当該の原子力事業者に加え，株主，債権者も相応の責任を問われ，損失を負うことになるが，それが資本主義経済の原則であり，規律であり，市場経済において最も求められる透明性が高い処理方法である．

野村は，東京電力免責の場合は当然，政府が全面的に被害者への賠償責任を負う，とする．他方，免責を行わずに会社更生法による法的整理を行った場合においても，損害賠償額が不足した分については政府が負担するとし，実行策として政府による被害者救済の基金設立を提案している．つまり，東京電力が政府から支援機構を通じて資金援助を受けることで債務超過転落を回避，存続し，損害賠償業務にあたるという支援機構スキームを批判し，国が全面的に責任を持って被害者救済の制度を確立せよ，と主張しているのである．

では，政策担当者たちは法的整理論について，どのような論考を行ったのだろうか．彼らはまず，会社更生法の妥当性を検討し，早々に有用ではないと結論付けた．その根拠は次のようなものである．

会社更生法が迅速かつ適切な損害賠償を行うスキームづくりに適合するか否かを判断するために，まず理解しておかなければならないことは，原賠法が定

---

4) 川口恭弘(2012)15頁は，「銀行間の債権・債務額が巨額になればなるほど，一銀行の破綻による支払不能が他行に与える損害の額は大きくなる……他の主体の支払不能を誘発するという連鎖反応が生じ，システム全体の混乱が生じるリスクはシステミック・リスクとよばれている」と述べる．

めるところの紛争処理体制の問題である．第1章で述べたように，原賠法は原子力損害賠償制度の適用対象となる原子力損害の定義において，不備が指摘されてきた．原子力損害の具体的な範囲に関しての規定がなく，民法第709条と第416条における「相当因果関係」の解釈に委ねており，迅速かつ適正な損害賠償を実施するには極めて曖昧で不都合と考えられてきた．さらに，加藤(2005b)によれば，原賠法第18条が規定する紛争処理体制にも不備があると問題視されていた．なぜなら，1999年に茨城県東海村で発生し，風評被害を含む総額150億円の被害をもたらしたJCO事故において，第18条が定めるところの「審査会」が紛争処理において有用だったとはいいがたいからであった．

その理由は，第一に，事故発生後に政令が作られ，審査会の詳細が決められるという手順であったため，迅速な対応が困難であったこと，第二に，審査会は持ち込まれた紛争に対して，和解・斡旋・調停を行うことはできるが，それ以上の機能(例えば，仲裁などの裁判所的機能)は有していないこと，第三に，訴訟に際して審査会の審査が前置とされておらず，紛争を必ずしも審査会に持ち込む必要がないこと，などである．こうした紛争処理体制が未整備であることの解決のために，審査会とは別個の一定の強制権限を持つ「統一的紛争処理機関」の設置の必要性が指摘されていたほどであった[5)]．その後，2009年に原賠法の改正が行われ，審査会の業務に，「原子力損害の賠償に関する紛争について原子力損害の範囲の判定の指針その他の当該紛争の当事者による自主的な解決に資する一般的な指針を定めること」が付加されたが，上記の3つの問題を解決するものではないと見られた[6)]．

本過酷事故に関して，原賠法第18条に従い，政令によって文部科学省に審査会が設置されたのは4月11日であった．審査会は4月28日，被害者の迅速・公平・適正な救済の観点から，原子力損害に該当する蓋然性の高いものから，順次指針を策定することとし，政府指示等に伴う損害についての考え方を

5)　加藤和貴(2005b)21～25頁．

6)　野村(2011)122頁は，紛争審査会の指針には法的拘束力はない，しかし，中立的な専門家により提示された損害賠償の基準であり，同種の損害が公平に処理される結果をもたらすことなどから，裁判所において，当事者が指針を援用した場合には，ある程度尊重されるものと思われるとする．

第一次指針として示した[7]．これによって，対象となる主な原子力損害は地域によって3つに分けられた．第一が，政府による非難指示(20 km 圏内)，屋内退避指示(20〜30 km)，計画的避難区域等であり，①避難費用(交通費，宿泊費等)，②営業損害(営業，取引等の減収分)，③就労不能等に伴う損害(休業などに伴う給与等の減収)，④財物価値の喪失又は減少，⑤検査費用(放射線被曝検査，商品の汚染検査)，⑥生命・身体的損害(避難等によって生じた健康状態悪化等)が対象項目である．第二が，政府による航行危険区域(30 km 圏内)であり，営業損害(漁業者の操業停止による減収分，海運業者・旅客船事業者等の航路迂回費用)が対象で，第三が，政府等による出荷制限指示等区域における営業損害(農林漁業者の出荷停止による減収分)である．

この第一次指針で対象とされなかった「風評被害」や「精神的障害(長期避難に伴う精神的苦痛の判定基準や算定要素)」，「迅速な賠償のための支払い方法(標準単価設定等)」，「地方公共団体の財産的被害」などについては，できるだけ早く検討を進め，その結果を順次取りまとめ，7月頃には原子力損害の全体像を示す中間とりまとめを行うとした．付け加えれば，賠償対象と認定された原子力損害の三地域における各項目も，認められるのは事故発生から政府の指示・制限等の期間に限ってであり，政府指示・制限解除後の損害，費用に関しては，今後の検討とされた．また，政府指示・制限等の対象外地域における費用，損害についても，今後の検討として残された．

2　会社更生手続きを巡る3つの問題

会社更生法適用による法的整理の妥当性を判断する際，紛争処理体制がこのように未整備であり，また，それによって原子力損害の範囲，対象の確定が曖昧となり，決定が遅延することは，極めて重要な問題となる．以下に，会社更生手続きを辿りながら検証を進める[8]．問題は大別して，3つある．

第一に，会社更生手続きにおいては，裁判所で更正手続き開始が決定される

---

7)　文部科学省原子力損害賠償紛争審査会(2011a)．

8)　久保壽彦(2011)11頁は，会社更生手続きについて論じた先行研究に対して，「具体的に会社更生法手続への移行の可否や移行後の手続について述べられているものは少ない」と述べる．

と，管財人を中心に会社(東京電力)は更生計画[9]の策定に入ることになる．更生計画策定には，会社のバランスシート(貸借対照表)における資産と負債に対する調査の確定が前提となる．そのためには，管財人および会社は，債権者に債権を届けてもらわなければならない．例えば，取引業者にとっては売掛債権，金融機関にとっては融資債権などがそれに該当する．そして，原子力損害被害者による損害賠償請求も債権であることから，すべての被害者が届出をしなければならない．

数十万に上ると見られる被害者の被害内容は千差万別であり[10]，被害者たちはすべて個別事情を抱えている．被害は，資産の物理的な破損による損失に始まり，人体への健康被害，精神的負担，被災者生活を送るコスト，離職の損失，事業の機会損失，風評被害による出荷制限を伴う営業損害，土壌汚染の修復費用(除染)まで及ぶ．被害者は個人だけではなく，企業の被害もまた想定されるケースが限りなくある．直接の被害ではなくとも，例えば，取引先企業において原子力事故で部品が生産不能になり，納入先企業の完成品生産に影響が出た場合も，納入先企業も賠償支払対象と考えられ，損害は多方面に及ぶことになる．本過酷事故に伴う損害は，「地理的，内容的，時間的な広がりをもつ」[11]のである．

だが，損害賠償はどこまでの範囲で認められるものなのか．例えば，海外からの観光客のキャンセルは，直接的な被害地域にとどまらず，全国で発生している．これらのケースはすべて風評被害として認められるのであろうか．前述したように，紛争処理体制が未整備であり，原子力被害の具体的事例や損害賠償の適用基準が示されるどころか，損害賠償対象範囲の法的概念すら曖昧である状況のなかで，いったい，被害者1人ひとり，あるいは企業が事故後の大混

---

9)　池田(2003)41頁は，更生計画が，「スポンサーの有無によって自力再建型，スポンサー型，及び営業譲渡型があり，弁済期間との関係で，長期分割弁済型及び一括弁済型があり」と多様であることを解説している．

10)　岩淵(2011)23頁は，「今回の賠償では，損害の種類が多岐にわたり，総額数兆円とも，10兆円に上るともいわれ，賠償請求件数は20万件とも，30万件ともいわれている」とする．実際，文部科学省原子力損害賠償紛争解決センター(2012)によれば，2011年12月時点で，賠償総件数は100万件を大きく上回ると予測された．

11)　田邉・丸山(2012)47頁．

乱のさなかに，自らの被害額を適切に算定し，債権額として届け出ることができるであろうか．実際，審査会は4月11日に第一次方針を出したが，その以後さらに検討を続ける必要があるとしたのである．結局，中間指針が出されたのは8月であった．

債権としての被害算定の困難さは，被害者側だけでなく，管財人と会社側にも同等に跳ね返る．管財人および会社側は，届出された債権額が適切かどうか認否をしなければならないからだ．しかも，その判断基準には法的な公正公平が貫徹されなければならない．数十万もの多種多様な被害者債権を客観的かつ合理的に判断する基準の設定は困難を極め，事務手続きは気が遠くなるほど膨大となるであろう．つまり，本過酷事故によって広範かつ多様かつ長期に亘る被害に対して支払われる損害賠償の総額は容易に確定できるものではない．損害賠償総額が決定できなければ，東京電力の負債総額が確定できず，更生計画の策定は極めて困難になる．

第二に，仮に，管財人と会社側が膨大な数の債権1つひとつを認否できたとしても，その結果に対して被害者が同意できない場合，被害者は査定申し立ての裁判手続きをとることになる．ここで，問題は2つある．1.そもそも客観的かつ合理的な認否基準が望めないのだから，被害者同意が得られる可能性は高くないこと，2.被害者の損害賠償請求権は弁済順位が低いこと，である．

2の点は，社債権者が電気事業法第37条の「一般担保」に関する規定によって，優先弁済権が認められている[12]ことと合わせて，東京電力を会社更生手続きに移行する際の1つの障害として，議論となった．更生計画における権利順位は，①共益債権，②更正担保債権，③優先的更正債権，④一般更正債権，⑤約定劣後債権，⑥優先的株主，⑦一般の株主，となる．①共益債権とは，会社更生に絶対的に必要な経費であり，東京電力でいえば，送発電事業の運営に必要な経費や原油代金などである．②更正担保債権とは，特定の財産に対して担保権(抵当権，質権，譲渡担保権等)を設定した金融債権などを指す．

---

12) 電気事業法(一般担保)第37条「一般電気事業者たる会社の社債権者は，その会社の財産についての他の債権者に先だつて自己の債権の弁済を受ける権利を有する」．社債権者を保護し，電気事業の長期資金調達の円滑化を図るため先取特権を認めた規定である．

さて，「一般担保」とは，会社財産一般から他の債権者に優先して自己の債権の弁済を受ける権利であり，電気事業法で一般担保とされる社債は，③優先的更正債権に分類される．一方，損害賠償請求権は，④一般更正債権に分類され，社債に劣後するのである．会社更生法では，会社の財産の価値が確定すれば，それに見合って債権の弁済率も決まる．これによって，いわば会社に責任の上限をかぶせ，会社再建の可能性を開くのである．更生計画においては，上記①から⑥の権利の順位を考慮して，公正，衡平な差等を設けなければならない．この観点からいけば，社債権者の債権は保護される一方で，優先弁済順位が劣後する被害者の損害賠償債権の認否は厳しく行われ，弁済率が小さくならざるを得ない[13]．つまり，1の問題からも2の問題からも，被害者が認否結果に同意できず，その結果やむなく査定申し立ての裁判手続きをとる事態が少なからず発生する可能性は，極めて高いと考えられるのである．

ただし，会社更生法第196条5項2号においては，更生計画内で必要と認められる場合には，②更正担保権でさえも返済の猶予や返済の減免などが認められている．したがって，権利の順位が公正性および衡平性に資する限り，②更正担保権に劣後する③優先的更正債権である社債権者に対しても同様の措置が可能と言うことができる[14]．また，池田(2003)は，更生計画の多様性に関連して，「弁済率の関係では一律同率弁済型と，何らかの型で少額債権に厚く，大口債権者に薄くする型などがある」と述べている[15]．こうした更生計画の柔軟性を生かすことによって被害者の④更正債権が劣後する問題は解決できる，とする会社更生法適用論者も存在した．だが，これまで述べたような金融機関の主張などから考えれば，彼ら社債権者が納得するような合理的理由をもって③優先的更正債権の弁済率を引き下げることは極めて難しいと，政策担当者たちは判断したのだった[16]．

---

13)　森田章(2011)49頁は，「仮に破綻スキームをとると，被害者の救済よりも，電力事業者の社債権者の保護が優先される．……社債権者……の先取特権の順位は，民法の規定による一般の先取特権に次ぐ」とする．

14)　久保(2011)11頁．

15)　池田(2003)42頁．

16)　久保(2011)516頁は，「更生担保権の減免等については，憲法29条への抵触が常に問題となる」とする．憲法29条への抵触とは，財産権の侵害を意味する．

第三に，会社更生法手続きにおいて，会社にどれほどの財産があるのかを調査する「財産評定」が必要であるが，通常の会社更生案件でも6か月以上が費やされる．東京電力の場合，一般的な事案における不動産や売掛金にとどまらず，発電所や送電施設などの専門的な設備を膨大に所有しており，果ては，子会社を通じて尾瀬国立公園[17]の約4割の土地を所有しているといった特殊性を備えており，更生計画作成に耐えうる厳格な財産評定には，相当な期間が必要となるだろう．

付け加えれば，会社更生法を民事再生法など他の法的整理手段と比較すると，メリットを3点指摘できる．1.厳格な管理型であり，経営陣の経営権および財産の管理・処分権は失われ，管財人に専属した形で手続きが進められる．民事再生法では，従来の経営陣の経営権および財産の管理・処分権は維持される．2.担保付債権者も更正手続きに拘束され，更生計画に従った弁済しか受けることができない．破産や民事再生法では，担保付債権者は管財人などの思惑とは別に，不動産などの担保を競売などで処分することが可能である．3.管財人が裁判所の許可を得て，更生計画によらない営業譲渡が可能である．さらに，増減資，社債発行，株式交換，合併，会社分割等の会社組織の変更を商法の規定によることなく更生計画で実現できる．したがって，スポンサーを引き込んだダイナミックな事業再生が可能である．民事再生法では，これらの組織変更等には多くの制約がかかる[18]．

しかしながら，これら3つのメリットは，東京電力のケースにおいては有用ではなかった．2の点については，本過酷事故を引き起こし国家的課題となった企業再生案件において，社会的な批判を浴びるのを承知で自らの立場を最優先して担保権を行使する者がいるとは考えにくい．また，1と3の点については，会社更生法を選択せずとも実現可能だと，政策担当者たちは判断したであろう．彼らには，公的管理という選択肢を「手札として最初から持っていた」[19]からである．

---

17) 福島県，栃木県，群馬県，新潟県にまたがる国立公園．総面積3万7200ヘクタール．
18) 永野厚郎(2003)13～15頁．
19) 筆者のインタビューに対する政策担当者の回答(2011.8.19)．

これまで述べたように，仮に会社更生法を適用すると，被害総額を確定できないという難問の上に，会社更生手続きのそれぞれの段階で混乱が発生することが予想され，その結果，東京電力のバランスシートの資産側，負債側双方の確定作業は膨大かつ煩雑な実務を伴い，更生計画案の作成に数年を要するといった事態になりかねない，と想定された．その間，日本全国に亘って広範囲に存在する，多種多様かつ膨大な数の被害者に対して，迅速かつ適切な損害賠償を行うことは極めて難しい．会社更生法の適用は回避されるべきである，と政策担当者たちは判断した．

3　電力債の信用低下による“電力版システミック・リスク”

政策担当者たちが会社更生法を回避した理由は，他にも2つあった．1つは，電力版システミック・リスク発生の危険である．前述したように電力債は電気事業法で優先弁済権が認められているので，仮に東京電力が会社更生法を適用されても，電力債の保有者に損失が生じるわけではない．したがって，会社更生法を適用しても社債市場がさらに混乱をきたすことはない，と会社更生法適用論者は主張した．だが，政策担当者たちの見解は異なり，「機関投資家にとって電力債は準国債という位置づけにある」という認識に立っていた．第一に，電力債は発行規模が大きい．2011年3月期における9電力会社の社債発行残高(国内債)は総額12兆9898億円で，社債市場全体の20.9%を占める．第二に，電気事業法によって社債権者に優先弁済権が与えられている．第三に，電力債の発行は，電力政策の遂行という大義を備えている，これらの理由から，電力債は国債に準ずるに足る信用を得て，社債市場では他の事業会社が発行する社債の信用力判定の目安になっていた．

電力債が準国債として位置づけられているということは，機関投資家は，電力債の発行企業の倒産を念頭に入れていない，ということである．会社更生法の適用によってこの前提を崩してしまえば，仮に優先弁済されて損失が生じなくても，準国債という位置づけはたちまちに失われ，電力債の信用は大きく低下し，機関投資家は購入を控え，電力会社はそれまでと同様の調達は困難となるだろう．電力会社9社の2011年3月期の有利子負債残高は22兆9994億円であり，電力債の発行残高はその50%を占める．この資金調達がままならなくなれば，電力会社の資金繰りは早晩行き詰る．つまり，東京電力に対する会社更生法の適用は，電力債全般の信用度の低下を招き，電力版のシステミック・リスクを引き起こしかねない，と政策担当者は判断したのだった．

もう1つの理由は，事故を引き起こし，依然として放射性物質を放出し続ける福島第一原子力発電所原子炉の冷却，安定化だった．東京電力は4月17日に「福島第一原子力発電所・事故の収束に向けた道筋～当面の取組み(課題・目標・主な対策)のロードマップ」を発表，1か月後の5月17日に改訂版を出した．原子炉との燃料プールの冷却，抑制，除染モニタリングといった安定化のステップを6か月で終え，引き続き中期的課題に取り組むというものであった．これらの現場における多くの作業は，常駐する東京電力社員の指示を受け，複数の取引先企業の社員が行うものであった．仮に会社更生手続きに入った場合，すでに述べたような債権債務関係の整理が，裁判所の判断に従って管財人・会社と取引先企業(債権者)との間で行われるのだから，東京電力と現場の取引先企業との債権債務関係も切れてしまうことが起こりうる．そうなれば，原子炉の事故収束，廃炉安定化作業に大きな支障をきたす恐れがあった，と政策担当者は考えたのである．

4　東京電力が会社更生法適用を模索した理由

意外にも，会社更生法適用は，原賠法第3条ただし書きによる免責が望めないと判断した段階で東京電力が模索した次善の策であった．会社更生法の適用ともなれば，経営者は退陣し，また，厳しいリストラを課されることになる．それでも，当事者である東京電力が自ら法的整理の選択に傾いたのは，原賠法における「無過失責任＋無限責任」という厳格責任を強引に回避する方法であったからだ．管財人によって資産価値が確定すれば，それに見合って債務の削減率も決まる．つまり，いわば強制的に損害賠償責任の上限をかぶせることによって，更正会社による存続の可能性を開くことになるのである．

それに対して，政策担当者たちが検討を進めていた支援機構スキームは，東京電力を倒産させずに存続させ，その一方で会社更生法に匹敵する厳格な責任を課す，言ってみれば「擬似的会社更生法」であった．擬似的会社更生法については第8章で詳しく述べるが，要は，東京電力にとってみれば，賠償責任を負い続けるために会社は存続するのであり，加えて会社更生法を適用した場合と同様の苛烈なリストラ案を政府から要求されるのは必至であり，それでいて債務が削減されるわけではない．そうした会社更生法以上に過酷な道を進むよりも，会社更生法の適用を受け，損害賠償をはじめとする債務が，裁判所の判断によって削減される道を選択したほうが，負の遺産が整理され，新しい出発点に立てることになる．更生会社としての「新東京電力」の負担上限を超えた損害賠償については，政府が負担することになるであろう．

経済政策通として経済界と太いパイプを持つ与謝野は，東京電力会長の勝俣とも折りに触れて議論を交わす関係であった．この頃，与謝野のもとへ勝俣から手紙が届き，それは「会社更生法適用を要望する内容」[20]であった．じわじわと広がる会社更生法適用論に対して，政策担当者たちは，「会社更生法適用論者たちは，倒産させることこそ責任追及の最適手段だというポピュリズム的正義に目を奪われ，実は，東京電力が損害賠償から逃避しようとしていることに気がつかないのか」[21]と，危惧を強めていた．

結局，東京電力は会社更生法の申請を断念した．その理由を，勝俣は後にこう述べている[22]．「一番問題だったのは賠償総額と廃炉総額が決まらないことで，実際の適用申請は難しいと考えた」．この認識は，前述した政策担当者たちの更生手続きに馴染まず，更生計画の作定が困難という判断と同一のものである．さらには，「安定供給も覚束ないなか，賠償も仕組みがまだまだできあがっていない状況だった．原発事故の収束作業でも，ホウ酸水の問題などが続いていた．そんな中で，会社更生法適用の申請なり，経営破綻なりがあったら，オーバーに言えば，国としておかしくなるのではないか，という感じはありました」と東京電力の社会的責任に触れた上で，「仮に破綻でもいいのですが，(破綻後の東電の)引き受け手はもう国しかないでしょう．賠償と廃炉があり，結局，そういうことになる．その他もろもろのことを考えたときに，国家的な負担が今の形(原賠機構スキーム)よりもおそらく大きくなる，というのが，おそ

20)　筆者のインタビューに対する与謝野の回答(2011.7.11)．
21)　筆者のインタビューに対する政策担当者の回答(2011.8.20)．
22)　『日本経済新聞 電子版』2012年6月26日2時．

らく国の考え方だったのだと思います」と，財政悪化を懸念して政府が会社更生法適用を回避したと推論している．

第2節　原賠法第16条の「拡張的解釈による新立法」とは何か

1　排除された賠償負担「上限案」

政策担当者たちは，第3条ただし書きによる免責も，会社更生法適用をも回避し，支援機構スキームの詰めを急いだ．すでに述べたように，その原型は過酷事故発生のわずか1か月後である4月半ばには出来上がっていた．これほど迅速な対応ができたのは，すでに述べたチッソ金融支援方式に加えて，金融システムの安定を任う預金保険制度とその主体である預金保険機構をモデルとして検討を進めたからなのだが，その詳細な検討は第III部第7章で行う．

5月に入って，支援機構スキームの議論は最終段階に入り，閣僚レベルに委ねられた．5月1日，「インナー」と呼ばれる原発事故経済被害対応チーム関係閣僚会合が初めて開かれた．中心メンバーは，チーム長である原子力経済被害担当大臣で経済産業大臣の海江田万里，副チーム長が官房長官の枝野幸男，財務大臣の野田佳彦，文部科学大臣の高木義明の3人，事務局長が文部科学副大臣の鈴木寛，事務局長代理が官房副長官の仙谷由人，福山一郎，内閣総理大臣補佐官の細野豪志の3人であったが，強い発言力をもって主導したのは，枝野と仙谷であった．インナーは，5月9日までに7回，主に首相官邸の官房長官室で開かれた．

4回目となる5月6日のインナーから，本人の強い希望によって経済財政担当相の与謝野が参加することになった．与謝野は，枝野が本過酷事故に伴う責任をすべて東京電力に帰することで，民主党政権への風圧を下げようという意図から，国費の無制限な投入を恐れる財務省の免責適用反対論を受け入れた，と見ていた[23]．与謝野は，原賠法の第3条ただし書きについて，例えば，内閣法制局のような法解釈において権限の付与された公的機関の見解が何も示さ

23)　筆者のインタビューに対する与謝野の回答(2011. 7. 11)．

れていないことを指摘した上で，持論の免責適用を主張した．弁護士である枝野は，免責適用が困難である自分流の解釈を述べたが，譲らない与謝野に対して，「〔原賠法の〕建付けも何も知らないくせに」と言い放った．与謝野は激昂し，2人は怒鳴りあいになった[24]．その後，与謝野は次第に発言を控えるようになるのだが，それは「社会保障と税の一体改革の責任者だったからだ．そうでなければ，辞任していた」[25]．

東京電力はインナーに，新たな要請を持ち込んでいた．社内あるいは顧問弁護士，株主，機関投資家まで第3条ただし書き適用を望む声は根強かったが，会長の勝俣は前述したような第3条ただし書き適用におけるリスクを自覚していた．会社更生法適用についても，政府の同意が得られない理由も理解していた．だが，その頃，支援機構スキームは，東京電力は将来に亘って5兆円にも上る損害賠償総額をすべて返済しなければならない，という案に固まりつつあった．すでに述べたように，支援機構スキームの設計においては，東京電力救済色の払拭が重要とされた．そのためには，損害賠償費用は政府によって手当てされるのだが，国民負担を発生させないためには何らかの形で東京電力に返済させることが必要だと政策担当者たちは判断したのだった．そうなれば，返済が終わるまでは政府による管理監督が続けられることになり，事実上の公的管理となることが明らかであった．

勝俣はそうした経営の自由度が失われるスキームを嫌い，「上限案」の採用を政府に要請した．上限案とは，経営の存続可能な範囲で支出できる東京電力の損害賠償額の上限を設定するというものであり，1兆円あるいは3兆円といった金額も併せて提示された．本過酷事故による資金負担は，損害賠償費用以外にも，廃炉費用と除染費用などを合わせて5兆円を大きく超えて膨れ上がるのは確実であったが，例えば，廃炉費用負担については，官民合同の基金を設立することで，東京電力から切り離す，という案も用意していた．

これまで繰り返し述べてきたように，日本の原賠法は，原子力事業者に「無

24）筆者のインタビューに対する与謝野の回答(2011. 7. 11)および，インナーに出席していた政策担当者の証言(2012. 10. 9)．なお，大鹿靖明(2012)230頁に同場面の描写がある．

25）筆者のインタビューに対する与謝野の回答(2011. 7. 11)．

限責任」を課している．つまり，東京電力の「上限案」の要請は，無限責任から「事実上の有限責任」への変更要求であった．したがってこれは，原賠法の根幹に関わる問題であり，現行法制上，極めて困難であった．また，仮に，東京電力の損害賠償責任に上限を設ければ，それ以上の賠償責任は政府が負うこととなり，第3条ただし書き，あるいは会社更生法の適用と同じように財政上の深刻な問題が発生しかねない．そうしたリスクを，損害賠償総額が見えない中で財務省が認めるはずがなかった．

政権内における協議の中心となった枝野は，第3条ただし書き適用も，会社更生法の適用も，賠償負担上限案も退けた．本過酷事故においては「第3条本則＋第16条」の適用が最も妥当であり，それも一義的には東京電力の責任を追及するが，他方，国策として原子力政策を推進してきた国家責任も逃れることができないことから，政府による公的資金援助を重視した「国の関与を定めた第16条の拡張的解釈による新立法を行うことが最も現実的な政策だ」[26]と主張した．その新立法に相当するのが，支援機構スキームを立法化した支援機構法である．東京電力は受け入れざるを得なかった．後に勝俣は，「政府と交渉して，16条をどう使うかという交渉になった．いろんな条件を(政府から)突きつけられて，受けざるを得なかったと，ということです」[27]と述べている．ある政策担当者は，「第3条ただし書きを適用せず，賠償責任を東京電力に集中する代わりに，政府が最大限の資金援助を行うことで債務超過を回避し，上場を維持することを，枝野，仙谷と財務省が〔手を〕握り，東京電力もやむなく従った，という構図だと思う」と振り返る[28]．

原賠法の適用は，1999年の茨城県東海村におけるJCO事故に続いて2度目である．だが，第16条を適用し，国が原子力損害賠償に関与するのは初めてであった．第I部で詳しく述べたが，原賠法の成立，施行以来，第16条の規定は，原子力損害賠償における国家関与が薄弱で，なおかつ，資金援助の発動基準も手法も範囲も曖昧であり，その決定は行政の裁量に委ねられていること

26) 筆者のインタビューに対する政策担当者の回答(2011. 9. 10).
27) 『日本経済新聞 電子版』2012年6月26日2時.
28) インナーに同席していた政策担当者の証言(2011. 8. 20).

から，厳格責任を課された原子力事業者との関係がアンバランスに過ぎると批判され続けてきた．

したがって，第16条を適用するということは，国家関与が程度において薄弱かつ手法において曖昧な条文規定をもとに，損害賠償制度の実現をはじめとする5つの複合問題を解決しうる有用な危機管理策の制度設計を行い，立法化するということであった．本過酷事故の発生によって，政府は「第16条における曖昧かつ弱い国家関与の具現化」という緊急課題に直面したのである．枝野が，「国家責任を明らかにし，政府による資金援助を重視した，第16条の拡張的解釈によって新立法を行うことが最も現実的な政策だと主張した」のは，第16条適用の妥当性とともに，国家関与の曖昧，薄弱という問題点を，政策担当者たちと議論の上で把握していたからであった．

「第16条の拡張的解釈」について付け加えれば，資金援助の具体化を行政裁量に委ねる曖昧さを利用して拡大解釈を行うことによって，公的資金投入や多様な危機管理機能を組み込んだ実践的な制度設計につなげる，という意味である．この行政の裁量性の発揮についての評価は第II部第6章で行う．

ここで当時の状況を改めて整理すれば，第I部第1章でも述べたように，本過酷事故後の社会的混乱の中で，政策担当者たちは5つの複合問題に直面していた．第一に，被害発生が甚大かつ広域，長期間に及び，3〜5兆円規模と予想された巨額の損害賠償を実現する持続可能なスキームが必要となる．第二に，福島第一原子力発電所の事故収束，原子炉の冷却・安定化を急がねばならない．第三に，安定した電力供給体制を取り戻さなければならない．第四に，電力債市場の機能を復元しなければならない．第五に，東京電力に巨額の融資を行っている金融機関の損失発生を回避し，金融システムの安定を維持しなければならない．

5つの複合問題を同時に解決するには，東京電力の債務超過転落を回避し，維持存続させることが前提となる．政府による資金援助を定めた第16条の拡張的新立法による支援機構スキームは，債務超過転落回避機能を備えていなければならなかった．その一方で，原因企業である東京電力への世論は非常に厳しいものであったため，維持存続策を国民に受け入れてもらうには，東京電力には明確な形で経営責任を示す必要があった．また，東京電力のステークホルダーである債権者，株主に対しても，相応の負担を求める工夫も求められた．巨額資金を要する事故処理スキームは，関係者による損失あるいは不利益の応分負担によって原資が生み出されなければならない．責任の大きさと負担のバランスが崩れたスキームは，世論に受け入れられない．当事者とステークホルダーの責任を明確にした上で，国民負担は最終手段と位置づけ，できるだけ回避あるいは最小限とするスキーム設計上の工夫が必須であった．

ステークホルダーたちに相応の負担を求めるスキームを設計する上で，難題は民間金融機関への対処であった．原賠法第３条ただし書きによる免責適用を求めた民間金融機関に対して，例えば，枝野は，債権者として責任を放棄しているとの認識を示し，債権放棄を求める発言を行った[29]．だが，債権放棄を行うならば，東京電力が融資先として不良債権化していることになり，それ以降の新規融資は極めて難しくなる．つまり，金融機関に損失その他相応の負担を負わせれば，その後の資金調達に支障をきたす，という二律背反が発生するのである．これらの事情を勘案すると，債権者としての金融機関の責任は，相応の損失負担ではなく，追加の協力に応じさせる，もっと言えば，資金支援スキームに組み込んで固定してしまうことで果たさせる，と政策担当者は考えたのである．

それでは，長期に亘って巨額の損害賠償費用，廃炉費用，除染費用などの支出が続く東京電力を債務超過転落から常に回避させることができるスキームとは，どのようなものなのだろうか．その構造を解説するには，財務諸表を貸借対照表と損益計算書の両面から検証することが必要となるが，その前に，改めて本過酷事故の特質に触れておきたい．第一は，被害者は広域かつ多様に存在し，被害の程度や種類も千差万別であり，損害賠償額が最終的にどれほど巨額に膨れ上がるか，どれほどの期間を対象とすればいいのか，損害賠償交渉が開始された時点ではとうてい確定できず，およそ3〜5兆円といった単位でしか予測できないことにある．

第二は，損害発生当初には想定できなかったが，数年，数十年の後に発生す

29）『日本経済新聞』その他メディアが揃って，2011年5月14日，「枝野官房長官が民間金融機関に債権放棄を促す発言をした」と報道した．

る放射線障害による被害(晩発性障害と呼ぶ)──例えば，癌の発症──でも因果関係が証明されれば[30]，その賠償にも対応を迫られることである．したがって，政策担当者たちに課されたのは，この2つ不確定要因を組み込んだうえで，膨大な数の被害者に対して迅速かつ適切な賠償を開始することを可能にし，それでいて，原子力損害の影響が消え去るまでの長期間に亘って機能し，その間，東京電力が債務超過転落を回避し続けられるスキームの設計であった．

2　財務諸表に見る債務超過回避スキームの構造

以下に，東京電力の財務諸表を用いて，債務超過回避スキーム設計の構造を検証する．貸借対照表は，右側が負債および純資産の部であり，左側が資産の部である．右側の負債は固定負債，流動負債，特別法上の引当金などの項目に分かれている．固定負債には，社債，長期借入金，退職給与引当金などの労働債務などが並ぶ．流動負債は，短期借入れである．純資産は，概ね株主資本からなる．さて，原子力損害の被害者に賠償を行うためには，損害賠償のための引当金を負債に計上しなければならない[31]．この「損害賠償引当金」が巨額化して負債が膨れ上がった場合，また，事故関連処理に係る特別損失を計上するなどして最終赤字に陥り，株主資本を毀損した場合，貸借対照表の左側の資産部門と見合わなくなり，超過してしまう，逆に言えば，資産が不足してしまう．この状態を債務超過と言う．東京電力は，公的資金による援助がなければ，こうした実質破綻状態に陥るのは確実と見られていた．

したがって，東京電力の債務超過回避のためには，第一に，貸借対照表上の

30)　下山(1976)545頁によれば，身体障害に関して起こりうる晩発性障害は，「遅発的障害」と「遺伝的障害」に区分される．放射線被曝から一定期間が経過した跡で発症する症状が「遅発的障害」で，癌や白血病などの発症確率が上昇するという形で出現する．癌や白血病は通常の生活を営んでいても発症するため，発症確率が上昇したとしても，原因が通常生活にあるのか，放射線被曝なのか線引きは難しい．「遺伝的障害」は，人体の細胞内にある核が放射線被曝により影響を受ける．核の中にある遺伝情報をつかさどる染色体が放射線被曝により破壊，変異すると考えられているためだが，子孫にどのような影響が発生するのか解明されているわけではない．したがって，因果関係の立証は非常に困難であると考えられるため，被害者のために何らかの立証補助手段を法律上で手当てする必要があるのではないか，と提言されてきた．

31)　東京電力の貸借対照表の負債の部には，2011年9月期決算から「原子力損害賠償引当金」項目が設けられた．

負債の部に計上された損害賠償引当金と同額の資産が，支援機構[32]を通じた政府の資金援助によって資産の部に同時的に補塡される仕組みが必要ということになる．その補塡の仕組みがあれば，どれだけ事後的に損害賠償額が膨れ上がり，また長期化したとしても，常に損害賠償に関しては負債と資産のバランスが取れ，お互いを相殺してしまい，事実上貸借対照表から外してしまう（オフバランス）ことが可能になり，貸借対照表を毀損しないのである．

ところが，そこには財務会計上の難題があった．東京電力が支援機構を通じて政府の資金援助を受ける場合，通常であれば，それは支援機構にとっては金融債権であり，東京電力にとっては金融債務である．しかし，金融債務であれば資産の部に補塡のために計上することはできなくなり，負債として計上され，負債の部がさらに膨れ上がることになってしまう．これでは，債務超過回避策にならない．そこで政策担当者は，援助資金の会計上の認識を逆転させた．東京電力にとって，金融債務ではなく，支援機構に対する援助資金の請求権と位置づけ[33]――それを「未収原子力損害賠償支援機構交付金」と呼ぶ――とし，債権として資産計上することにしたのである．

財務会計の一般論として，供与された資金が返済を前提にしたものであり，なおかつ返済計画が，金額，期間，方法などの点で具体的に決定されていれば，それは供与された側の債務として認識される．だが，その逆に，返済計画におけるそれらの点が明確にはなっていないのであれば，債務性は極めて低いと認められ，負債ではなく資産としての計上の道が開ける．ただし，東京電力に対する支援機構を通じた資金援助は税収を財源としており，原因企業である東京電力への世論が非常に厳しいものであることを考え合わせれば，返済が担保される何らかの仕組みを備えていなければ，国民の理解は得られないと思われた．国民負担を極小化することは，損害賠償スキーム設計にあたっての大命題であった．

こうした制約条件のなかで，政策担当者たちが辿りついたのは，以下のよう

32） 東京電力の債務超過回避スキームの検討時は，機構構想は固まっていたものの，「支援機構」という名称はまだなかったが，本論では一貫して支援機構と表記する．

33） 東京電力の貸借対照表の資産の部には，2011年9月期決算から「未収原子力損害賠償支援機構交付金」項目が設けられた．

なスキームだった．支援機構は損害賠償に関する資金を「援助」する．他方，東京電力は毎年の利益のなかから支援機構に対して「特別負担金」を支払う．この「援助」と「特別負担金」は，事実上は「融資」と「返済」の関係にあるのだが，法律構成上は両者の関係は完全に断ち切れている．また，特別負担金は，東京電力の収益状況を勘案して，毎年決定することとする．つまり，毎年額は変動する．こうした措置によって，支援機構からの交付金の債務性は会計上，極めて低いと認識できる．ある政策担当者は，「催促ありのある時払い，という建付けだ」と解説した[34]．

他方，損益計算書においては，原子力損害賠償引当金は「特別損失」の扱いとなる．支援機構による交付金は「特別利益」として計上される[35]．こうして，損益計算書においても，両者は相殺されることとなり，最終損益に影響を与えることはなくなる．この財務諸表における損害賠償に関わる「引当金」と「交付金」が相殺する仕組みが，支援機構スキーム設計において，政策担当者たちが最も腐心した点であった．

付け加えれば，前述したように，東京電力が債務超過に転落しかねない要因は，損害賠償だけではなく，廃炉費用や除染費用などの負担，事業収支の赤字など他にもある．それらにも対応するために，交付金以外に，融資，政府保証，出資(株式の買取り)など多様な資金援助メニューを，機構スキームに備え付けることも必要とされた．

第3節　政策担当者たちはいかにして支援機構スキームに辿り着いたか

1 「国の社会的責務」と「国民負担の極小化」

インナーと呼ばれた関係閣僚会合は，5月9日に最終結論に達した．その翌日の5月10日，東京電力社長の清水正孝が首相官邸に海江田経済産業大臣兼

34)　筆者のインタビューに対する政策担当者の回答(2012. 7. 10)．

35)　東京電力の損益計算書には，2011年9月期決算から，特別損失として「原子力損害賠償引当金」，特別利益として「原子力損害賠償支援機構交付金」が計上されている．

原子力経済被害担当大臣と枝野官房長官を訪れ，「原子力損害賠償に係る国の支援のお願い」と題する要請書を提出，原賠法第 16 条に基づく国の資金援助を要請した．この東京電力の正式要請をもって，第 3 条ただし書きの適用は見送られ，会社更生法による法的整理も選択されることなく，東京電力の賠償負担に上限を設ける案も退けられ，第 16 条適用が政府決定として公式に周知された．要請書には，「社債発行，金融機関からの借り入れなど資金調達が厳しく，資金面で早晩立ち行かなくなる」と窮状が記されていた．同時に，役員報酬を含む人件費の削減，不動産などの 5000 億円規模の資産売却などからなる経営合理化計画を説明，政府に理解を求めた．

東京電力が免責適用も上限案も自ら断念し，原賠法第 16 条に則った国家援助スキームを正式に要請するために社長である清水が官邸を訪ねるという形式を取ったのは，この時点ではまだ一定の勢力を保っていた，第 3 条ただし書きを適用した上で，政府が全面的に損害賠償責任を負うべきであると主張するグループ，あるいは東京電力の損害賠償責任に上限を設け，それ以上は国が負担すべきだと主張するグループに対して，政府と東京電力が原賠法第 16 条適用で合意したことを知らしめる“儀式”が必要であったからだ[36]．

この要請を受けて，海江田は，政府支援の前提となる以下の 6 項目の確認を東京電力に行った．

①賠償総額に事前の上限を設けることなく，迅速かつ適切な賠償を確実に実施すること．

②東京電力福島原子力発電所の状態の安定化に全力を尽くすとともに，従事する者の安全・生活環境を改善し，経済面にも十分配慮すること．

③電力の安定供給，設備等の安全性を確保するために必要な経費を確保すること．

④上記を除き，最大限の経営合理化と経費削減を行うこと．

⑤厳正な資産評価，徹底した経費の見直し等を行うため，政府が設ける第三

---

36) 原子力発電所事故経済被害対応チーム関係閣僚会合(2011)によれば，ある閣僚から，「(要請書のなかで)東京電力は未だに賠償ではなく補償と言っており，3 条ただし書きの可能性を捨てていないように見える．賠償という言葉を使うことを徹底すべき」という指摘がなされている．

者委員会の経営財務の実態の調査に応じること．

⑥すべてのステークホルダーに協力を求め，とりわけ，金融機関から得られる協力の状況について政府に報告を行うこと．

政府は①から③の項目で，まず上限案を改めて明確に否定し，東京電力の「無限責任」の遂行義務を確認したうえで，迅速かつ適切な損害賠償，福島原子力発電所の事故収束に加えて原子炉の冷却・安定化，電力の安定供給，という3つの大きな役割を鮮明にしている．その上で，④と⑤では，厳格なリストラを遂行すること，それを第三者が監視しつづけることで東京電力の経営責任の明確化を行うこととした．政策担当者たちがとりわけ重視したのは，第三者による資産査定チームの受け入れを東京電力に認めさせることであった．公的資金援助による国民負担の発生を極小化するには，可能な限りの資産売却と徹底的なコストダウンとリストラクチャリングが必要であり，それには第三者の厳しい査定が必須であるからだ．これらの確認項目を受けて，5月24日の閣議において，有識者からなる「東京電力に関する経営・財務調査委員会」(以下，調査委員会)が内閣官房に設置されることが決まった[37]．およそ4か月後の10月3日，調査委員会は報告を公表した．その詳細な分析は，第III部第8章で行う．

他方，東京電力は早くも4月25日には，新規採用の見送り(2012年度予定の1100人を採用せず)，役員報酬の削減(常務以上は報酬の50%以上，執行役員は40%)，社員給与の削減(管理職は年俸の約25%，一般社員は年収の約20%)という内容のリストラ策を発表していた．ところが，多方面から不十分であるという批判が相次ぎ，東京電力は事実上政府に追加策を促され，5月10日，役員報酬の削減幅拡大(会長，社長，副社長の計8人は全額返上，常務は60%削減)，有価証券と不動産の売却(目標を2000億円から5000億円に引き上げ)，非電力事業の整理，などからなる2度目のリストラ策を，政府への資金援助要請とともに打ち出した．加えて，すべてのステークホルダーに応分な負担を求める旨を確認項

---

37)　委員長は下河辺和彦(弁護士)，委員は引頭麻美(大和総研執行役員)，葛西敬之(東海旅客鉄道会長)，松村敏弘(東京大学社会科学研究所教授)，吉川広和(DOWAホールディングス会長)．経済産業省出身の西山圭太事務局長が，法律，会計などの専門家によるタスクフォースを率いた．

目の⑥に組み込んだのだった[38)].

東京電力の全面的な了承を受けて，5月13日，原子力発電所事故経済被害対応チーム関係閣僚会議において，政府がなすべき以下の「三原則」を確認するとともに，東京電力に対する支援およびその「具体的な支援の枠組み」が決定された[39)].

三原則

第一に，迅速かつ適切な損害賠償のための万全な措置，

第二に，東京電力福島第一原子力発電所の状態の安定化及び事故処理に関係する事業者等への悪影響の回避，

第三に，国民生活に不可欠な電力の安定供給，

という3つを確保するべく，これまで政府と原子力事業者が共同して原子力政策を推進してきた社会的責務を認識しつつ，原賠法の枠組みの下で，国民負担の極小化を図ることを基本とする．

ここでは，原子力政策を国策民営として推し進めた国の責任を問う声を受け止め，国の「社会的責務」という文言を盛り込んでいる．他方，東京電力救済策だという世論の反発を和らげるために，「国民負担の極小化」を図る姿勢を強く打ち出した．この三原則に加えて，同日，支援機構スキームの骨格が「具体的な支援の仕組み」と題して，正式に発表された．以下が，その全文である．改めて述べれば，支援機構スキームが，政府による援助が被害者に対して直接行われるのでなく，あくまで賠償責任を負う事業者に対して行われる間接型支援方式となったのは，事業者対被害者という，私人対私人の紛争解決手段の枠組みを基本に据える原賠法が規定する原子力損害賠償制度の枠組みの中で策定されたものであることからである[40)].

38) 極めて少数派ではあるが，森田(2011)49頁のように，「政府が同法上の援助のための条件として，私企業である東京電力の経営に干渉し，財産の供出を事実上強制し，あげくに従業員の企業年金をカットさせるというのは，原子力損害賠償法が全く予定していなかった条件を原子力事業者及びその関係者に課すことになる．これらの政府による財産供出の要求は，財産権の侵害にならないのであろうか」という批判もある．

39) 原子力発電所事故経済被害対応チーム関係閣僚会合決定(2011).

40) 田邉(2012)14頁.

具体的な支援の仕組み

政府の東京電力に対する支援の枠組みとして，次のように原子力事業者を対象とする一般的な支援の枠組みを策定する．

1. 原子力損害が発生した場合の損害賠償の支払等に対応する支援組織(以下，「機構」という)を設ける．
   機構への参加を義務づけられる者は原子力事業者である電力会社を基本とする．参加者は機構に対し負担金を支払う義務を負うこととし，十分な資金を確保する．負担金は，事業コストから支払いを行う．
2. 機構は，原子力損害賠償のために資金が必要な原子力事業者に対し援助(資金の交付，資本の充実等)を行う．援助には上限を求めず，必要があれば何度でも援助できるようにし，原子力事業者を債務超過にさせない．
3. 政府または機構は，原子力損害の被害者からの相談に応じる．また，機構は，原子力事業者からの資産の買い取りを行う等，円滑な賠償のために適切な役割を果たす．
4. 政府は，機構に対し交付国債の交付，政府保証の付与等必要な援助を行う．
5. 政府は，援助を行うに先立って原子力事業者からの申請を受け，必要な援助の内容，経営合理化等を判断し，一定期間，原子力事業者の経営合理化等について監督(認可等)をする．
6. 原子力事業者は，機構から援助を受けた場合，毎年の事業収益等を踏まえて設定される特別な負担金の支払いを行う．
7. 機構は，原子力事業者からの負担金等をもって必要な国庫納付を行う．
8. 原子力事業者が負担金の支払いにより電力の安定供給に支障が生じるなど例外的な場合には，政府が補助を行うことができる条項を設ける．

政府は初めて，この「具体的な支援の仕組み」の発表によって，「資金の交付」，「資本の充実(出資を意味する)」，「資産の買い取り」など，あらゆる資金援助手段を，「上限を求めず」，「何度でも」用いて，東京電力を「債務超過にはさせない」という強い意志を示した．上限なしの資金援助を可能にするために，政府は機構に対して「交付国債の交付」，「政府保証」などの措置をとる．一方，資金援助を受けるために，東京電力は，「経営合理化」などを盛り込んだ計画書を「申請」し，その妥当性を判断され，「認可」されれば，資金援助がなされ，その後は経営合理化が申請通りに履行されるか，機構の「監督」を受ける．また，毎年の収益状況を勘案して決められる「特別な負担金」(すでに詳しく述べたように，事実上は返済金であるが，法律上，会計上は返済金ではない)を支払う．その特別負担金に加えて，他の原子力事業者が納付する「負担金」をもって，「国庫納付」金とする．

こうした措置によって，国民負担は発生しない，あるいは極小化を図る．なお，「負担金は，事業コストから支払いを行う」とは，負担金は電気料金に転嫁できることを意味する．他方，東京電力が，「毎年の事業収益等を踏まえて設定される特別な負担金の支払いを行う」のは，特別負担金は最終利益から支払われるという意味であり，つまり，電気料金には転嫁できない．そして，万が一の「電力の安定供給に支障が生じるなど例外的な場合」に備えて，政府が全面的な(と読める)補助を行う条項を付け加えた．これらが，支援機構スキームの骨格であった[41]．

新設される機構は，原子力事業を営む電力会社8社(沖縄電力は含まれない)の参加を義務付け，電力業界の相互扶助組織とした．同様の制度は，すでにアメリカとドイツで取り入れられている．相互扶助制度が取り入れられたのは，公的資金が投入されるにあたっては，業界全体による資金負担という広義の自己責任原則の遂行を大前提にしなければ，世論の納得が得られないと判断されたからである．機構はその後，官民折半で出資する特殊会社として設立され，そ

---

41) 岩淵(2011)23頁は，「政府案をみると，政府の財政負担は最終的にほとんどないようになっている．このようなスキームが原賠法16条本来の国の援助の趣旨に合致しているといえるのか疑問もなくはない……東京電力の救済のために国民の税金を使うのはおかしいとする，ある種のポピュリズム的批判もあるように聞くが，同条の国の援助は，もともと法律が定めている，政府の財政負担を前提にした制度であるし，その制度に基づいて政府から東京電力に拠出される資金は被災者に対する賠償に充てられ，その保護を確実にするものであるから，これらの点を丁寧に説明していけば，上記のような批判はなくなっていくはずである」と述べている．

のことはこの時点でもすでに決定していたのだが，この文書には，政府の出資が盛り込まれていない．業界の相互扶助組織であることを前面に押し出し，公的資金による東京電力救済策であることの印象を極力和らげるために，あえて挿入しなかったと思われる．

原子力事業者が納付を義務付けられた負担金には，2つの意味があった．1つには，東京電力の支援である．これは過酷事故によって発生した東京電力の損失を埋める資金という性質を持つため，一部では“電力版奉加帳方式”と受け止められた．複数の人に寄付金を募る際に使用する奉加帳を冠した方式とは，1990年代後半の金融システム危機において金融当局が利用した方式であり，例えば，経営危機が表面化した日本債券信用銀行に対して，当局は金融機関34社へ共同出資を求め，1997年7月に2907億円の増資を行った．このとき，奉加帳方式という用語が定着した[42]．もう1つは，将来の原子力事故の発生に備えて資金を積み立てる「保険金」としての性質である．

だが，機構が自分たちの参加を義務付ける相互扶助組織にすることに対して，電力会社の抵抗は決して小さくなかった．機構が原子力損害に対処するための普遍的組織であり，全原子力事業者に対する保険機能を有していたとしても，現実には東京電力の損害賠償等の資金負担を応分に求められている方に力点が置かれているのが明らかだったからである．電力会社の首脳たちは，東京電力の損失を自分たちが負担することについて合理性はなく，株主たちの理解を得られにくいと抵抗したのだった．また，電力業界以外からも，立法以前に発生した原子力損害事故に遡って負担を強制するのは法的妥当性を欠くのではないか，という指摘がなされた[43]．

42）付き合いで資金を負担させられたり，署名させられたりするのが奉加帳方式であり，1990年代後半に発生した金融システム危機において，金融行政の裁量によって，個別金融機関の救済のために，金融界が横並びで資金の拠出を要請するケースがあった．それを引き合いに出して，電力版の奉加帳方式である，という指摘がなされた．日本債券信用銀行は結局，1998年12月に破綻し，2907億円の出資金は戻らなかった．

43）田邉・丸山(2012)17頁は，「東京電力以外の原子力事業者は，機構法という，事故後に立法された法律の下で，他者の賠償責任履行の一部を「肩代わり」しなければならないことになる．各原子力事業者が損害賠償の迅速・円滑な履行の確保に係る共通の利益を共有していようとも，事後の立法によって，このような負担の強制が是認されうるのかについては検討の余地が大きいと考える」と指摘する．他方，森田(2011)48頁は，「政府が負担すべき福島原発これに対して政策担当者たちの考え方は，極めて現実的であった．すでに述べたように，東京電力が債務超過に陥り，仮に倒産ともなれば，すべての電力会社が発行する電力債は，準国債の地位を失い，信用が著しく低下し，社債市場に復帰できないまま資金調達難に立ち至る可能性があった．電力会社の経営悪化は，金融機関の信用低下を招きかねない．いわば，電力版のシステミック・リスクの発生である．この深刻なリスク回避の観点に立てば，機構に対する負担金の事後的拠出は合理的根拠に基づいており，企業価値の低下を防ぐもので，株主利益に反しない，そう説得したのだった．

2　想定された必要資金「10兆円」

政策担当者たちは，東京電力存続維持のために必要となる損害賠償支払い(除染費用を含む)資金を「3～5兆円」，廃炉費用に5兆円，合計およそ10兆円が将来に亘って必要だと想定し，支援機構スキーム構築を進めた．巨額の資金をいかに賄うか．手法は3つ考えられる．第一に，交付国債，政府保証に加え，出資(株式の買取り)を含む公的資金の更なる投入，第二に，電力料金の引き上げによる収益向上，第三に，柏崎刈羽原子力発電所の再稼働によるコストダウンである．彼らは，それぞれをいかに進めるか，すでに，シナリオを描き始めていた．支援機構スキームを煮詰める過程で，電気料金の引き上げに対する政治家の強い拒否感は身に染みていたし，政府による出資にまで踏み込めば救済色がいっそう強くなることから，国民に理解を得ることも容易ではなく，政策実現のハードルは一段上がることを十分認識していた．そして，それらを実現していくために必要不可欠な条件は，東京電力の経営陣を交代させ経営責任を明確化させることだということを理解していた．

他方で，政策担当者とりわけ経済産業省，資源エネルギー庁の出身者たちは，

事故の損害賠償の責任を東京電力以外の原子力事業者に法律で負担を強制することは，これらの事業者の財産権を侵害するおそれがあるとの指摘がなされている．しかしながら，原子力損害賠償責任を政府が最終的に負うとしても，財政負担にも限度があろうし，ゆくゆくはこれの一部を原子力発電の電力の使用者に求償するという考え方を採用することになろう．このことを勘案するときは，東京電力を含めた9電力会社に対して，応分の負担を求めることは必ずしも不当とはいえないであろう」とする．

新たな政策課題を意識し始めていた．電力自由化・制度改革と東京電力問題の関係である．彼らは支援機構スキームの設計過程で，東京電力幹部と交渉，資産査定を行った際，その内向きで閉鎖的な企業文化，総括原価方式に依存した非効率経営を，改めて思い知らされ，電力制度を改革して自由化を促進することによって，地域独占体制を打破し，競争原理を導入する必要性を強く感じるようになった．それは，過去に頓挫した電力自由化・制度改革を再び主要政策課題として取り組むことでもあった．

日本における電力自由化は，1995年に始まった．この第一次自由化で，卸供給業者(自家発電を行う企業や新規に発電設備を購入する商社など)が，電力会社を通じて，自ら発電した電力を卸売りすることが解禁された．2000年の第二次自由化では，契約電力が2000キロワット以上の大口需要家に限って，小売市場への参入が可能になった．小売市場への新規参入者は特定規模電気事業者と呼ばれる．特定規模電気事業者は，送配電設備を所有していないので，電力会社の送配電設備を賃借しなければならない．そのための接続ルールなども併せて決定された．2003年の第三次自由化では，小売市場の規制が，契約電力が50キロワット以上の需要家まで，緩和された．だが，その後，50キロワット未満の小口需要家市場や一般家庭市場の自由化はまったく進まず，また，発送電分離も見送られたままであった．

発送電分離とは，電力会社の発電部門と送電部門を分離し，発電部門における競争を促進する一方，送電部門は規制下に置き独占を保つ政策である．送電部門を中立性の高い公的なインフラ事業とし，新規参入者を交えた多くの発電事業者がそれを利用するのである．発送電分離の方法は大別して，機能分離と法的分離の2つがある．機能分離は，送電部門を電力会社の中に残したまま，別会計として運用を中立機関に委ねる．他方，法的分離は，会社を分割し，送電部門を子会社として切り離すのである．独占の利益を減衰させる発送電分離を電力会社が受け入れるわけがなかった．第2章で述べたように，電力業界の抵抗によって経済産業省が発送電分離に失敗したのは，周知の事実であった．

ある政策担当者は，「発送電分離が電力制度改革の基本的方向であり，それを見据えて東京電力についてもそういうことをやる」と説明した[44]．「そういうこと」とは，東京電力に対して発送電分離の仕組みを持ち込む，ということであろう．すでに述べたように，この時点で，政策担当者たちは東京電力に対する資本注入は不可避だと考えていた．したがって，この発言には，株主としての権限を利用して東京電力内で両部門の分離を行う，つまり，東京電力を電力自由化・制度改革のテストパイロットにする，という意図が込められていることになる[45]．

44）筆者のインタビューに対する回答（2011. 9. 7）．

45）大塚（2011b）44 頁は，本過酷事故を，「1 つの機会として，従前からの競争法の観点から，地域独占の解消，発送電の分離を実現すべきであるとの見解も唱えられている．この問題は，かねて電力の安定供給と電力の低価格化という 2 つの要請が衝突する場面であったが，今般の事故により，原子力発電所の新・増設は極めて困難となり再生可能エネルギーのような低炭素の分散型エネルギーの導入が焦眉の急となったことから，地域独占に対する批判は今まで以上に高まっている」と，当時の世論を総括している．

第 6 章

過酷事故の教訓と原賠法，支援機構法改正の論点

第1節　原子力損害賠償支援機構法とは何か

支援機構スキームは成文化され，2011 年 6 月 14 日の閣議決定を経て，「原子力損害賠償支援機構法案」(以下，支援機構法案)として国会に提出され，衆参両院の議論を経て一部修正が施されて成立，8 月 10 日に公布，施行された．これを受けて，9 月 12 日に「原子力損害賠償支援機構」(以下，支援機構)が設立された．以下に，原子力損害賠償支援機構法(以下，支援機構法)の主要点および支援機構の業務について述べる．なお，この項における支援機構法の条文解説については，「内閣官房原子力発電所事故による経済被害対応室」による逐条解説[1)]と，同対応室の参事官補佐である有林浩二の「原子力損害賠償支援機構法の制定と概要」[2)]を参考にし，政策担当者たちへの聞き取り調査を踏まえ，解釈を付け加えた．

1　目的(第 1 条)

第 1 条　原子力損害賠償支援機構は，原子力損害の賠償に関する法律(……以下，「賠償法」という．)第 3 条の規定により，原子力事業者……が賠償の責めに任ずべき額が賠償法第 7 条第 1 項に規定する賠償措置額……を超える原子力損害……が生じた場合において，当該原子力事業者が損害を賠償するために必要な資金の交付その他の業務を行うことによ

1)　内閣官房原子力発電所事故による経済被害対応室(2011).
2)　有林浩二(2011)32～38 頁.

り，原子力損害の賠償の迅速かつ適切な実施及び電気の安定供給その他の原子炉の運転等……に係る事業の円滑な運営の確保を図り，もって国民生活の安定向上及び国民経済の健全な発展に資することを目的とする．

原賠法(条文では賠償法)第3条の本則適用によって原子力事業者に無過失責任等の厳格責任が課され，第7条が規定する賠償措置額1200億円を超える原子力損害が発生した場合，支援機構(を通じた政府)が必要な資金交付などの業務によって援助を行う，という第1条の規定は，政府の援助に関しての規定である原賠法第16条とほぼ同じ内容であり，支援機構法が原賠法第16条に則って立法化されたことを改めて確認することができる[3)]．支援機構を設立して政府が援助を行う目的は，「賠償の迅速かつ適切な実施」および「電気の安定供給」であり，前述した「政府の三原則」が反映されている．加えて，「他の原子炉の運転等……に係る事業の円滑な確保を図り」とあるのは，本過酷事故によって，他の電力会社の原子力事業の続行にもさまざまな困難が生じることが予想され，その解決についても支援機構が関与することがありえる，との意味である．

2　国の責務(第2条)

第2条　国は，これまで原子力政策を推進してきたことに伴う社会的な責任を負っていることに鑑み，原子力損害賠償支援機構が前条の目的を達することができるよう，万全の措置を講ずるものとする．

国の責任については，6月14日の閣議決定において，「政府は，これまで政府と原子力事業者が共同して原子力政策を推進してきた社会的責務を認識しつつ」とはしたものの，具体的な条文としては支援機構法案には盛り込まれなかった[4)]．この第2条は，国の責任を明確化する観点から，衆議院の条文修正に

3)　衆議院東日本大震災復興特別委員会議事録(2011. 7. 20)によれば，海江田経済産業大臣は斉藤鉄夫議員の質問に答え，支援機構法に明記はされていないが，支援機構法が原賠法第16条の規定に根拠を有するものとして理解してよいと答弁している．

4)　衆議院東日本大震災復興特別委員会議事録(2011. 7. 26)によれば，菅直人内閣総理大臣

よって追加された条文である．閣議決定の「社会的責務」と本条の「社会的な責任」という文言は，原子力政策が戦後一貫していわゆる国策民営体制によって進められてきた歴史的経緯を踏まえて，第I部第2章で詳しく述べたように，政権内においては与謝野馨，法曹界においては野村修也などが主張した「国家の責任」を認めつつ，他方では，決して国家が原子力損害の法的賠償責任を直接負うわけではないという認識が込められている．

3　法人格等(第3条〜第13条)

第3条から第13条までは，「法人格等」についての規定である．支援機構は法人として，3つの特徴がある．第一は，損害賠償措置額を超える原子力損害が発生した場合に，事故原因者である原子力事業者が損害賠償を完全に履行できるよう，すべての原子力事業者が参加して相互扶助を行うという観点から設立されること，第二は，原子力産業全体で責任を担うという公共的な性格に鑑み，特別な法律によって設置される認可法人の形態をとること，第三は，政府と政府以外(官民双方)によって出資されること，である．第三の点において，第2条に記された国の責任が具現化されたといえる[5]．

4　運営委員会(第14条〜第22条)

第14条から第22条までは，「運営委員会」についての規定である．支援機構には，重要事項を議決する権限を有する運営委員会が設置される[6]．重要事項とは，定款の変更，業務方法書の作成又は変更，予算及び資金計画の作成又

は，賠償の一義的な責任は東京電力にあるが，原子力政策を進めてきた国が，東京電力が被災者に賠償を実行可能とするようにする責任はあり，その意味から本法律案を提出した，と述べ，国の責任を認識していることを明かした．

5)　その後，原子力損害賠償支援機構への出資額は，以下の通りに決定した．北海道電力2億5400万円，東北電力4億1800万円，東京電力23億7900万円，中部電力6億2200万円，北陸電力2億3600万円，関西電力12億2900万円，中国電力3億3100万円，四国電力2億5400万円，九州電力6億6000万円，日本原子力発電3億3200万円，Jパワー1億6800万円，日本原燃1億1700万円．これらの合計金額70億円と同等の出資が政府によってなされ，官民折半で合計140億円となった．なお，原子力事業を営んでいない沖縄電力は参加していない．

6)　これに類似した組織としては，預金保険機構の運営委員会(預金保険法第14条)，銀行等保有株式取得機構の運営委員会(銀行等保有株式取得機構法第26条)，原子力発電環境整備機構の評議委員会(特定放射性廃棄物の最終処分に関する法律第53号)などがある．

は変更，決算，その他運営委員会が特に必要と認める事項，である．運営委員会は8人以内の委員，委員の互選によって定められる委員長，理事長及び理事によって構成される．委員は，原子力事業者への資金援助とそれに伴う資金調達といった支援機構の業務遂行のため，電気事業のみならず経済，金融，法律，会計の専門的知識と経験を有していなければならず，理事長が主務大臣の認可を受けて任命する[7]．委員任期は2年であり，再任できる．

5　役員等(第23条〜第34条)

第23条から第34条までは，「役員等」についての規定である．支援機構には，役員として理事長1人，理事4人以内，監事1人を置く．理事長及び監事は主務大臣が任命し[8]，理事は理事長が主務大臣の認可を受けて任命する．役員の任期は2年であり，再任できる．

6　業務の範囲等(第35条〜第37条)

第35条から第37条までは，「業務の範囲等」についての規定である．支援機構の主たる目的は，第1条にあるように，大規模な原子力損害を生じさせた原子力事業者に対して損害賠償に必要となる資金を交付することである．その資金交付に関連して発生する「負担金の収納」，「資金援助」が支援機構の主たる業務となる．また，損害賠償が円滑に実施されるために必要となる「被害者の相談をうけること」も業務となる．

支援機構法では，支援機構が必要とする費用を原子力事業者が共同で負担することとしている．相互扶助のための共同負担は，将来に亘って原子力損害賠償の適切な実施を担保する制度を持つことで，原子力事業者は原子力発電への信頼感が高まるなどの共通の利益を得られるという論理によって，正当化される．さらに現実に照らして付言すれば，支援機構の資金援助によって東京電力が債務超過を回避し，維持存続できれば，電力債の高い信用度を保つことにつながり，他の電力会社の経営安定化に寄与する，という切迫した根拠があった．

---

7)　2011年9月30日に弁護士の下河辺和彦らが任命され，委員長に選出されている．
8)　2011年9月15日，一橋大学前学長である杉山武彦が理事長に任命された．

この共同負担について規定したのが，以下の第38条から第40条である．

7　負担金(第38条〜第40条)

第38条では，原子力事業者は支援機構の事業年度ごとに，支援機構の業務に要する費用に充てるために，「負担金」を納付しなければならないと定めている．負担金とは，すべての原子力事業者が納付する負担金(一般負担金)と，特別資金援助を受けた原子力事業者のみが納付する負担金(特別負担金)の双方を指す．特別資金援助とは，交付国債による国の支援を伴う資金援助を指し，東京電力が対象となるが，詳しくは後述する．第39条では，原子力事業者個々の負担金の額について，「一般負担金年度総額」(支援機構の事業年度ごとに原子力事業者から納付されるべき負担金の総額)をまず算出し，それに負担率(一般負担金総額に対する原子力事業者ごとに定める割合)を乗じたものとしている．一般負担金年度総額，負担率ともに，主務省令で定める基準に従って，支援機構が運営委員会の議論によって定め，主務大臣の認可を受けなければならない．

一般負担金年度総額とは，支援機構に課された目的が円滑かつ適切に達せられるために必要な費用のうち，原子力業者が負担する分である．それは，3つの要素から決まる．第一は，損害賠償額に加え，その他の事故費用の長期的見通し，いわば資金需要予測である．第二は，原子力事業者の収支状況である．原子力事業者に過度の負担をかければ，電気の安定供給に支障が出かねない．また，過度な利用者負担，つまり電気料金の大幅な引き上げにつながりかねず，社会的混乱の要因ともなりかねない[9)]．第三は，国の予算措置の動向である．政府は国会の議決の範囲内で，支援機構による借入金の借入れや債券の発行に係る保証を行うことができる．その措置額によって，原子力事業者の負担額も必然的に変わるのである[10)]．

---

9)　一般負担金は原子力事業者全員が負担するものであることから，特別負担金と違い，電気料金に転嫁されうるとされている．ただし，それが実現するか否かは，電気事業法およびその関係法令において定められることになる．

10)　第39条に，「主務大臣は，一般負担金年度総額について前項の認可をしようとするときは，あらかじめ，財務大臣に協議しなければならない」とあるのは，予算措置との関わり合いで決定されるからである．

負担率，すなわち原子力事業者間の案分割合の決定において最も重要なのは，原子力事業者の相互扶助であることに加え，負担金納付を法律によって強制するという支援機構スキームの趣旨から考えれば，応益性の観点から原子力事業者間で不公平が生じないものにすることである．具体的には，各社の原子炉の基数，施設稼働の状況，事業収支などの事業諸要素を踏まえて，「各社に損害が生じた場合の規模の割合」といったものが負担率となると考えられた．実際には，支援機構は2012年3月23日，主務大臣に対して一般負担金年度総額815億円および，各原子力事業者の保有原子炉の熱出力等に応じて設定された負担率の認可申請を行い，3月30日に認可を受けた[11]．

8　資金援助(第41条～第44条)

支援機構の主業務たる資金援助の具体的な内容および原子力事業者による資金援助の申し込み方法，その後の手続きなどを規定しているのは，第41条から第44条である．支援機構法第1条にあるように，原子力事業者は，損害賠償の実施，電力の安定供給，その他の原子力の運転等に係る事業の円滑な運営のために，要賠償額から賠償措置額を控除した額を限度として，資金援助を支援機構に申し込むことができる．資金援助メニューは以下の通りである．

資金援助の措置	主な使途	財　源
資金交付	被害者への賠償	積立金(機構)，交付国債の償還金
株式の引受け	資本の充実	積立金(機構) 政府保証債の発行などによる資金調達(機構)
資金の貸付け	資金繰りの確保	〃
社債・約束手形の取得	同上	〃
債務保証	同上	〃

株式の引受けは，普通株式や優先株式(普通株式への転換権付きのものを含む)な

11)　各原子力事業者の負担率と一般負担金は以下の通り．
北海道電力4.0%，32億6000万円，東北電力6.57%，53億5455万円，東京電力34.81%，283億7015万円，中部電力7.62%，62億1030万円，北陸電力3.72%，30億3180万円，関西電力19.34%，157億6210万円，中国電力2.57%，20億9455万円，四国電力4.0%，32億6000万円，九州電力10.38%，84億5970万円，日本原子力発電5.23%，42億6245万円，日本原燃1.76%，14億3440万円(原子力損害賠償支援機構　平成23事業年度財務諸表より)．

どの株式全般の引受けを指す．約束手形は，コマーシャル・ペーパーが想定されている．

原子力事業者が支援機構に対して資金援助を申し込む際には，その必要性や内容の妥当性を支援機構が判断できるように，書類を提出しなければならない．その内容は，第41条によれば，原子力損害の状況，要賠償額の見通し，損害賠償の迅速かつ適切な実施計画，賠償資金確保の方策，資金援助を必要とする理由および資金援助措置の種類，事業および収支に関する中期的(2年以上)な計画などである．支援機構はそれらの要望を運営委員会で議論し，資金援助の実施とその内容を議決しなければならない．

9　特別事業計画(第45条～第47条)

さて，資金援助のなかで，政府の援助(国債の交付)を活用する場合においては，「一定の要件」が必要となる．一定の要件とは，支援機構と原子力事業者が共同で「特別事業計画」を作成することである．この特別事業計画については，第45条から第47条に規定されている．第45条によれば，特別事業計画に記載されなければならない事項は，前述した第41条に規定された事項に加えて，原子力事業者の経営の合理化のための方策，損害賠償資金確保のための原子力事業者による関係者(ステークホルダー)に対する協力の要請その他の方策，原子力事業者の資産および収支状況の評価，経営責任明確化のための方策，原子力事業者に対する資金援助の内容および額，交付を希望する国債の額その他資金援助に要する費用の財源に関する事項，などである．

すでに述べたように，政府は当初から東京電力の存続維持を決めると同時に，東京電力に対して厳格なリストラを課し，その監視を行うことによって，電気料金の引き上げと，財政負担の両面から生じる可能性のある国民負担の極小化を図ることを原則としてきた．また，東京電力の存続維持によって，株主や金融機関を代表とする債権者に責任(損失)が生じないことに対する世論の反発にも配慮し，債権者を含む全ステークホルダーへの協力の要請を図るように指導してきた．これらの基本方針がさらに厳格化され，国債の交付について規定した第45条に条文化されているのである．ちなみに，ステークホルダーに関する特別事業計画における記載義務を「協力の要請」という表現にとどめているのは，実際のところは損失の分担を望んでいるのだが，「協力」自体を法律で強制することができず，民間事業者同士のやり取りに委ねられるべきであり，「協力」自体が特別事業計画作成の条件ではないという考え方によるものである[12)].

支援機構が原子力事業者と共同で特別事業計画を作成しなければならないとされているのも，税の投入となる国債の交付にあたって，査定責任を持たせる必要があるためである．また，支援機構は，国債交付による資金援助を行うかどうかを決定する前に，主務大臣に対して特別事業計画の認定申請を行わなければならない．この規定は，認定申請の前に資金援助を決定するとした場合，原子力事業者による経営合理化のための方策が不十分になりかねないなどの問題が生じる恐れがあるからである[13)].

支援機構は特別事業計画の作成にあたり，原子力事業者の厳正かつ徹底した資産査定(デューデリジェンス)を行うとともに，当該原子力事業者によるステークホルダーに対する協力の要請が適切かつ十分なものであるかどうかを確認しなければならない．後者の規定は，衆議院の審議による条文修正によって追加されたものであり，東京電力の資産売却を含めた経営合理化の実効性を上げるには，資産査定の実施とステークホルダーに対する協力の要請が重要であることが，与野党共通の強い認識であることがわかる．

主務大臣は，財務大臣その他関係行政機関の長との協議を経て，特別事業計画の認定を行う．認定された特別事業計画(認定特別事業計画)は，原則公表される．国民に開示することによって，政府の援助を活用した資金援助に関する透明性を確保すると同時に，「パブリック・プレッシャー」の下で当該原子力事業者(認定事業者)の自己規正を図り，それによって特別事業計画の適切な履行

---

12) これに対して，大島(2011)45～46頁の「経営合理化が国債交付の条件となっていることは，後述する国民負担との関連で重要な条件である．ただし，資金確保のあり方を経営合理化に限定しているのは問題である．特に関係者の損害賠償での協力が条件になっていないことは適切ではない．これは，支援機構法が関係者の責任を不問にすることを基本に策定されたことに起因している」といった批判がある．

13) この規定に関して，次の通り，衆参両院において付帯決議が行われている．「国からの交付国債によって原子力損害賠償支援機構が確保する資金は，原子力事業者が，原子力損害を賠償する目的のためだけに使われること」．

を確保するためである．

第47条によれば，主務大臣は，特別事業計画を認定し，交付国債を使った政府による資金援助(他の資金援助と区別し「特別資金援助」と呼ばれる)が行われた後も，「特別期間」と規定される間，認定事業者に対して認定特別事業計画の履行状況について報告を求め，また必要な措置を命ずることができる．「特別期間」を規定する条件は3つある．第一に，認定事業者による損害賠償が進捗した結果，新たに特別資金援助による国債の交付が必要なくなり，第二に，交付された国債のうち償還を受けていないものが政府に返還され，第三に，支援機構が国庫に納付した額の合計額が，国債の償還を受けた額の合計額に達することである．

特別資金援助が実施され，発行，交付された国債が償還されれば，財政支出が生じることになる．これを埋め合わせるために，支援機構は償還額に相当する額を政府に返還する義務を負っている(第59条の規定)．財政支出つまり国民負担の極小化は，当初からの政府の重要方針であり，可能な限り国庫納付を早期に実現するために，認定事業者が認定特別計画を適切に実施すべく，主務大臣の監督下に置かれるのである．これに関して注目すべきは，支援機構の国庫納付の原資である．認定事業者は，特別期間において，一般負担金に加えて特別負担金を，支援機構に納付しなければならない(第52条の規定)．原子力事業者による一般負担金に加えて，この特別負担金が支援機構の国庫納付金に充てられる．

したがって，損害賠償に充てた国債の償還資金に相当する額を，一般負担金に加えて認定事業者が特別負担金で納付し終わるまで，主務大臣の監督下に置かれる．それが特別期間の意味であり，例えば，2兆円の償還資金を毎年1000億円納付したとしても20年を要することとなり，現実においては長期に亘るものと見られる．このように，特別資金援助による「交付金」は，一般負担金と特別負担金で「返済」されなければならないのだから，実質的には政府による支援機構を通じた認定事業者への「融資」である．だが，注意しなければならないのは，支援機構法の条文上にはそうした規定は見当たらず，交付金と特別負担金の関係は法的には断ち切れていることである．すでに述べたように，条文上で返済義務を明確にすれば，交付金の債務性が高くなり，認定事業者の資産に計上できなくなり，債務超過回避の手段とはなりえないからである．

10　政府の援助（第48条〜第51条）

政府の援助，国債の交付について規定しているのは，第48条から第51条である．第48条では，政府が，支援機構が特別事業計画を認定した原子力事業者に対して行われる資金交付の財源として，予算の定める範囲内で，国債を発行できることを定めている．これによって，公共事業費，出資金および貸付金以外の用途での公債の発行を禁じた財政法第4条による制限の対象から外れることとなる．第48条の規定によって発行される国債は交付国債と呼ばれ，一般的な公債とは異なる性質を有している．例えば，発行時に受領者（支援機構）から対価を回収しない点，無利子である点などである．交付国債を利用する意味を，以下に詳しく述べる．

通常の国債発行による財源確保であれば，国債発行額（売却額）をそのまま国の収入とし，その金額を歳出行為として支援機構に交付する形をとる．だが，支援機構スキームにおいては，国債そのものを支援機構に交付する．支援機構は，国債の交付を受けた段階ではなく，実際に資金が必要となった段階（当該原子力事業者に資金を交付しなければならない段階）において，国に対して償還を求め（現金化し），資金を確保する．交付国債の特質を生かしたこの方法によって，交付された国債の償還は年度をまたいでも可能になる．

したがって，政府がある程度まとまった額の国債を支援機構に交付しておけば，原子力事業者の資金需要に合わせて機動的に現金化し，資金交付できるのである．資金需要の変化が予想しにくい損害賠償の履行状況に応じて対応するには非常に有効である．仮に，通常の予算措置で対応しようとすると，年度ごとに予算の確保，執行を行わなければならず，円滑な損害賠償が困難となる．また，支援機構は国に対して，必要な分だけ償還を求める．支援機構が償還を求めず，不要となった国債は，政府に返還され，消却されることとなるため，財政支出の発生を必要な額のみとすることができるのである．

平成23（2011）年度2次補正予算総則において，支援機構に資金拠出する交付国債の発行枠2兆円が計上され，3次補正予算総則で5兆円まで引き上げられた．10月28日，東京電力は原子力損害賠償に充てる資金を確保するための資金援助の要請を行い，それを受けて支援機構と東京電力が特別事業計画を共同作成し，11月4日に主務大臣が認定した後，政府は2回に分け，同年11月8日に2兆円，12月9日に3兆円，合計5兆円の国債を支援機構に交付した．支援機構は政府に対して，11月14日に5587億円，翌年3月26日に1049億円，合計6636億円の償還を求め，現金化した．支援機構は同額の資金を東京電力に交付した結果，支援機構における平成23年度末の交付国債残高は4兆3364億円となっている[14]．このように，政府は5兆円というまとまった額の国債を支援機構に交付，支援機構は東京電力の資金援助要請に基づいて必要な分だけを政府に償還を求め，東京電力に資金を交付し，残りを翌年度に持ち越しているのである．

付け加えれば，交付国債が無利子なのは，保有者(支援機構)に期間の利益を供与することが必要ないからである．また，交付国債の発行目的が支援機構による原子力事業者への資金交付に要する費用への充当に限定されており，支援機構以外の者が保有するのは適切ではないため，第三者への譲渡は禁じられている[15]．なお，国債の償還は，エネルギー対策特別会計に「原子力損害賠償支援勘定」を設け，その負担で費用を賄うものとされている．

第51条は，衆議院の条文修正によって追加された規定である．第47条が定める特別資金援助は，政府案では交付国債のみであった．しかし，衆議院での議論を経て，交付国債による援助を行い，それでもなお資金不足が生じると認められた場合に限って，予算の定める範囲において，支援機構に対して必要な資金(不足分)を交付できる規定が追加されたのである．これは，特別資金援助の性質を大きく変えかねない重大な修正，追加であった，という見方がある．交付国債は損害賠償の支払い原資にのみ充当され(除染を含む)，すでに述べたように，その償還分は原子力事業者の負担金によって支援機構を通じ，国庫納付という形で国に返済される．したがって，財政負担は生じないという建付けである．だが，第51条における，交付国債を用いてもなお不足する資金を国

---

14)　原子力損害賠償支援機構(2012)．

15)　これまで述べてきた交付国債を用いた手法，法文上の規定は，金融再生法および株式会社日本政策投資銀行法における，危機対応業務に係る交付国債の例を参考として作成されている．

が交付できるという規定は，いわば，返済を求めることがない純然たる資金供与が可能である仕組みを設けたことになるからである[16)].

11　特別負担金(第52条)

すでに述べたように，認定事業者は特別期間内(未償還の国債が返還され，財政支出の埋め合わせが完了し，追加の財政支出が発生する恐れがなくなるまでの期間)に，一般負担金に加え，特別負担金を支援機構に納付する義務がある．支援機構が一般負担金および特別負担金を国庫納付金に充当することで，交付国債発行による財政の健全性への影響を最小限にとどめ，また，将来の大規模な損害賠償に備えて，支援機構における積立金の積み立てを速やかに開始するためである．

したがって，特別負担金は，賠償金の支払い，電力の安定供給のための設備投資や燃料調達等の業務運営上で必要不可欠な支出を除いた上で，できる限り高い額に設定されることになる．そのために，支援機構は当該決算期の利益処分を対象として，認定事業者の事業の効率化，経費削減などのリストラ努力等をチェックし，特別負担金の納付額を決定することになる．利益処分は，未処分利益を株主配当，役員賞与，内部留保に振り向けるものであるから，特別負担金は株主や経営陣の責任を問う性格を有している．また，特別負担金の納付額の決定に関して何ら具体的な規定はなく，年度ごとに行われ，政策担当者が言うところの「ある時払いの催促あり」という仕組みである．これは，繰り返し述べたように，特別負担金の債務性を低くするための工夫である．実際，支援機構の業務初年度である平成23年度には，一般負担金は各原子力事業者から収納したが，特別負担金については，「認定事業者である東京電力株式会社の収支の見通しを踏まえ0円とし，3月23日，主務大臣に対して認可申請を

---

16)　田邉・丸山(2012)18頁は，「本規定は，機構を通じた国から事業者への純然な国家補償としての性格を有しており，例外的な規定であるとはいえ，原賠法立法時において「原子力災害補償専門部会」が当初構想していたスキームの精神を一部汲むものであると言えるかもしれない」と解釈する．

磯野(2011)38頁は，「東電および関連して責任を負うべき東電のステークホルダーの賠償責任について当然負うべき賠償責任を免除することになりかねない．また，事業者の責任を賠償措置の範囲内の責任とし，原子力損害賠償法の定める事業者の無限責任原則を変更することになる」と批判的に述べる．

行い，3月30日に認可を受け，同日，同社に通知した」[17]のであった．なお，特別負担金は，原子力損害事故発生の責任によって加算される性質のものであるから，一般負担金とは異なり，電気料金に転嫁することはできない．

12　相談業務その他の業務(第53条～第55条)

支援機構の三大業務は，第一に，支援機構の業務に要する費用として原子力事業者から負担金を収納することであり，第二に，原子力事業者が損害賠償を実施するうえで支援機構の援助を必要とするときに資金援助を行うことであり，第三に，相談業務その他の業務であり，第53条から第55条に規定されている．支援機構は，損害賠償の円滑な実施を支援するために，被害者からの相談に応じ，必要な情報の提供および助言を行う．また，国会審議を経て，政府案になかった業務が追加された．「平成23年原子力事故による被害に係る緊急措置に関する法律」の定めるところにより，国又は都道府県知事から委託を受けた場合に，仮払金の支払いを行うことになったのである．

支援機構が資金援助業務を円滑かつ効果的に行うために，支援機構法においては，さまざまな仕組みが整えられている．第54条では，資産の買取り機能について規定している．原子力損害を発生させた原子力事業者が，被害者に対して損害賠償を行うために資金を確保する必要が生じ，資産の売却を迫られる場合が想定される．その際，市況が不安定あるいは悪化していれば，資産売却を急ぐと売却損が生じかねない．そうした事態に対処するために，資金援助を受けた原子力事業者からの申し込みを支援機構が受け，賠償資金の確保に資するようその資産を買い取ることができるとしている．

13　その他(第56条～第72条)

第60条と第61条は，支援機構の資金調達についての規定である．支援機構は，原子力事業者からの負担金納付による積立金を原資として，資金援助や資産買取りなどの各業務を行う．しかし，本過酷事故による損害実態を考えれば，支援機構設立当初の積立金が十分ではない時点から業務が発生し，資金が不足

17)　原子力損害賠償支援機構(2012)．

する事態が想定された．そこで，第60条で支援機構の資金調達の一環として，金融機関からの借入れに加えて，債券(機構債)の発行を認めている．なお，交付国債の償還金の使途は特別資金援助，つまり損害賠償支払い(除染を含む)に限定されているが，それ以外については，いかなる調達資金をいかなる使途にどれほど充当するのか，支援機構の自主裁量に委ねられている．この規定を受けて，支援機構が十分な資金調達を確保するために，第61条においては，支援機構の金融機関からの借入れ，機構債に対して政府による債務保証を行うことができるとしている[18]．

他方，第68条の規定は第51条と同様，国庫納付が義務付けられない国から原子力事業者への純然たる国家補償としての性格を有している．第1条には，損害賠償の迅速かつ適切な実施の他に，電気の安定供給その他の原子炉の運転等に係る事業の円滑な運営という支援機構法の目的が記されている．第68条は後者を対象としており，「電気の安定供給その他の原子炉の運転等に係る事業の円滑な運営に支障を来し，又は当該事業の利用者に著しい負担を及ぼす過大な額の負担金を定めることとなり，国民生活及び国民経済に重大な支障を生ずるおそれがあると認められる場合に限り」，政府は予算の範囲内で支援機構に対し必要な資金を交付することができるのである．「過大な額の負担金」とは，巨額の資金需要[19]が発生し，常識的に想定される負担金の額では，例えば半世紀を超えた納付期間が必要となってしまうほどの事態を想定したものである．その場合，極めて例外的な措置として，政府が特別に資金を交付できるのであり，実行された場合は，支援機構は国庫納付を免除されるのだから，国民負担が発生することになる．

第48条から第51条で規定された特別資金援助が損害賠償(除染を含む)に使途が限定されているのに対して，第60条，第61条，第68条の規定には，支

18) 原子力損害賠償実務研究会編(2011)57頁は，第60条と第61条の規定を，「電力の安定供給の目的に使う資金の流れ」と位置づけている．

19) 政策担当者たちが想定したのは，例えば除染等の費用が膨らみ，数十兆円規模の資金が必要になる事態で，そうなれば支援機構スキームでは対処できず，国がラストリゾートになるしかない，という発想であるが，そうなった場合，相応の新税が必要であるという議論もなされた．

援機構が調達した資金を電力安定供給等の名の下に具体的にどのような目的に利用するのか定めていない．自由裁量が認められているという解釈が可能なこれらの条文に対して「これらの資金の事業者への資金注入の仕方によっては，国が機構による資金注入を通じて，事業者の経営権を握り，それを通じて，制度本来の目的である被害者の救済以外の政策を実施することが可能となりうる」という制度目的からの逸脱あるいは制度の変容の観点から批判が行われた[20]．

だが，すでに述べたように，本過酷事故発生直後から，政策担当者たちは実効性の高い損害賠償制度のみならず，同時発生した5つの複合問題を解決する危機管理政策を志向したのであり，また，支援機構法案の国会提出段階では，損害賠償・除染・廃炉の費用は5〜10兆円に達するとの認識を持ち，さらに，経済産業省に限っては，電力自由化・制度改革と東京電力の経営形態問題の整合性までも視野に入れ始めていた．さまざまな将来の事態を念頭に支援機構法案は練られたのであり，自由裁量を一定程度確保する意図は，当然込められていたであろう．

第2節　国会審議は支援機構法案の何を修正したか

さて，これまで支援機構法の主要条文を取り上げ，意味するところを解説してきたが，ここで国会審議の観点から整理を試みたい．有林は，国会審議において議論された主要な事項を5つに分類し，政府の立場から解説している[21]．

①原子力政策を推進してきた国の責任の在り方

②原子力事業者の運営主体やリスク負担の在り方

③総括原価方式，地域独占，発送分離など電力事業に係る各種制度の在り方

④東京電力の法的整理，特に経営者，株主，債権者等の利害関係者の責任

⑤原子力事業者間の相互支援，特に機構法の施行前の事故への相互支援の是非

20)　田邉・丸山(2012)19頁．
21)　有林(2011)．

①については，第2条(国の責務を定めている)，②については，第51条(特別資金援助による国債の交付がされても損害賠償資金に不足が生じる場合，返済の必要のない政府による資金の交付がなされることを定めている)，③については，附則(見直し条項)，それぞれの条文修正に反映されている．附則(見直し条項)については詳しく後述するが，政府案が全文修正され，③に関連しては，電気供給体制整備を含むエネルギー政策を再検討し，原子力関連法案の抜本的な見直しを含む必要な措置をとる，とされた．

④については，法的整理に関しては政策担当者たちが多角的な観点に立ち，当初から法的整理回避の論理を組み立てていたのは，すでに詳しく述べた通りである．国会審議における説明において，政府が法的整理は有効ではないとして挙げた根拠は4点ある．第一に，損害賠償額の総額に加え，現在も進行中である原子炉の安定化・廃炉作業の費用の見通しが立たない中で，会社更生法を適用しても，新たなスポンサーが現れる可能性は極めて低いこと，第二に，更生計画の策定には被害者の届出が必要であり，届出を行わなければ賠償を受けられないこと，第三に，更生計画策定中は賠償が滞る恐れがあること，第四に，電力債には一般担保が付され優先弁済されることから，被害者救済が適切に行えない，である．これらの説明はおおよそ合理的であると，国会審議では受け入れられた[22]．

他方，④の後段にある，ステークホルダーの責任追及については，金融機関の支援を継続的に仰がなければならない現実的かつ切迫した事情もあって，政府は，株主は純資産価値が大幅に低下することに加え，増資による希薄化で価値を大きく減じられること，さらには，第45条の規定で，特別事業計画にステークホルダーへの協力の要請の記載が求められること，この3点によって一定の株主責任が果たされるという説明で対処した．しかし，それでは不足だと判断され，衆議院において，東京電力は株主その他のステークホルダーに対し，必ず必要な協力を求めなければならない，という附則(見直し条項)が追加され

22) 衆議院本会議議事録(2011. 7. 8)によれば，菅内閣総理大臣は，法的整理を行わない理由を，賠償総額も明らかでない中で現実的に更生計画が認可されることが困難であること，法的整理を行うと約5兆円の社債が優先的に弁済されることになり，被害者の賠償債権等の履行が不確実になるため望ましくない，としている．

た．それでもなお，それぞれの規定は，ステークホルダーの協力実行を担保するものではなく，その曖昧さが，いわば法的整理回避の負の側面として，その後も世論の批判が付きまとうこととなった．

国会審議において衆目を集めることはなかったものの，支援機構スキームを作り上げた政策担当者たちが最も緊張したのは，実は，⑤に関連する一般負担金と特別負担金の区分経理問題であった．原子力事業者が負担金を納付することによる相互扶助方式に対して，東京電力を救済するためのいわば奉加帳方式であり，支援機構スキームは，東京電力の経営責任を曖昧なものとする一方，他の原子力事業者に非合理な負担を負わせるものであるという批判が起き，支援機構に納付するにあたっては，支援機構の財務諸表において，一般負担金と特別負担金の経理を区分するべきである，という主張がなされた．仮に，この主張が通って経理が区分されれば，東京電力の特別負担金が単独項目として処理されることで，債務性が明確となり，その結果，支援機構スキームの根幹が崩れかねない懸念があったのである．

政府は，第一に，支援機構法が原子力事業者の相互扶助を基本的考えとするのは，大規模な原子力災害が生じた場合，巨額な損害賠償や廃炉処理などの事後措置が原因者たる原子力事業者単独では対応しなければならない現実を踏まえ，原子力事業者のリスク分散を図る必要があること，第二に，仮に経理を区分して管理すれば，事故原因者である原子力事業者が単独で対応することと同じであり，相互扶助方式の基本的考え方に反すること，第三に，その場合，当該の原子力事業者の経営が立ち行かなくなり，損害賠償や事後措置に支障をきたすことになる，と説明，経理区分論を押し切った．

こうした国会での議論を反映し，衆議院において，原子力事業者間の負担の在り方の見直しを規定するとともに，支援機構の財務諸表等について定めている第58条に，「支援機構は，負担金について，原子力事業者ごとに計数を管理しなければならない」という規定が盛り込まれた．政府は，この規定について，「資金援助に関し，他の原子力事業者がどの程度負担し，何に使用されたかを，計数上適切に管理することを支援機構に求めるものであって，区分経理を要求するものではない」との逐条解説を付している．

なお，⑤の後半にある，支援機構法の施行前の事故，つまり東京電力福島第一原子力発電所の事故への相互支援の是非については，経営の合理化，経営責任の明確化を徹底して行い，また，株主をはじめとするステークホルダーに協力を求めるという条件で理解を得て，それを新たな規定として附則第3条とした[23]．

第3節　行政における裁量性の発揮

1　過酷事故に対する現実的解決

支援機構法は，本過酷事故が引き起こした突然の政治経済社会の大混乱を鎮静化する役割を背負って，緊急立法された．主たる目的である原子力事業者に対する損害賠償の資金援助についても，損害賠償総額や損害賠償基準などが不確定かつ流動的ななかで，被害者に対する適切かつ迅速な賠償を可能とするスキームを用意しなければならなかった．緊急時に不確定要素を多数抱えたまま

23)　支援機構法を主体とした政府対応について，本過酷事故を環境汚染とみて，過去の公害問題を教訓とすべきだと批判する立場がある．磯野(2011)38頁は，「事故は明らかに環境汚染であり，環境法の原則が適用されるべきである．……その原則とは汚染者負担原則である．安易に財政投入することなく，環境被害に対する汚染者負担原則を踏まえることが，国の適切な裁量権行使のあり方といえる」と延べ，支援機構法第51条などで東京電力の責任縮減が進むことを懸念している．

除本理史(2011)229頁は，「結局のところ補償財源を誰がどれだけ負担するのか，全く明らかでない．これは，事故被害をめぐる責任の議論が不十分なまま，法案作りを急いだためであろう．水俣病をはじめとする戦後日本の公害問題は，被害を引き起こした企業や政府の責任を明らかにし，それに基づいて関係主体に費用負担を求めることの重要性を示している．しかしながら，法案の内容は，この教訓を全く踏まえていない」と述べ，結局は国民の懐を当てにした加害者救済だと批判している．

他方，大塚(2011b)44頁は，支援機構法が「東電を倒産させないことを目指しているともいえ，その場合に，利害関係者の責任を問わないことの不公平をどう考えるか」という点を懸念しつつ，「公共による支援と8電力会社による支援を認める点で一次的な公共負担を志向するものではあるが，同時に，最終的には，東京電力が支払う姿勢を示すことによって原因者負担を貫いており，原因者負担の原則の貫徹という観点からは積極的に評価できよう」としている．

筆者の見解は大塚に近く，政府による東京電力の存続維持政策は，破綻による市場離脱を許さずに損害賠償に強制的に責任を負わせるためであり，事実上は汚染者負担の原則が適用されているとするものであり(終章，315頁)，補償費用の負担問題については，総額が確定しないなど不確定要素が多い緊急時にあっては，政策担当者たちの危機管理策としての支援機構スキームが有用であると評価するものである．

で立法化されたのだから，時の経過，状況の変化などあらゆる事情を勘案して，一定期間後に見直されるべき法律であったから，政府案にも当然「見直し条項」が附則として設けられていた．政府が想定したあらゆる事情とは，例えば，エネルギー政策の再検討結果，損害賠償の実施状況，電力の供給状況，経済金融情勢などである．

だが，政府案の「見直し条項」は衆議院の条文修正により全文修正された．その結果，条文は3項目からなる附則第6条となった．第1項は，政府は，「できるだけ早期に」，事故原因の検証，賠償実施の状況，経済金融情勢等を踏まえ，「原子力損害の賠償に係る制度における国の責任の在り方」，また，「事故が生じた場合におけるその収束等に係る国の関与及び責任の在り方等」について検討し，その結果を踏まえて，賠償法(原賠法)の改正等の抜本的な見直しをはじめとする必要な措置を講ずる，としている．「できるだけ早期に」とは「1年を目処に」，また，「原子力損害の賠償に係る制度における国の責任の在り方」は，原賠法第3条の原子力事業者の無過失責任及び免責事項と国の責任の関わり，第7条の賠償措置額(現行1200億円)の在り方，それに対する国の責任について検討する，と想定されている．「事故が生じた場合におけるその収束等に係る国の関与及び責任の在り方等」については，国の措置について定めた第16条(賠償措置額では賠償総額に不足する場合)，第17条(原子力事業者が免責された場合)を指すことは明らかである．第1項は，これらの条項を主な対象として原賠法の改正を行う，と意図しているのである．

第2項は，支援機構法の見直し規定である．政府は，「早期に」，事故原因の検証，賠償実施の状況，経済金融情勢等を踏まえ，東京電力と政府・他の電力会社との負担の在り方，東京電力の株主その他のステークホルダーの負担の在り方等を含め，支援機構法の施行状況について検討し，その結果を踏まえて，必要な措置を講ずる，としている．「早期に」は，「2年を目処」と想定されている．2年が経過すれば，予測困難であった賠償総額や原子炉の冷温停止の目処が見え始め，東京電力とステークホルダーに加えて政府，その他の原子力事業者の損失分担も，より実態に即したもの，国民負担を極小化するものへの修正もありえることから，支援機構スキーム全般を見直すことを想定しているのである．

第3項は，電気供給に係る体制の整備を含むエネルギーに関する政策の在り方とともに，「原子力政策における国の責任の在り方」について検討し，その結果を踏まえて，原子力に関する法律の抜本的な見直しを含め，必要な措置を講じる，としている．東京電力福島第一原子力発電所の事例をもって，ひとたび過酷事故が発生すれば，損害賠償を含むすべての責任を一原子力事業者だけで全うするのは困難であることが明白になった．「原子力政策における国の責任の在り方」こそが問われている状況であり，「国策民営」といわれた原子力政策の戦後の推進体制そのものが問われているということである．

この附則第6条に対しては，以下に記したように，衆参両院で附帯決議が行われており，それを読むと附則第6条の意味するところがより明確になる．

衆議院

1　原子力政策における国の関与及び責任の在り方について，東京電力福島第一原子力発電所事故の収束等を国自ら実施することを含め，早急に見直すこと．

2　東京電力株式会社の再生の在り方については，東京電力福島第一原子力発電所事故の収束，事故調査・検証の報告，概ねの損害賠償額などを見つつ，改めて検討すること．

3〜6（略）

7　法附則第6条第1項に規定する「抜本的見直し」に際しては，賠償法(原賠法)第3条の責任の在り方，同法第7条の賠償措置額の在り方等国の責任の在り方を明確にすべく検討し，見直しを行なうこと．

8〜10（略）

11　本委員会は，法附則第6条第1項に規定する「できるだけ早期に」は，1年を目処とすると認識し，政府はその見直しを行なうこと．

参議院

1（略）

2　本法〔注・機構法〕はあくまでも被災者に対する迅速かつ適切な損害賠償を図るためのものであり，東京電力株式会社を救済することが目的ではない．したがって，東京電力株式会社の経営者の責任及び株主その他の利害関係者の負担の在り方を含め，国民負担を最小化する観点から，東京電力株式会社の再生の在り方については，東京電力福島第一原子力発電所事故の収束，事故調査・検証の報告，概ねの損害賠償などの状況を見つつ，早期に検討すること．

3　（略）

4　今回の賠償に際しては，原子力事業者による負担に伴う電気料金の安易な引上げを回避するとともに，電力供給システムのあり方について検討を行うなど，国民負担の最小化を図ること．

5〜10　（略）

11　本委員会は，本法附則第6条第1項に規定する「できるだけ早期に」は，1年を目処と，同条2項に規定する「早期に」は，2年を目処とすると認識し，政府はその見直しを行うこと．

12〜15　（略）

本過酷事故の発生によって巨額の資金が必要とされる経験を経て，原子力損害賠償制度のさらなる整備を行うにあたって，附則第6条の規定とこれに関わる国会決議は，国家の責任を真正面から問い，しかも，その論点を原賠法が立法化された1960年当時に戻すこととなる点において，根源的かつ本質的な問題をはらんでいる．原賠法施行から61年目に，原子力事故は現実のものとなった．それも，原子炉の損壊事故が発生し，社会の大混乱を伴って，原子力損害賠償支払いの原資だけで5兆円規模を要する事態を招いた．原賠法は原子力事業者の無限責任を規定していたが，かかる事態に対しては，当該の原子力事業者の資力と損害賠償措置はあまりに脆弱，不足であった．結局は，方式のいかんにかかわらず，実際のところ国が当事者となって解決しなければならないことを，目の当たりに経験することになったのである．上記の支援機構法附則第6条とそれに関わる国会決議は，こうした事態を踏まえ，かねてから問題とされてきた原子力事業者と国の賠償責任の重さのアンバランスを解消するための原賠法改正などの抜本的見直しをはじめとする必要な措置を講ずる，とした．提案者は，「抜本的の」という記述から，原子力事業者に有限責任あるいはそれと同等の仕組みを導入することを想定したものと思われる．

それでは，日本が原賠法において「有限責任＋国家補償」の組み合わせを採用していたと仮定すると，東京電力と政府は本過酷事故にいかに対処することになったのであろうか．ある政策担当者は，以下のような事態の展開を想定する．「仮に，アメリカのように1兆円の有限責任額(賠償措置額)が設定されていたとする．損害賠償総額が5兆円だとすれば，1兆円までは東京電力および他の原子力事業者が支払い，残り4兆円は政府が負担することになる．ただし，政府は後に東京電力に対して，民法709条の不法行為法に基づき，業務上必要な安全対策を怠ったとして，4兆円の賠償資金を求償することになるだろう．それに対して，東京電力は，国の安全基準を遵守しており賠償責任はないという見解を示して支払いを拒み，したがって，法廷で決着がつくという構図になる」[24]．このように，有限責任が国家補償ともに原賠法にあらかじめ導入されていたならば，国家の損害賠償責任は明確であり，最終的な賠償資金の負担も裁判で決定されることになり，曖昧さが残る余地はなかったと思われる．

だが，日本の原子力損害賠償制度は原賠法に加え，支援機構法の成立によって，すでに二層化された．原賠法第16条に則り立法化された支援機構法によって，政府が交付国債の交付による特別資金援助を原因企業の原子力事業者に行い，当該原子力事業者はその援助によって損害賠償を果たし，援助資金は当該原子力事業者の特別負担金とすべての原子力事業者の一般負担金によって「返済」される，というスキームができあがった．政府は必要な損害賠償資金を上限なく援助するが，その全額を返済させて国民負担を生じさせないという構造なのだから，当該原子力事業者は他の原子力事業者にも負担を求めつつ，原賠法の規定通りに無限責任を果たさせるスキームともいえる．

したがって，国会決議に従って「有限責任＋国家補償」の導入に向けて第16条などを対象とする原賠法改正を論議するのであれば[25]，支援機構法との整合性が問われることとなり，支援機構法改正の検討も必要となる[26]．たとえば，特別負担金と一般負担金による「返済額」に上限を設け，上限を超えた部分については政府負担とする，といった案も考えられるであろう．すでに述べ

---

24) 筆者のインタビューに対する政策担当者の回答(2013.8.30)．

25) 原賠法に関する検討は所管官庁である文部科学省で行われ，原子力事故の定義，原子力損害の概念，定義などの曖昧さといった第16条以外の瑕疵と指摘されてきた条文も対象となると思われる．

26) 支援機構法の所管官庁は経済産業省であり，両省にまたがる協議が必要となる．

たように，特別負担金は事故原因原子力企業が企業努力によって捻出するものだが，一般負担金は電気利用者の受益者負担によるものであり，政府の負担は国民の納税負担である．つまり，新しい有限責任制度を導入するとすれば，損害賠償資金負担を，当該原子力事業者，電気利用者，国民それぞれにいかなる比率で分担させるかが，再び論点となるのである．

2　行政の裁量権と「建設的な曖昧さ」

これまで原賠法第 16 条における国家関与規定の曖昧さを，日本における原子力損害賠償制度の瑕疵として批判的に論じてきた．それでは，本過酷事故を受けて，仮に，政策担当者たちが，第 16 条の国家関与規定の曖昧さを克服できず，実効性の高い資金援助スキームを構築できなかった場合，いかなる事態を招いていただろうか．ある政策担当者は，こう推測する．「第 16 条に規定された資金援助スキームがまとまらなければ，東京電力は損害賠償を行う展望を持てないことになる．その場合は，損害賠償責任そのものを回避するために第 3 条ただし書きの免責条項の適用に固執する可能性が高い」[27]．東京電力に免責規定を適用した場合，いかなる混乱が起きるか，また，その混乱のリスクを重視して東京電力会長の勝俣が免責要請を断念したことは第 II 部第 4 章に詳しく述べた通りである．政策担当者の政策形成能力次第で，かかる事態を招きかねない第 16 条規定は，やはり法制度上の瑕疵として認識されるべきであろう．

その一方で，この政策担当者は，原賠法第 3 条の本則適用と第 16 条の拡張的立法によって支援機構法に行き着いた政策形成過程を，「“建設的な曖昧さ”の政策的効用だ」と表現した．「建設的曖昧さ」(Constructive Ambiguity) とは，ジェラルド・コリガン[28]がニューヨーク連邦準備銀行総裁の在任期間中 (1985～93) に，信用秩序維持を目的とする中央銀行による「最後の貸し手」機能，つまり公的資金投入の発動基準に関して，記者会見や議会証言でたびたび使用した言葉である[29]．

---

27)　筆者のインタビューに対する政策担当者の回答 (2013. 8. 20)．

28)　ポール・ボルカー FRB 議長の補佐を務めた後，第 7 代ニューヨーク連銀総裁に就任，その後，ゴールドマンサックス銀行持ち株会社会長．

29)　“Constructive Ambiguity” は，アメリカのニクソン政権下で国務長官を務めたヘンリ中央銀行は，金融秩序維持に関わる行政ルールに照らせば破綻させてしかるべき経営不振の金融機関に対しても，市場や経済への影響を考慮して例外的に救済する権限を有している．つまり，破綻処理を行うか否か，その判断は中央銀行の裁量に委ねられており，「最後の貸し手機能」の発動基準は，透明性を欠き，曖昧である．その発動基準の曖昧さを利用して裁量性を発揮することがなぜ「建設的」なのかといえば，破綻処理か救済のいずれが市場や経済に対する打撃を最小限に食い止められるか，比較考量して決定されるからである．

また，経営不振に陥った金融機関に対して，行政ルールに従って市場退出，破綻処理を行うとして経営健全化の圧力をかけ続け，しかし，破綻の現実が避けられない事態に至ったときに行政ルールに反し，救済することもありえる．事前と事後の行政方針は変更されているが，これも比較考量の結果であり，金融機関に対して経営規律を極限まで保たせる金融当局の正当化されるべき裁量といえよう[30]．実際，2000年代後半から2010年代初頭にかけてのアメリカのいわゆるリーマンショック後の金融危機，また，欧州の財政危機に連動した金融危機においては，金融当局はルールを度外視した金融機関の緊急救済をたびたび行った．つまり，政府，金融当局は，建設的な曖昧さという「裁量権」を手にしているのである[31]．

ー・キッシンジャーの造語だ，という指摘がある．『ニューヨーク・タイムズ』(NY紙)のコラムニストであるBill Kellerは2012年9月12日のNY紙で“Mitt and Bibi: Diplomacy as Demolition Derby”と題した記事の中で中東外交に触れ，“This approach is what diplomats call “constructive ambiguity”, a phrase attributed to Henry Kissinger”と書いている．キッシンジャーは，複雑きわまりない中東外交においては，善悪，白黒を明確にすることの困難さ，愚かしさ，欧米の尺度が通じない様を，造語を持って表した，とされる．記事のタイトルのMittは，2012年大統領選挙の共和党大統領候補のロムニー，Bibiは，首相も務めたイスラエルの政治家のネタニヤフ氏を指している．

30) 日本の金融システム危機の最中に書かれた日本総合研究所(1997)は，米国では破綻金融機関の処理や公的資金投入の基準について，これを完全に明示すると，基準に合致する金融機関にモラルハザードが発生することから線引きに一定の曖昧さを残すことを“Constructive Ambiguity”(建設的な曖昧さ)という言葉を使って擁護している．確かに，事前に公的資金にコミットすることは，モラルハザードに結びつきかねない．しかし，米国においては，“Constructive Ambiguity”の前提として破綻処理などに関して，かなり明確な基準(破綻処理方式を決定する際のコスト計算の手法〈いわゆるコストテスト〉の明示など)が示されていることを忘れてはならない．還元すれば，ある程度基本的な考え方を明確にしたうえで，ギリギリの線引きに曖昧さを残すのが“Constructive Ambiguity”であって，まったくのブラックボックスないし“Total Ambiguity”とはむしろ対極にある考え方といえよう，とする．

翻って，原賠法第16条は，損害賠償における国家の役割や関与の規模が薄弱で，発動基準等が極めて曖昧だという批判を受けてきた．一方，本過酷事故は，立法時の想定をはるかに超えた深刻な社会的混乱を引き起こした．政府に課せられたのは巨額の損害賠償を遂行するスキームだけでなく「5つの複合問題」を解決する危機管理政策であった．原賠法の想定と本過酷事故との間に生まれた齟齬を埋めるために，政策担当者たちは第16条の曖昧さを逆手にとり，拡張的な解釈を行うことで実効性の高い支援機構スキームの設計，構築に結びつけた．原賠法第16条の国家関与に関する条文規定が曖昧であることがいかなる解釈も可能にして，政策担当者たちの裁量を確保することになり，支援機構スキームの実現を可能にしたのである．政策担当者が，「"建設的な曖昧さ"の政策的効果」と評したのは，行政における裁量性が健全かつ効果的に発揮されたという自信であろう[32]．

31）市場経済における政府の裁量性については，さまざまな議論がなされている．その議論の一般的傾向は，政府は市場のルールを設定するなどインフラ整備に専念し，プレイヤーの自主性を尊重し，行政の裁量性は厳しく制限され，透明性こそ確保されるべきだ，というものである．ところが，白川方明(2010)によれば，裁量性の妥当性を巡って議論が最も活発である現代の金融行政においては，金融当局が金融政策や金融監督について，適度な裁量性を保持することが重要だとする見方が強まっている．中央銀行も規制・監督当局も結局のところ，その役割は自由市場の競争だけに任せた場合の市場や経済の不安定化を防ぐことにある．もし，当局の政策行動が機械的なルールに基づいていて，それが市場参加者の行動に予め織り込まれてしまうと，市場や経済はむしろ最終的には不安定化してしまう．したがって，行政の透明性一辺倒に振れた時計の針を裁量性のほうに戻す必要がある，という考え方が強まっている．

32）一方で，行政の裁量性については，デメリットも指摘されている．我妻(1961)10頁が，原賠法の立法化に関連して，「国の援助をえるためにいわゆる政治的運動をしなければならない不都合」が生じる危険があると指摘した点については軽視できない．産業政策を展開する場合，法律を含む制度設計において，政府の裁量余地を大きくすればするほど，政策対象となる産業あるいは企業には政府——政治家，官僚——に対して絶えず接点を持ち，働きかけ，有利な処遇を引き出そうとする強いインセンティブが働く．この問題は，政府との関係を第一優先にするあまり，顧客不在の経営に陥り，競争力が低下してしまうことにある．顧客は，質が低く価格は高い製品を購入せざるを得なくなる．そうして，結局は産業全体が活力を失う．その典型が，電力などの規制産業である．

ちなみに，近年，長期にわたる低成長の克服のために国家的成長戦略の必要性が強調され，とりわけ政府が特定の産業分野に補助金その他の支援を行う官民一体路線の機運が盛り上がった．東京電力福島第一原子力発電所の過酷事故以前に，政府と産業界が連動して推し進めた原子力発電所の輸出も，その典型である．これらは，特定の分野を対象として戦略的に育成する狙いがあることから，産業政策分野においては「ターゲティング・ポリシー」と呼ばれる．だが，Aghion and Howitt(2009)が示すように，現在では「ターゲティング・ポリシー」は成長こうした経緯を踏まえて，1960年の原賠法立法化時点の行政の立場を後知恵で説明すれば，原子力損害に将来直面した際に実践的な制度設計を行いうる余地，権限を残したということになる．国家と原子力事業者との責任の線引きを先送りすることによって，政治的現実，経済的現実を併せて解決しなければならない未来の好ましからざる事態に備えたことになる．原子力損害の発生に際し，原子力事業者と原子力事業者に関わるステークホルダー，場合によっては，被害者までも含めて，迅速かつ適切な賠償実施を行うための最適な負担割合を，現実の状況に即して決定し，同時に，事実上の国家による救済において発生しかねないモラルハザードを防ぐ政策を打ち出すための裁量性を，自ら確保したとも言えるのである[33]．

チッソ支援に関わる行政責任を論考するうえで，永松(2007)は行政活動を循環的な政策過程と捉え，「政策形成活動」と「政策執行活動」の2つのタイプに分けている[34]．政策形成活動とは，社会課題解決のために，法令の立案を含む新たな政策を立案，実現化する行政活動であり，多少にかかわらず政治的判断を要する．また，法律，条令に特段の定めがないか，あっても抽象的規定にとどまっている場合に，行政が課題解決のために独自の政策判断で法令の運用，解釈によって，新たな政策を立案，決定する自由裁量行為を含むものである．

他方，政策執行活動とは，政策過程でいう実施段階にかかる諸活動であり，法令を含む政策の「執行者」としての行政活動である．例えば，予算は議会の

戦略になりえず，むしろ問題が大きいというのが，大方の経済学者の見解である．前述した通り，政府との関係強化が優先され顧客不在になりかねないからである．

これらの「ターゲティング・ポリシー」に政・官・財いずれもが執着する傾向があるのは，日本が戦後経済発展を果たし，高度成長に導いたのは，政府主導の産業政策が成功したからだ，という記憶があるゆえだと思われる．だが，三輪・ラムザイヤー(2002)は，豊富な事例を検証し，「戦後日本の経済成長は政府主導である，という通念は，根拠のない誤解である」と結論付けている．

33) 岩淵(2011)23頁は，「原賠法16条が我妻先生のいわれるように「煮え切らない態」であることは，考えようによっては，便利な面もある．援助の具体的内容，時期，回数等について定めがないということは，政府と国会がその気になれば，その条文をかなり柔軟に使えるということでもある．今回の政府法案は，基本的な枠組みを決めたもので，今後必要に応じて原賠法の16条による国の援助策として，今回の枠組みを元に追加・修正していくことが可能である，と考えることができるからである」と述べている．

34) 永松(2007)28～29頁．

承認を受けなければならないといった，法律，条例が具体的に定めた裁量の余地のない羈束(きそく)行為や，一定の裁量はあるが，税の徴収などを行うべき具体的行為が規定されており，新たな政策立案・形成行為を含まない羈束裁量的行為である．

本過酷事故がもたらした多面的な社会問題解決のために，政治的な判断も加えながら，原賠法第16条の抽象的規定を拡張的に解釈し，あるいは逆手にとって，新たな政策を立案，決定する裁量を生かし，支援機構法に辿り着いた政策担当者たちの活動過程は，まさしく永松の整理による「政策形成活動」に当てはまると考えられる．

最後に，この政策形成活動の特質について述べておきたい．田中秀明(2012)は，自民党から民主党への政権交代において「政策過程と政官関係」がいかに変容したか，3つのモデルを用いて比較，検証している[35)]．3つのモデルとは，①自民党政権―与党・官僚モデル，②自民党政権―経済財政諮問会議モデル，③民主党―政務三役モデル，である．これらのモデルが，政策の「課題設定」，「政策立案，検討」，「調整・意思決定」の3段階において，いかに異なっているのかを論考している．例えば，課題設定においては，①は与党政治家が府省庁に要請し，府省庁の官僚は制度改正の必要性を提起し，審議会などが(時に府省庁の代弁者として)府省庁や与党に提言，要請を行う．②は首相が諮問会議を使って課題提起し，府省庁の官僚は諮問会議に要請し，諮問会議が事務局の支援を受けて課題を整理する．③は選挙のマニフェストに基づいて府省庁の政務三役が提案し，府省庁の官僚は政務三役からの指示を待ち，審議会等は官僚の代理と見なされ，活用されない．

しかし，2011年3月11日から支援機構スキームの骨格が出来上がる4月半ば，おおよその細部まで詰められた5月10日までの政策形成過程は，3モデルいずれとも異なる．そもそも未曽有の事態において，本過酷事故がもたらした混乱を解決すべく，課題自体を緊急かつ的確に整理することから始めなければならず，その能力を有していたのは官僚であった．内閣官房に原子力発電所事故による経済被害対応室が設けられ，経済産業省，同資源エネルギー庁，財

35)　田中秀明(2012)21～45頁．

務省，文部科学省，その他の省庁と緊密に連携を取りながら，企業再生の専門家，法律家，会計専門家などを加えて，いわば緊急プロジェクトが稼働したのは，政策担当者たちの自律的な動きであった．政権はひたすら，原子炉の冷却，放射性物質飛散の対策に追われていた．「支援機構スキームの本質的な議論においては政治家を入れていない」と，複数の政策担当者たちは証言している．突然の危機に対応する政策形成は，日本においては政治のリーダーシップではなく，官僚の自律性によって起動し，展開し，結実したのだった．それは，いわば第四のモデルであった．

賠償・除染・廃炉

――東京電力国有化の論理――

第 7 章

預金保険制度の支援機構スキームへの転用[1)]

第1節　金融当局[2)]はなぜ預金保険制度の拡充に迫られたか

1　政策モデルとしての預金保険機構

支援機構スキームの原案が，政府部内ではすでに4月10日頃には固まっていたことは，第II部第4章で詳しく述べた通りである．原子力事業者すべてに参加義務を課し，負担金の納付を合意させ，支援機構を設立して多様な資金援助機能を付与し，巨額の公的資金による政府援助を組み込み，さらには国の出資も可能とする，極めて大がかりな制度設計を，3月11日の本過酷事故発生から，わずか1か月という短期間で迅速に行うことができたのは，白地の段階から構想されたのではなく，有用な政策モデルが存在したからである．そのモデルとは，第I部第3章で詳述したチッソ金融支援方式に加え，預金保険制度とその運用主体である「預金保険機構」(以下，預保機構)であった．預金保険制度は，預金預入れ金融機関の破綻処理に際し，預金者保護とシステミック・リスク回避のために設けられた先進国共通の制度インフラである．日本では1971年，金融システムの健全さを保ち，信用秩序維持を担う「預金保険法」の制定をもって創設された．

1)　本章の全体の記述に関して，預金保険機構編(2007)，西村吉正(2011)，佐藤隆文(2003)を参考にした．

2)　金融行政の主体は，金財分離政策によって，大蔵省から1998年に金融監督庁(金融機関の監督・検査機能)と財務省(金融制度の企画・立案機能)へ，さらには2000年に金融庁に移行した．

預金保険法に規定された預保機構の業務は，金融機関からの保険料の収納，破綻金融機関を合併などで救済する金融機関に対する資金援助(金銭贈与，資金の貸付けもしくは預入れ，資産の買取り，債務の保証，債務の引受け，優先株式等の引受け等)であり，支援機構とまったく同じ業務である．支援機構の組織としての特徴と業務(機能)はすべて，預保機構が持っていたものである．「支援機構スキームの骨格は，預保機構の業務，機能が転用されたもの」[3]なのである．それでは，支援機構スキームの設計にあたって，預保機構をモデルとしたのは，いかなる発想からであろうか．誰の着想によるものだろうか．何の目的で，預保機構のどんな機構を最も必要としたのだろうか．

預金保険機構編(2007)によれば，日本は1991年から2002年にかけて，合計180に上る金融機関の破綻を経験した．とりわけ1990年代後半は金融システム危機の様相を呈し，1996年から2002年までの間に破綻は集中し，166件を数えるというかつてない深刻な事態となった．預保機構は金融当局の指導下にあって，その破綻処理等の実務を担う当事者であった．預保機構は変転する未曽有の事態に即応しながら，同時に組織の拡充と業務の拡大を図り，頻繁に法改正を行うことで多様な機能と権限を取得し，前例の乏しい破綻処理と金融システム危機の克服に取り組むこととなった[4]．このように，預金保険制度を拡充し，その運営主体の預保機構を駆使した金融当局およそ10年間の政策的蓄積が，預保機構モデルを通して支援機構の設計に継承されているのである．第I部第3章で述べたチッソに対する金融支援方式と同様，行政における政策的蓄積の意味とその利用，転用の発想，技術を，日本の行政の特質として捉え，以下に検証する．

2　ペイオフと資金援助に限定された破綻処理

1971年，信用秩序維持を担う預金保険法の制定をもって，預保機構は創設された[5]．預金保険制度は，預金預入れ金融機関の破綻処理方法であるととも

3)　筆者のインタビューに対する政策担当者の回答(2011. 8. 22)．

4)　預金保険機構編(2007)iv～v頁．

5)　各国の預金保険創設は，アメリカ1933年，ドイツ1966年，カナダ1967年，フランス1980年，イギリス1982年，である．

に，預金者保護，信用秩序維持を目的とする．その破綻処理手法の進化と関連法の整備について，当事者である預保機構は，1998年に成立した金融再生法以前と以後の2期に分け，さらに，金融再生法以前をそれぞれの破綻処理の特徴[6)]によって4つの時期に分けることができる，としている[7)]．

第1期は1971年から始まる黎明期である．預金保険法に基づき，アメリカの連邦預金保険公社をモデルにした認可法人である預保機構が，政府，日本銀行および民間金融機関の出資によって設立された[8)]．加盟金融機関の預金残高の一定割合を拠出しあい，それを積立金として運営すると同時に，金融機関が破綻に陥った場合に預金保険を支払うシステムである．預保機構発足時は，預金者1人当たり100万円を上限として払い戻す保険金支払い方式(ペイオフ)という仕組みしか有していなかった．

15年後の1986年，金融制度調査会[9)]の答申によって預金保険制度の整備拡充の必要性が強調されたことから，預金保険法が改正された．ペイオフの上限額は1000万円に引き上げられると同時に，「資金援助方式」という破綻処理方式が追加された．資金援助方式とは，預保機構が低利融資または金銭贈与による資金援助を行うことによって，破綻金融機関の取引(預金・正常債権)，その他事業を受け皿(救済)金融機関へ譲渡させる方式である．金融制度調査会は，破綻処理方法としてのペイオフは，支払い手続きに膨大な手間がかかって迅速かつ円滑に事務処理が進まず，預金者に混乱が起きる可能性があることから，破綻処理手法の多様化を図るのが望ましいと答申したのである．

この資金援助方式が，つまり預金保険が初めて適用されたのは，預金保険制

---

6)　預金保険機構編(2007)5頁は，金融機関の破綻原因を，以下のように3つに分類している．「預金保険法には金融機関の破綻を預金の払戻停止およびそのおそれ，ないしは債務超過などと規定しているが，さらにその根本的な遠因としての金融機関の破綻原因を大別すれば，資産の毀損により資本が枯渇するか，資産の毀損を経ることなく大幅な損失を被り資本が枯渇するか，資本は枯渇しないけれども資金繰りがつかなくなるのか，の3種類になる」．

7)　預金保険機構編(2007)31，69頁．

8)　政府，日銀，民間金融機関それぞれが1億5000万円ずつ出資した．

9)　1956年の金融制度調査会設置法に基づいて，金融情勢の推移に鑑み，金融制度の改善に関する重要事項を調査審議する大蔵大臣の諮問機関．1998年，保険審議会および証券取引審議会と統合されて金融審議会に改組され，2001年の中央省庁再編で金融庁長官の諮問機関となった．

度が創設されてから20年後の1991年だった．伊予銀行が経営の悪化した東邦相互銀行を吸収合併，その際，預保機構から伊予銀行は80億円の低利融資を受けた．受け皿銀行の収益補完を目的とする低利融資であり，資金援助方式の第1号である．翌年の1992年，三和銀行(現三菱東京UFJ銀行)による東洋信用金庫の吸収合併が第2号であり，三和銀行は預保機構から200億円の金銭贈与を受けた．同時に，日本興業銀行(現みずほフィナンシャルグループ)など有力債権者が債権放棄を行った．この頃の破綻処理は，預保機構の資金援助と民間ベースの支援の組み合わせが多く見られる．

戦後，大蔵省が金融行政において堅持した護送船団方式[10]は，最も経営体力が弱い限界的金融機関を存続可能とするための非競争的な政策であり，その結果，法制度上は預金保険という破綻処理手法を用意してはいたものの，現実には，金融機関の破綻などありえなかった．なぜなら，まれに経営が著しく悪化する金融機関が出現した場合は，救済金融機関を水面下で探し，事実上の行政指導によって吸収合併させたからである．例えば，店舗の規制が厳しく，銀行は店舗が出せれば低い規制金利の預金を集めて運用することにより(超過)利潤を上げることができる時代であったから，金融行政の裁量性によって，救済合併と引き換えに店舗拡大の特典といったインセンティブを与えることが可能であった．1986年の住友銀行(現三井住友銀行)による平和相互銀行の吸収合併が，その典型である．

ところが，1990年代に入るとバブル経済崩壊の顕在化とともに，破綻が懸念されるあるいは実質的に破綻している金融機関が同時多発的に現れ，金融当局は破綻処理に向かわざるを得なくなった．前述の91年，92年の預金保険適用による伊予銀行への低利融資，三和銀行への金銭贈与という2種の資金援助は，その手始めであった．94年に入って，「予想を超える累積的な地価下落の重圧に耐えられず経営危機に陥る金融機関が続出」[11]する中で，東京協和信用組合と安全信用組合の2信組が合計約1100億円の債務超過を抱えるという過

10)　堀内昭義(1999)22頁は，護送船団行政について，「かつての大蔵省の金融行政で，都市銀行，地方銀行，信用金庫，信用組合などの各業態を保護するため，もっとも弱小な業態の金融機関でも生き残れるような店舗，業務などの規制，指導を行ったことを言う」としている．

11)　西村(2011)359頁．

去に例を見ない資産の悪化に至り，自力再建は不可能と金融当局は判断した．戦後初の金融システム危機の始まりである．

しかし，金融当局が資金援助方式によって，金銭贈与の特典とともに受け皿金融機関に両信組の資産を引き継がせようにも，もはや救済余力がある金融機関は存在しなかった．大手銀行を含めて，すべての金融機関が不良債権の増大に苦しみ始めていた．預保機構による資金援助は受け皿金融機関に対して行われるので，受け皿金融機関の存在は必須条件であった．受け皿金融機関の不在によって資金援助方式が適用できないのであれば，当時の預金保険制度の下では，ペイオフに進む選択肢しかなかった．

ところが，西村(2011)によれば，当時の日本においては，金融機関の不倒神話はいささかも揺らいでおらず，預金のみならず債権はすべて保護されることが，社会全体の当然の要求であった．ペイオフを決行すれば1000万円以下の小口預金者は救済できるが，1000万円以上の大口預金者には損失が発生する．全額保護という常識を裏切られた大口預金者が大混乱し，不安のあまり他の金融機関に取り付けが及び，システミック・リスクが現実のものにならないとも限らない，と懸念された．また，金融機関が破綻すれば金融仲介機能が失われ，借り手への資金供給が止まり，企業活動は低下し，実体経済への悪影響は計り知れない，と危惧された．政府にとって，ペイオフは現実的な選択肢ではまったくなかった[12]．

このように，個々の金融機関の不良債権が増大し，金融システムが劣化，危機前夜の様相を呈していたにもかかわらず，信用秩序維持のための金融当局の制度的政策手段は極めて限られていた．当時，「金融当局が金融システムを安定化し，正常に機能させるためには，二つの政策手段が必要とされた．第一に，金融機関経営の健全性確保のための新しい監督手法，第二に，公的セーフティ・ネットの整備」[13]である．金融機関経営の健全性を確保するための新しい監督手法とは，金融当局が早期に不健全な銀行を発見し，金融機関の自己責任原則によって健全性を回復する努力を行い，回復できない場合は市場から退出

12)　西村(2011)361，385，386頁．
13)　筆者のインタビューに対する金融庁幹部の回答(2012. 7. 11)．

あるいは破綻処理する，といった明確な監督権限とルールを指す．後に導入される自己資本比率を客観的規準とする「早期是正措置」がこれに当たるが，当時はまだ検討段階に入ったばかりだった．

次に，健全性を回復できない金融機関は破綻懸念金融機関として，最終的に救済するにしろ破綻させるにしろ，例えば政府が一時保有するなどして，いち早く金融システムから隔離し，システミック・リスクを回避する手立てが必要となる．また，大口預金者や債権者の救済手段を用意することで，不安の連鎖を防御する．これらが，公的セーフティ・ネットの整備の事例だが，1994 年当時は，ペイオフと資金援助方式という 2 つの単純な破綻処理手法しか用意されていなかった．

付け加えれば，信用秩序維持政策の難しさは，システミック・リスクの回避が至上命題である一方で，モラルハザードの抑制も同時に課されていることにある．モラルハザードとは，公的セーフティ・ネットの存在によって金融機関経営者および株主，預金者などが経営や資産運用において，自己規律を失うことをいう．政府(公的資金)による保護・救済を当てにして，金融機関経営において，また預金の預入れにおいて著しく慎重さを欠く問題が起こるのである．以下に見るように，金融行政は，この二律背反にも揺れ続けた．

3　住専――公的資金投入に対する国民の反発

破綻処理手法の進化と関連法の整備を図るステップは，1994 年，東京協和信用組合と安全信用組合の処理を巡って，第 2 期に入る．救済金融機関を見出すことができなかった大蔵省と日銀は，自ら受け皿金融機関を創設することを決めた．民間金融機関と同額の 200 億円を日銀が出資し，「東京共同銀行」を設立，2 つの信用組合を清算，事業を譲渡させた．金融当局は，その後の破綻処理の増加を想定し，汎用性の高い受け皿金融機関を欲したのだった．処理方式が原則合併から，(営業)譲渡となった．東京共同銀行方式では，東京都が全国信用組合連合会や民間金融機関とともに，損失処理額の一部を負担することになっていた．だが，「二信組の経営者と与野党政治家，大蔵官僚などとの不適切な関係が取りざたされた」[14]ことから，半年にも亘って国会および都議会が紛糾し続けた．金融機関の乱脈経営に対する国民感情の悪化は，信用秩序維持策の遂行，とりわけ公的資金の投入を阻む最大の壁になる．その典型が，以下に述べる住専問題であった．

1996年は，住宅金融専門会社(住専)の処理策が，日本の不良債権問題の象徴として世界中から注目された．住専は個人に対する住宅ローンの提供を目的として，1970年代に銀行(母体行)が中心となって，証券，農林系統などの共同出資によって8社設立された．当時，銀行は産業金融が中心だったからである．だが，その後母体行自身が住宅ローンに注力し始めると，住専は個人市場から押し出され，住宅の開発業者，不動産業者あるいはノンバンクなどに融資を傾斜させた．バブルが破裂し，住専7社合計の資産約13兆円のうち，50%に近い6兆4100億円が回収不能であることが判明した．この不良債権を処理すれば，当の住専はむろん，母体行まで一気に破綻しかねない危機に立ち至った．

湯谷・辻広(1996)によれば，金融当局は，公的資金を投入せざるを得ないと判断した．システミック・リスク回避のための「予防型公的資金投入」である．だが，システミック・リスクを体験することなしに，その恐ろしさを実感できる国民は少ない．他方で，公的資金の原資は税収であるし，反社会的勢力と関係する不動産会社への巨額融資など住専の放漫経営は明らかだったから，一般世論から反発が起こった．他方，学識者たちからは，公的資金によって最終的に保護されるべきなのは預金であるから，住専を法的に処理し，それによって母体行が破綻した場合にだけ，事後的に投入されるべきだという指摘が少なからずあった[15]．システミック・リスクと実体経済への悪影響よりも，モラルハザードを防ぎ，市場規律を重視し，自己責任原則の徹底を優先させる施策である．こうした議論百出の結果，6850億円の財政支出を盛り込んだ住専処理法案を巡って国会は大荒れになり，この後，公的資金投入はタブーとされることになった[16]．不良債権問題に限らず，私企業が引き起こした問題への公的資金投入は往々にして救済策として受け取られるため世論が過敏となり，理性的かつ長期的な視点に立った解決策が受け入れられることは非常に難しい．こ

14)　西村(2011)363頁．

15)　例えば，池尾和人・慶應義塾大学教授は一貫して，会社更生法や破産法による法的整理を主張し，政府案を「国家的談合」と批判した(『日本経済新聞』1995年12月20日朝刊)．

16)　湯谷昇羊・辻広雅文(1996)．

れは，本過酷事故を受け東京電力の債務超過回避，存続維持を前提とした原子力損害賠償制度の構築を行った過程においても同様であった．

多様な議論の一方で，6兆円を超える住専の不良債権処理スキームが整えられた．住専7社から債権を譲り受け，回収するために「住宅金融債権管理機構」(住管機構)が，預保機構の出資(1000億円)によって設立された．預保機構は住管機構に指導，助言を行い，他方，金融安定化拠出基金(1兆70億円)を設置，住管機構が債務処理において原資が不足した場合は，助成金を交付する．つまり，資金援助方式である．預保機構に新機能が追加されたのである．

第2節　金融システム危機は政府にいかなる教訓を残したか

1　破綻処理手法の多様化と交付国債の利用

1996年は住専処理が行われた一方で，「金融機関経営健全性確保法」，「預金保険改正法」，「更生特例法」のいわゆる金融三法が成立した．前年の95年には，コスモ信用組合，木津信用組合，兵庫銀行が立て続けに破綻した．金融システム危機が深まる中で成立した金融三法は，前述した信用秩序維持策に必須の政策手段を確保するものだった．この金融三法によって，破綻処理手法と関連法の整備は第3期に入る．ポイントは2つある．

第一に，「金融機関経営健全性確保法」によって，1993年にアメリカで実施されたばかりの「早期是正措置」が導入された．それまでの金融当局の行政手法では，銀行経営の健全性を早期にチェックし，是正を求めることは難しかった．「早期是正措置」は自己資本比率という客観的な基準を用いて健全指標を定め(国内業務4%，国際業務8%)，それが不良債権処理などによって損なわれる場合には回復に向けた是正措置が発動され，当該金融機関が一定期間に果たせなければペナルティが発生するという新しい監督手法である．金融当局が，行政の恣意性，裁量性を極力排し，金融機関の自己責任原則を重視しつつ，透明性を持った処理を行うべき姿勢への転換の兆しが見える．

第二に，「預金保険改正法」では，2001年3月までの5年間を金融不安解消期とし，時限措置として預金全額保護が打ち出された．預金全額保護ということはすなわち，1000万円を預金の払い戻し額の上限とするペイオフを行わない，凍結するということである．それまでも，すべての破綻処理において預金は全額保護されてきた．ただし，他の金融機関や地方公共団体の金銭的支援を受けてのことであり，預保機構の資金援助額はペイオフコストの範囲内[17]で済むものだった．それを，預保機構が破綻金融機関の預金を全額保護する費用を救済金融機関に対して援助する方針に切り替えたのである．これを「特別資金援助方式」と呼び，その財源として金融機関から「特別保険料」が徴収されることとなった．また，預金者と他の債権者は債権者平等の原則で対等に扱われたから，預金を全額保護するのであれば，金融機関の債権者はすべて保護されることになる．これらは公的セーフティ・ネットの拡充に該当する政策であり，システミック・リスクの回避を，金融機関経営者，債権者および預金者におけるモラルハザード発生の懸念よりも優先する政策であった．

また，この預金保険法改正では，業態全体として資産状況が著しく悪化していた信用組合に対して，特別の措置が取られた．預保機構が信用組合の破綻処理に際して，資金援助の一環として資産買取りを行う場合，当該資産の受け皿機関が必要である．そこで，東京共同銀行を「整理回収銀行」に改組して破綻信用組合の不良債権の買取り・回収機関とし，買取り業務を委託した．預金，債権の全額保護は信用組合も対象であり，ただし，預保機構において，一般金融機関特別勘定，信用協同組合特別勘定に区分整理された．両勘定ともに日本銀行または金融機関からの借入れを行えるが，後者には政府保証を付けている．預金保険法の改正は，96年に続いて97年にも行われ，預保機構にはさらに2つの機能が追加された．第一に，金融再編の加速を想定し，「新設合併」について新たに資金援助ができるようになった．第二に，複数の破綻金融機関同士の斡旋を受けた特定合併に対し，資金援助を行うことが可能になった．

だが，金融システム危機の深刻さは増すばかりであり，1997年にはついに，三洋証券，北海道拓殖銀行，山一證券といった大型連続破綻がおこった．経営不振の大規模金融機関の破綻処理を混乱なく進めると同時に，金融機能の安定

---

17)　ペイオフコストの範囲は，実際にペイオフを実施したときに預保機構が負担する金額を指しており，一般勘定に計上される．

化，つまりは金融機関の健全性向上を図るために，政府は本格的な支援を開始した．住専以来タブーとなっていた公的資金の本格投入が，98年2月の同時期における2つの法的措置によって，預保機構経由で行われることになったのである．公的資金の合計は30兆円，そのうち交付国債[18]が10兆円，政府保証が20兆円である．その経緯について以下に述べる．

第一は，預金保険法の改正である．預保機構の一般金融機関特別勘定と信用協同組合特別勘定を廃止し，特例業務基金を設置し，7兆円の国債を交付する一方で，同基金の借入金または債券について政府保証枠を10兆円設定した．金融機関の破綻処理に公的資金の使用が可能になったのである．この基金は，北海道拓殖銀行の破綻処理時に初めて取り崩された[19]．他方，整理回収銀行の受け皿銀行としての機能を信用組合に限るのではなく，一般金融機関にまで対象を広げた．大型金融機関の破綻処理とそれに伴う預金全額保護のための公的資金が17兆円投入されたのであった．

第二は，「金融機能安定化緊急措置法」(金融機能安定化法)の施行である．預保機構に金融機関の自己資本充実のための特例業務を課した．具体的には，預保機構は，整理回収銀行に金融機関の優先株等を取得させるために，金融危機管理勘定を設け，そこから整理回収銀行に必要資金を貸し付けるのである．その資金調達のために，政府は預保機構の借入れまたは債券発行に対して10兆円の保証を行った．次に，預保機構に対して3兆円の国債を交付した．合計13兆円を措置した上で，金融危機管理審査委員会等を設置し，優先株等の取得に関する業務を担わせた．これを受けて，3月には21の金融機関に約1兆8000億円の資本注入が実施された．

2 「金融再生法」による破綻処理法制の抜本的転換

日本の破綻処理法制は，1998年10月の「金融再生法」の施行によって，抜本的に変わる．1998年は3つの地方銀行と32の信用組合が破綻し，他方で長

---

18) 交付国債は，一般的な公債とは異なる性質を有している．例えば，発行時に受領者(機構)から対価を回収しない点，無利子である点などである．第II部第6章参照．

19) 1998年10月29日，預保機構の運営委員会において，1兆387億円の交付国債の償還請求が決議された．

らく指摘されてきた日本長期信用銀行の経営危機が切迫した問題として浮上する中で，いわゆる金融国会(98年7月29日召集の第143回臨時国会)で議論され，成立したのが金融再生法である．それまで破綻金融機関の経営は，旧経営陣が引き続き行うものであった．だが，旧経営陣に任せていては破綻処理から再生に至る計画作成，執行それに伴う経営責任のありようが甘く，批判が付きまとっていた．金融再生法では，創設された「金融整理管財人制度」等によって，旧経営陣は退任し，公的な管理人が破綻処理に当たることになったのである．

金融再生法によって創設されたのは，金融整理管財人制度の他に，「承継銀行(ブリッジバンク)制度」ならびに「特別公的管理制度」である．いずれも，受け皿銀行が見つからない場合，破綻金融機関を公的管理の下に置き，金融システムから緊急避難的に隔離する制度である．金融整理管財人制度は，政府(実質は金融当局)が選任した金融整理管財人を，旧経営陣に変えて破綻金融機関に派遣する．金融整理管財人は1年以内に，他の健全金融機関に営業譲渡し(1年間の延長は認められる)，破綻金融機関の管理を終了しなければならない．その間，破綻金融機関の法人格は存続し，業務も維持されるから，金融機能は維持される．

しかし，金融整理管財人が1年ないし2年の間に適当な受け皿となる健全金融機関を見出せない場合もありえる．このケースを想定した処理スキームが承継銀行制度であり，当該破綻金融機関の業務を承継銀行が暫定的に引き継ぐ．承継銀行は，預保機構の子会社として設立され，最終的な健全金融機関に営業譲渡し，破綻処理を終えるまで，業務を続けるのである．

特別公的管理制度は，預保機構が強制的に破綻金融機関の全株式を取得して国有化し，政府(実質は金融当局)が選任した取締役および監査役が破綻銀行を管理する．金融整理管財人制度と特別公的管理制度は，政府が管理下において経営を行う点は同じだが，後者はそれに加えて，金融機関の所有者(株主)を入れ替えてしまう点が異なっている．一体に，前者は中小金融機関，後者は大手金融機関に対応し，例えば，日本長期信用銀行，日本債券銀行は，後者の特別公的管理下に入り，他社に売却された．

なお，金融再生法によって，預保機構は，被管理銀行，承継銀行，特別公的管理銀行，それ以外の銀行から，整理回収銀行に委託して，資産を買い取ることができるとした．そのために，政府は預保機構の借入れまたは債券発行に18兆円の保証枠を設定した．

他方，1998年2月，金融機能安定化法の制定によって開始された公的資金による資本注入政策は，金融再生法と同時期に国会で成立した「金融機能早期健全化法」(以下，早期健全化法)によって引き継がれた．預保機構に金融機能早期健全化勘定を設け，整理回収銀行(後に住管機構と合併し整理回収機構)に委託して金融機関等の普通株式，優先株式を引き受ける，という新しい資本増強制度であった．金融機能安定化法より踏み込んだのは，第一に，議決権のある株式も引受対象としていること，第二に，引受けの承認の際には，経営の合理化，経営責任の明確化，株主責任の明確化などを厳格に定めた点にある．早期健全化法によって，預保機構に設けられた健全化勘定に25兆円の政府保証枠が設定され，99年に都銀など15行に総額7兆4592億円の公的資金が投入された．

ところで，先行研究によれば，時限措置，緊急措置を繰り返した1990年代後半の預金保険制度の拡充において，補強すべきポイントはすでに明らかで，突き詰めれば2つあった．西村(2011)は，「90年代半ば以降に顕在化した金融機関の連続的破綻に対処するために講じられた預金保険制度の改正は，2つの問題処理を巡って進められたといえる」[20]と総括し，佐藤隆文の研究(2003)[21]も引用し，以下のように整理している．

1. 上限つき預金保護という制度的枠組みと預金全額保護という事実上の政策目標との乖離が，主として財源面から現実の課題となったこと．
2. 救済金融機関が現れないケースが例外でなくなり，資金援助方式による破綻処理が重大な制約にぶつかったこと．

1996年から本格的に始まる90年代の預金保険に関わる法制度改正を，上記の2点から整理しておく．まず預金保護の枠組みと預金全額保護との乖離については，

96年，預金保険法の改正によって，預保機構がペイオフコストを超える援助を可能とする「特別資金援助方式」を導入した．その際，特別保険料

20) 西村(2011)386頁．
21) 佐藤(2003)128頁．

の徴収に加え，一般保険料も引き上げられ，全体で金融機関の支払う保険料は7倍となった．

98年，さらなる預金保険法の改正によって，「特別資金援助方式」の財源として交付国債7兆円，政府保証枠10兆円，合計17兆円の公的資金が確保された．

98年，金融再生法の制定によって，金融再生勘定に18兆円の政府保証が設定された．

2000年，本来は預金保険対象外である預金や金融債などの金融商品なども保護対象とされた．

資金援助による破綻処理の限界については，

95年，官民で，東京共同銀行が設立された．

96年，東京共同銀行は破綻信用組合の受け皿として，整理回収銀行に改組された．

98年，金融機能安定化法の制定によって，整理回収銀行は破綻金融機関全般の受け皿と位置づけた．

99年，金融再生法の制定によって，金融整理管財人制度，特別公的管理(一時国有化)制度，承継銀行(ブリッジバンク)制度を導入した．また，整理回収銀行の資産買取り機能が強化された．

ここで付け加えるべきは，①と②に集約される問題を解決するために法制度的拡充を進めた結果，交付国債と政府保証による公的資金の投入が必要となり，98年の預金保険法の改正と金融機能安定化法の制定を機に，政府の財政支援の下で，「大きな預金保険制度」が作り上げられていったことであろう．さらに，その公的資金が，破綻処理と同時に破綻回避の事前資本注入の双方に投入されたことに留意する必要があろう．

3　ハードランディング路線とソフトランディング路線

このように，政府は正反対の目的を持った2つの政策方針——経営不振銀行を破綻処理によって取り除くハードランディング路線と，金融機関に事前の資本増強を行うことで健全性を回復させるソフトランディング路線——を実現させるために，2種類の法制度を同時並行的に整備した．このことについては，

2つのことが指摘できるであろう．第一は，混乱きわまる当時の金融システムを安定させるためには，2つの制度が補完的であり，双方が必要であった．第二は，金融システムの安定化策が，ハードランディング路線とソフトランディング路線の間を揺れ動いていた，あるいは，アクセルとブレーキを同時に踏むような不整合があった．すでに述べたように，98年の金融国会が与野党の政策的攻防で大混乱に陥った結果[22]，金融整理管財人制度と特別公的管理制度を導入して，ハードランディング路線を推し進める「金融再生法」を成立，施行させる一方で，破綻前の公的資金投入によるソフトランディング路線の「早期健全化法」も同時に施行させたことを見ると，第二の要素のほうが強かったと思われる．

これに関連して，先行研究には，金融再生法の制定によって，それ以前の破綻処理が受動的であり，その際の金融業務もあくまで民間部門が支え，公的部門は包括的に代替すべきものではないという認識から，社会の危機意識を喚起してでも，能動的に金融の現状を変えるために破綻処理を行うという認識に変わったという指摘がある．実際，破綻前の資本注入が可能である早期健全化法が成立していたにもかかわらず，長銀と日債銀は，金融再生法の破綻処理条項適用によって，特別公的管理として処理されている．つまり，金融再生法は政府主導であらゆる問題を公的組織が引き受けようと決意を示したものであり，それによって迅速な破綻処理は可能になった反面，破綻処理後の資産価値の劣化による極めて高い処理コスト(公的資金)が必要になったことは否定できない[23]．

なお，金融庁のデータによれば，1992年から2008年までに預保機構が投入

---

22) 政府，与党自民党は，ブリッジバンク制度など破綻金融機関の処理案を盛り込んだ金融機能安定化法の改正案を提出したが，野党・民主党は公的資金注入反対の立場から，破綻した金融機関の一時国有化(特別公的管理制度)案を柱とする金融再生法を提出した．そこには，金融機能安定化法の廃止が盛り込まれていた．日本長期信用銀行の経営不安が増すなかで，1か月に近い与野党の激しい協議を経て，野党案をベースにした金融再生法が成立した．いわゆる小渕恵三首相(当時)による，野党案丸呑みである．このとき，金融再生法成立を主導したのは，与野党横断的な若手政治家であった．他方，同国会で，自民党は新しい資本増強策と一般金融機関からの不良債権の買取りなどを柱とする金融システム早期健全化対策を提案した．

23) 西村(2011)447～453頁．

した公的資金は47兆円で，内訳は，預金者保護のための金銭贈与が18兆8000億円，破綻金融機関等などからの資産の買取りが9兆7000億円，金融システム安定化等のための資本増強は12兆4000億円，その他，5兆9000億円である．長銀と日債銀に対する金銭贈与はそれぞれ，3兆2350億円，3兆1414億円であり，それを含めて，両行の破綻処理によって約10兆円の国庫負担が確定している[24]．

1996年の預金保険法改正で打ち出された特別資金援助方式による預金全額保護は，2001年3月までの特例措置であった．また，金融再生法も早期健全化法も時限法であり，特例，時限措置終了後の恒久的な破綻処理制度への移行が，集大成として必要とされた．1999年12月，金融審議会から『特例措置終了後の預金保険制度及び金融機関の破綻処理のあり方について』と題する答申がなされた．積み重ねられた緊急措置と特別措置のなかで不可欠な機能は恒久化する一方で，肥大化した預金保険を方向修正すべく，「小さな預金保険制度を目指すべき」というのが，答申の基本的な考え方であった．以下に，内容を簡略化して記す[25]．

1. 破綻処理の結果，大幅な債務超過が生じることにならないように，市場規律を有効に機能させて問題金融機関の早期発見，早期是正を行う．
2. 預金者の損失と預金保険の負担を最小限にとどめるために，実質破綻金融機関は債務超過が極力小さい段階で早期に処理する．
3. 破綻処理に際しては，最もコストが小さいと見込まれる方法を選択するとともに，破綻に伴う混乱を最小限にとどめることが重要であり，そのためには資金援助方式を優先し，保険金支払い方式の発動は，できるだけ回避する．
4. 通常の破綻処理の枠組みでは対応できない危機的な事態が予測される場合の対応策が必要である．

24）西村(2011)533頁，また，預金保険機構編(2007)255頁によれば，2005年時点で，政府から預保機構に交付された交付国債のうち，預保機構が償還を受けた(現金化した)ものは約10兆4000億円であり，この10兆4000億円が国民負担になった．この金額は，ペイオフコストを超える金額の預金および金融債等の保護に充てられた．

25）預金保険機構編(2007)104頁．

これらの答申の考え方をもとに，金融機関の破綻処理のための恒久的制度を整備するとともに，全額預金保護のための交付国債の増額および預金等全額保護の特例措置の一年延長などを目的とした預金保険法改正が，2000年，2002年に行われた．これによって，預金保険制度はほぼ整備，拡充を終えた．そこには，時限措置である「金融再生法」と「早期健全化法」における重要制度が，預金保険機構の恒久業務として継承されている．制度として完成度を高めた破綻処理策は，以下のように，「A. システミック・リスクが小さい場合の通常処理」と「B. システミック・リスクが大きい場合の例外措置」の2つに大別され，前者が2つ，後者が3つ，合計5つの処理パターンに分かれる．

A．通常処理――システミック・リスクが小さい場合
　①1000万円を上限とした保険金支払い(ペイオフ)
　②資金援助による資産・負債承継(ペイオフコスト範囲内)
B．例外措置(預金保険法第102条)――システミック・リスクが大きい場合
　①資本増強(第1号措置)――債務超過(破綻)ではないが，自己資本の充実が必要と認められる金融機関に対する資本注入
　②特別資金援助(第2号措置)――金融整理管財人による債務超過(破綻)の金融機関に対する資金援助による資産・負債承継(ペイオフコスト超)
　③特別危機管理(第3号措置)――政府(預金保険機構)による債務超過(破綻)金融機関の全株式の強制取得

Bの預金保険法第102条に規定されたシステミック・リスクが大きい場合の破綻処理に対応する3つの例外措置のいずれを選択するかは，内閣総理大臣を議長とする金融危機対応会議の議決を経て決定される．これを金融危機対応措置と呼び，これまでに2回発動されている．いずれも2003年で，総理の小泉純一郎と金融経済財政政策担当相の竹中平蔵は，りそな銀行には第1号措置，足利銀行には第3号措置を適用した．

旧大和銀行と旧あさひ銀行が合併した，りそな銀行の経営不安はシステミック・リスクにつながりかねず，いずれの例外措置を選ぶか，金融システム危機の最終局面において判断の極めて難しい問題であった．当時は，りそな銀行は

実質的に破綻し，事実上債務超過に陥っている，という見方が支配的であった．そうであれば，上記のようにB例外措置の②あるいは③の適用が選択肢となる．しかし，政府は，「債務超過に至っていない」との資産判定を下し，第一号措置による1兆9600億円の公的資金注入を行った．

およそ10年に至る金融システム危機対応の政策的帰結として，政府はハードランディング路線ではなく，ソフトランディング路線を選択したのだった．前述したように，特別公的管理による長銀処理と日債銀処理は後に約10兆円の国民負担が確定するほどコストが膨らんだ．金融審議会答申の基本的考え方が，金融再生法以降の公的管理拡大路線を修正し，「小さな預金保険を目指す」となったことからわかるように，ハードランディング路線における処理コストの増大が問題視されていたことが，政府決定に強く影響したと思われる．

付言すれば，りそな銀行に対する第1号措置の適用については，支持と批判の双方が起こった．マーケットからすれば，破綻処理された長銀，日債銀の株式は無価値となったが，存続維持するりそな銀行の株主責任は問われないから，日本政府の政策転換は歓迎すべき事態であり，実際，日経平均株価は反転，回復を始めた．しかしながら，学識者やメディアは，実質破綻企業の株主が経営者その他の債権者とともに責任を問われるのは資本主義経済の大原則であり，それを踏みにじる政策転換はモラルハザードを許容しかねないという批判を展開した[26]．

第3節　預金保険制度はいかに原子力損害賠償制度へ転用されたか

1　金銭贈与機能への着目

これまで述べてきた預金保険制度の拡充，金融機関の破綻処理手法の多様化と関連法の整備を，改めて預保機構の機能強化の観点から整理しておこう．1971年の設立当初は，「ペイオフ」のみの単機能のスタートであった．15年後の86年，破綻金融機関の資産を救済金融機関に譲渡するために，「資金援助方

26）「緊急特集　りそな実質国有化」『週刊ダイヤモンド』(2003. 5. 31)．

式」が追加された．資金援助方式が初めて適用されたのが91年と92年，使われた機能は「低利融資による収益補完」と「金銭贈与」の2種類であった．96年の住専処理を機会に，住専から資産を譲渡された「住管機構への資金援助機能」が追加された．96年以降は，度重なる預金保険法の改正と金融再生法の成立などによって，資本注入あるいは特別公的管理のための「株式引受け機能」，破綻処理を効率的に進めるための「資産の買取り機能」も追加され，実現手段として官民で設立した東京共同銀行を整理回収銀行に衣替えし，さらに住管機構と合併させ「整理回収機構」とし，「資産買取りを委託」させた．金融再生法の「公的管理(金融整理管財人制度や一時国有化など)に関わる実務」も急増し，金融システム危機が沈静化してからは，「回収業務」に比重を移した．

これらの30年余の間に付与された破綻処理機能を活用した結果，1992年から2008年までに預保機構が投入した「公的資金」は47兆円に上る．そのために預保機構の資金調達には，当初から課されていた金融機関の「保険料」に加えて，96年の預金全額保護の決定によって「特別保険料」が追加された．他方，「借入れ」や「債券の発行」も行われ，それに対して「政府保証」を行ったものと「交付国債」の合計が公的資金である．

このようにして付加，強化された預保機構の機能である「低利融資による収益補完」，「金銭贈与」，「株式引受け」，「資産の買取り」「政府保証や交付国債による公的資金援助」などが，支援機構スキームにどのように生かされているか，以下の支援機構の機能と比較すると，よく理解できる．支援機構の業務範囲は支援機構法の第35条から第37条までに記されている．

第II部第6章でも記したように，支援機構の主たる目的は，第1条にあるように，大規模な原子力損害を生じさせた原子力事業者に対して損害賠償に必要となる資金を交付することである．その資金交付に関連して発生する「負担金の収納」，「資金援助」が支援機構の二大業務となる．第一の負担金の収納業務とは，支援機構の業務に要する費用として，原子力事業者から負担金の収納を行うことを指す．第二の資金援助業務については，第41条から第44条に詳細に記されている．

この資金援助業務は言うまでもなく，本過酷事故の原因者である東京電力を対象としている．支援機構法の成立後，2011年度2次補正予算編成において，支援機構に資金拠出する「交付国債」の発行枠2兆円が計上され，3次補正予算総則で5兆円まで引き上げられた[27]．この交付国債の償還金の使途は被害者への損害賠償支払いに限定される(除染を含む)．その他の「株式の引受け」，「資金の貸付け」，「社債・約束手形の取得」，「債務保証」といった多様な資金援助機能は，事故に起因する東京電力の収益力の低下および費用発生を埋める役目を果たす．具体的には，損害賠償支払い，除染費用のほかに，原子力発電所の稼働停止に伴って化石燃料の発電比率が上昇することによる燃料費の上昇，廃炉費用，社債の発行停止と償還に関わる費用などである．

すでに述べたように，本過酷事故がもたらした5つの複合問題を解決するために，政策担当者たちは，東京電力の債務超過転落を回避し，存続維持させることを大前提とした．東京電力の債務超過回避のためには，資金援助が必要となるのは言うまでもない．そのために，政策担当者たちが，「最も有用だと目をつけたのが預保機構の金銭贈与機能」[28]であった．とりわけ，交付国債による資金交付機能を組み合わせれば，より効果的だった．第II部第5章で詳述したが，以下に改めて要点を述べる．

債務超過の回避のために必要とされる資金援助機能を財務面から考えると，例えば，損害賠償問題においては，財務諸表のバランスシートの負債の部に計上される損害賠償引当金と同額の資産が，資産の部に“同時的に補填される資金援助の仕組み”が必要ということになる．その仕組みがあれば，どれだけ事後的に損害賠償額が膨れ上がり，また長期化したとしても，常に損害賠償に関しては負債と資産のバランスが取れ，お互いを相殺してしまい，事実上バランスシートから外してしまう(オフバランス)ことが可能になり，バランスシートを毀損しないからである．

その観点からすれば，交付国債は利便性が高い．まとまった額の国債を交付しておけば，東京電力が被害者に対して損害賠償を行うための資金が必要になった場合，そのつど必要な額だけ交付国債の償還を要求して，賠償費用に充て

---

27)　第II部第6章参照．
28)　筆者のインタビューに対する政策担当者の回答(2011. 9. 3)．

ればいいからである．実際，すでに述べたように，2011年度3次補正予算編成において，支援機構に資金拠出する「交付国債」の発行枠は5兆円まで引き上げられている．このように毎年度ごとに予算措置を講ずることを必要としない“同時的に補塡される仕組み”は，支援機構側からすれば，“同時的に金銭贈与する仕組み”なのである．しかも，預保機構の金銭贈与は「未収金」としての計上が可能であった．つまり，実際に資金が入金されずに「未収」であっても，資金援助要請が認められた段階で，会計計上してしまうことができるのであった．

2　行政組織における政策的蓄積と自律的稼働

他方，東京電力が支援機構を通じて政府の資金援助を受ける場合，通常であれば，それは支援機構にとっては金融債権であり，東京電力にとっては金融債務であろう．しかし，金融債務として計上する場合は負債の部がさらに膨れ上がることになってしまい，債務超過回避策にならない．ここで政策担当者たちは，援助資金の会計上の認識を逆転させた．東京電力にとって，金融債務ではなく，機構に対する資金の請求権と位置づけ――それを「未収原子力損害賠償支援機構交付金」と呼ぶ――，債権として資産計上することにしたのである[29]．このように，政策担当者たちは，預保機構モデルを出発点にし，その運用事例も仔細に検討し，細部に工夫を加えることで，財務会計上実効性の高い資金援助スキームを作り上げたのだった．

なお，預保機構が官民共同で出資され，運営費に金融機関から保険料，特別保険料を徴収する業界相互扶助組織であるのは，預金保険制度がシステミック・リスクを抑えるという金融業界共通の利益をもたらすからである．その保険の徴収には，2つのタイプがある．第一は，将来に備えて積み立てを行うためであり，第二は，巨大金融機関の破綻処理に際して，先行して預保機構が資金を投入し，事後的に金融機関から徴収して補塡する，というケースである．ある政策担当者によれば，「支援機構がモデルにしたのは第二の後追い奉加帳的預保スキーム」[30]であった．

29）　第II部第5章参照．

過酷事故はすでに起こってしまった．経済社会に生じたさまざまな問題を解決するには，東京電力の債務超過を回避し，存続維持させるしかなかった．そのための資金援助が喫緊の課題となり，まず，資金援助を行うことを決め，事後的に業界相互扶助組織による資金収集を決めたのであった．それが，「後追い奉加帳的預保スキームがモデル」，ということの意味である．したがって，原子力事業者は事実上の東京電力救済資金を拠出することとなり，株主その他に合理的な理由が説明できないと難色を示した．だが，機構の資金援助によって東京電力が債務超過を回避し，維持存続できれば，社債市場などの混乱を回避し，他の原子力事業者の経営安定化に寄与する，という論理が共同負担を正当化する切迫した根拠となった．この共同負担については，支援機構法の第38条から第40条が規定している．

前段で詳しく述べたように，預金保険制度の運用についてはさまざまな政策的配慮がなされるが，政府が最も敏感だったのは公的資金の投入であった．住専問題における財政資金の投入に対して世論が強く反発したのを機に，金融混乱のさなかに2年近くも公的資金の活用を封じられた．個々の金融機関や経営陣を救済するのはモラルハザードに陥るという批判に対して，公的資金の投入は個々の金融機関や経営陣を救済するためではなく，金融システムを安定化させるためだという論理はなかなか受け入れられなかった．1998年，交付国債と政府保証の組み合わせによる公的資金の投入によって，本格的な破綻処理と資本注入が開始されたが，世論の反発を危惧した政府は，その条件として，経営の合理化，経営責任の明確化，株主責任の明確化などを法に定め，その実行を厳格に求めた．

政策担当者たちは，このような金融システム危機の経験を踏まえ，本過酷事故の対処においても，東京電力という実質債務超過企業を公的資金によって存続させれば，モラルハザード問題に突き当たり，経営者，株主などのしかるべき責任が問われていないという反発が，市場経済の基本ルールを逸脱したとの批判とともに巻き起こりかねないことを承知していた．加えて，東京電力の存続維持には電気料金の値上げが必須であることは自明であったから，国民負担

30)　筆者のインタビューに対する政策担当者の回答(2011. 8. 22)．

を最小限に押さえ込むスキーム設計が必要であった.

すでに述べたように，支援機構においては，交付国債による資金援助を「特別資金援助」とし，償還金の使途は全額損害賠償(除染を含む)に充てることに限定されている．他方，廃炉費用の増大，原材料費の上昇などによる経常赤字といった損害賠償以外の原因によって資金不足に陥る場合は，支援機構が債券を発行または借入れを行い，それに対して政府保証が行われることで資金調達が確保され，資金援助に使われる．除染費用に関しては，政府保証によって調達した資金を原資にして機構が支払い，後に東京電力に求償する.

より重要なのは，財政支出である交付国債交付は，被害者救済に使途を限定した上で，事実上の“返済スキーム”を組み込んだ点にある．支援機構は原子力事業者の相互扶助組織であり，業務運営に必要な資金を積み立てるためにすべての原子力事業者は一般負担金の納付を義務付けられる．だが，原子力損害事故の原因者(東京電力)はさらに特別負担金を納付しなければならない．その納付義務は，総額が交付国債による特別資金援助額に達するまで続く．つまり，東京電力と他の原子力事業者は負担金によって特別資金援助額を“事実上返済している”のであり[31]，したがって，国民負担は発生しない仕組みとなる．しかも，一般負担金については，電力料金への転嫁が認められるが，特別負担金については，非事業用資産の売却や人件費の削減といったリストラなど自己経営努力で捻出しなければならない，との義務を課した．付け加えれば，政府は，厳格なリストラに加えて，株主や金融機関を代表とする債権者に責任(損失)が生じないことに対する世論の反発にも配慮し，債権者を含む全ステークホルダーへの協力の要請を図るように指導してきた．こうしたスキーム設計は，金融システム危機において，長銀処理などに交付国債を使用し，約10兆円もの国民負担を発生させた経緯を教訓として踏まえ，預保機構スキームに修正を施したものにほかならない.

さて，2009年の衆議院総選挙において野党民主党は与党自民党に圧勝，日本は戦後初めて政権交代が実現した．すでに多くの指摘がなされているように，民主党政権は自民党政権の完全否定を出発点としており，政策の継続性はほと

31）第II部第6章参照.

んど見られない．危機対応における政策ノウハウの継承ルートも断絶されている．それにもかかわらず，自民党政権下でおよそ10年に亘って対処されてきた金融システム危機の教訓が，制度設計と運用両面において，民主党政権下での原子力損害賠償制度の設計に引き継がれている現実は，日本における政策的蓄積は政治ではなく行政組織になされている証左であろう．

支援機構スキームの設計に関わった政策担当者は，財務省，経済産業省，資源エネルギー庁，文部科学省，内閣府，民間シンクタンクなどから緊急収集された．その1人によれば，事故発生の3日後である2011年3月14日に，所属する省庁の事務次官から損害賠償スキームの検討を命じられた．この政策担当者は，官邸から事務次官に指示があったのではなく，事務次官の判断であったと受け止めており，「緊急時において，官僚が自律的に動き出すことは少なからずある」という[32]．別の政策担当者は，「支援機構スキームは，担当者1人ひとりの非公式ネットワークによって収集された情報の集積であり，過去の政策的蓄積は，取捨選択されつつ多方面から集められ，新しい情報と組み合わされながらスキームの基礎となった」という[33]．内閣官房に関連省庁からメンバーが正式に招集され，担当部署である「内閣官房原子力発電所事故による経済被害対応室」が発足したのは4月11日である．その時点で，すでに支援機構スキームの原型は非公式のネットワークによって固まっていた．

ここで再び，2001年の預金保険法改正で到達した恒久措置としての破綻処理方式に戻って，支援機構スキームと比較，検証してみたい．「B. システミック・リスクが大きい場合の例外措置」のなかで，「③特別危機管理(第3号措置)——政府(預金保険機構)による債務超過(破綻)金融機関の全株式の強制取得」という一時国有化機能だけは，支援機構は備えてはいない．その理由は明らかで，第一に，預保機構は破綻処理を目的とする組織であるが，支援機構は東京電力の存続維持のために設立されたこと，第二に，前述したように，長銀，日債銀の一時国有化による破綻処理が，資産の劣化を速め，処理コストを増大させたという，金融システム危機における政策的教訓の反映である．この第二の理由

32)　筆者のインタビューに対する政策担当者の回答(2011. 9. 25)．
33)　筆者のインタビューに対する政策担当者の回答(2011. 9. 30)．

は，支援機構スキーム設計当時の政策担当者たちのコンセンサスであった．ある政策担当者は，「長銀や日債銀の事例を知るものには，破綻処理のコストの高さは思い知らされている」と振り返る[34]．より正確に言うなら，「破綻処理」のみならず「一時国有化」したことが加わって，コストがかさんだ，と理解されていた．「公的組織運営による非効率がさまざまに発生した」[35]のである．

さて，第II部第6章で，支援機構スキームの構築は，政策担当者たちによる裁量性の発揮の成果であり，原賠法第16条における国家関与規定の曖昧さを逆手に取った，いわば，政策形成過程の置ける“Constructive Ambiguity”(建設的な曖昧さ)の有効性の証明であった，と述べた．併せて，アメリカにおいては，破綻金融機関の処理や公的資金投入の基準について，これを完全に明示すると基準に合致する金融機関にモラルハザードが発生することから，線引きに一定の曖昧さを残すことを“Constructive Ambiguity”という用語を用いて，正当化されていると解説した．

付け加えれば，アメリカにおいては破綻処理基準が曖昧であることが正当化される前提が整えられていたことを忘れてはならない．すでに述べたように，1993年には「早期是正措置」が導入され，自己資本比率という客観的な基準を用いて，それが不良債権処理などによって損なわれる場合には回復に向けた是正措置が発動され，当該金融機関が一定期間に果たせなければペナルティが発生するという，金融当局の恣意性，裁量性を極力排し，金融機関の自己責任原則を重視しつつ，透明性を持った処理を行う方針を打ち出していた．

他方で，破綻処理法式を決定する際のコスト計算手法，いわゆるコストテストなどが明確に示されており，また，金融当局も当該金融機関の破綻処理に関して実際どれだけのコストが発生するか把握するスキルを積み重ねていた．したがって，“Constructive Ambiguity”とは，破綻処理に関してできる限り明確で透明な基準を示した上で，現実に即した最終判断に望む際に残された裁量と言うべきものであり，政策的ブラックボックスの中で全面的な自由裁量の発揮が許されているわけではない．

---

34)　筆者のインタビューに対する財務省幹部の回答(2012. 1. 25).
35)　筆者のインタビューに対する財務省幹部の回答(2012. 1. 25).

翻って，当時の日本においては，早期是正措置導入の政策的効果を十分に引き出せないまま金融システム危機が深化することになり，金融当局も，当該金融機関の破綻処理に関して実際どれだけのコストが発生するか把握するスキルを十分には身に付けていなかったのは，旧長銀，旧日債銀についてはハードランディング路線を選択し——政治が多大な圧力をかけた結果でもあるが——，多大な破綻処理コストを発生させたことで理解できるであろう．現実の経済への影響と比較考量し，事前方針を一転させプラグマチックな解決策を打ち出したのは，2003年のりそな銀行への公的資本注入による救済によってであった．日本の金融システム危機の深化の過程で，政府は信用秩序維持のためにさまざまな制度的拡充を果たし，スキルも蓄積したのだが，"Constructive Ambiguity" を発揮するまでには至らなかった，といえるであろう．

さて，旧長銀，旧日債銀の一時国有化によるコスト増，非効率性の増大を思い知らされた政府は，東京電力に対して，仮に出資をするにしても，あくまで債務超過を回避するための最低限のものであるはずであった．しかし，支援機構と東京電力による特別事業計画が作成され，認可の段階へ進むうちに国有化論が台頭し，2012年6月の東京電力の株主総会で，政府が過半の議決権を握ることが確定した．それは，いかなる論理によって，いかなる目的を果たすための国有化なのであろうか．

第 8 章

政府による支援機構スキームの実践

第1節　「擬似的会社更生法の適用」は何を意味するのか

1　調査委員会報告「東電問題に立ち向かう前提」の意味

支援機構スキームが政府案として決定されたのは，本過酷事故から2か月を経過した2011年5月13日，原子力発電所事故経済被害対応チーム関係閣僚会合においてであった[1)]．この決定にあたって，政府は以下の基本方針を確認した．第一に，迅速かつ適切な損害賠償のための万全の措置，第二に，東京電力福島原子力発電所の状態の安定化および事故処理に関係する事業者等への悪影響への回避，第三に，国民生活に不可欠な電力の安定供給，この3つの実現を確保するべく，これまで政府と原子力事業者が共同して原子力政策を推進してきた社会的責務を認識しつつ，原賠法の枠組みの下で，国民負担の極小化を図ることを基本とする，という内容であった．

この基本方針が意味するところは，政府は，東京電力に対して上記3つの課題に対して着実な取り組みを求める一方で，支援機構スキームを通じて東京電力に公的資金援助を行う根拠を「社会的責務」に求め，同時に「国民負担の極小化」をいわば公約とすることで，国民に理解を求めた，ということである．政府が自ら「社会的責務」という言葉を用いて，本過酷事故に伴う社会的混乱の収拾に関する責任を認めたのは，原子力政策をいわゆる国策民営という体制で推し進めてきた政府に対して責任を問う声に抗しきれなかったからでもあり，他方で「国民負担の極小化」を徹底する姿勢を打ち出したのは，支援機構スキ

1)　第II部第5章参照．

ームが公的資金による東京電力救済だという世論の反発を和らげるためである．

第II部第5章で触れたようにこの支援機構スキーム決定の前提には，政府による東京電力に対する6つの確認事項があり，そのなかに，「厳正な資産評価，徹底した経費の見直し等を行うため，政府が設ける第三者委員会の経営財務の実態調査に応じること」という項目がある．公的資金援助による国民負担の発生を極小化するには，可能な限りの資産売却と徹底的なコストダウンが必要となるためである．この確認項目を受けて，5月24日開催の閣議において，弁護士の下河辺和彦ら有識者4人からなる「東京電力に関する経営・財務調査委員会」(以下，調査委員会)が内閣官房に設置されることが決まった．東京電力の「厳正な資産評価と徹底した経費の見直し」のための経営・財務の調査を行い，その結果を支援機構スキームの運用に生かすことが，調査委員会設置の目的である．実際に調査作業に当たるタスクフォース事務局には経済産業省出身の西山圭太局長以下，行政官，公認会計士，弁護士，コンサルタントら企業再生の専門家たちが参集していた．調査委員会による東京電力の経営財務調査は，支援機構法案の審議，8月10日の成立，施行および9月12日の支援機構の設立と同時並行で進められ，およそ4か月後の10月3日，調査委員会は報告を公表した[2)]．

調査委員会報告の冒頭には，「東電問題に立ち向かう前提」(以下，「問題の前提」)といういささか対決的な表題の下に8項目が記されている．以下に，筆者による要約を記す．

1. 事故の被害は実に甚大であり，被害者への損害賠償規模がどれほどになるか，現時点ではとらえられない．だが，そうであっても，東京電力が損害賠償責任を一義的に引き受けるべきことに変わりはない．
2. 原子力事故がもたらす深刻さは私たちの経験値を大きく超えており，汚染範囲，汚染の除去可能性，そして，廃炉や放射性廃棄物の処理がどれほどの負担を東京電力に強いるか，いずれもが不確定である．
3. 東京電力が，継続的賠償負担を担いきれるか，それとも政府の支援が必要かという問題が生じており，電力事業体としての東京電力の持続可能性

2) 東京電力に関する経営・財務調査タスクフォース事務局(2011)．

と損害賠償の継続性確保の 2 つを同時に解決する方法が必要である

4. 東京電力が果たすべき 3 つの課題(前述した，損害賠償，原子炉の安定化，電力安定供給)は，電力料金という名のもとに国民に転嫁されることなく，リストラなどの自助努力で賄うことが可能なのか，あるいはそのために政府がなすべきことは何か，明確にする必要がある．
5. だが，原子力発電所の再稼働問題を考えれば，上記の課題の処理を東京電力に委ねることが合理的方策だろうか．再稼働が難しい場合，産業界や国民生活への影響はどれほどか，対応力が試されるのは政府である．
6. 日本の産業界は激しい国際競争を強いられており，空洞化と雇用の減少が懸念される中で，国際的に割高とされる電気料金のこれ以上の引き上げは，容易ではない．
7. 地球環境保護の観点からは，化石燃料や原子力に過度に依存しない再生可能エネルギーの時代への備えを進めるべき時だとの問題が提起されている．
8. したがって，第一には，東京電力の持続可能な経営の再確立と継続性のある損害賠償の仕組みを確保することが必要だが，問題はそこにとどまらず，原子力の再稼働問題，電力事業構造の在り方，新たなエネルギーミックスの在り方など，広範な課題を伴っている．

第三者による調査委員会の設置は，数多くの審議会と同様に政府の意図を各種の政策に反映させるためのものである．したがって，調査委員会が示した 8 項目は，当時の政府の問題意識を現していると言っていいであろう．その問題意識を一言で言えば，「東京電力の持続可能性と損害賠償の継続性の両立」である．ただし，この時点においては，政府の問題意識といっても幅広いコンセンサスが得られた結果としての総意ではなく，電力業界を監督下に置き，支援機構を所管する経済産業省と資源エネルギー庁の意図が色濃く反映されていると思われる．彼らの政策意図は，2 つの点に集約することができる．

第一は，東京電力に対する管理強化の意向である．総額が確定のできない「損害賠償」，「除染」，加えて，原子炉の安定化とそれに続く「廃炉」のための巨額負担がのしかかり，それを賄うためには資産売却やコストダウンなどの自己努力は当然にしても，それだけでは原資が不足であり，「電気料金」の引き上げや「原発再稼働」が必須となる(新潟県柏崎刈羽原子力発電所1基を再稼働させれば，年間およそ2300〜3300億円の燃料費が削減できる)[3]．だが，この2つは世論の反発が明らかな極めて政治的な問題である．それに加えて，公的資金援助までが必要なのだから，それらを認める必要条件として導き出される答えは，政府による東京電力の管理強化であろう．経済産業省はこの時点で，東京電力の経営・財務問題における重要ポイントが，支出面においては損害賠償，除染，廃炉，収入面においては，電気料金，資金援助，コスト構造においては原発再稼働であり，それらのバランスをいかに取るかが，企業体としての存続可能性を決める，と問題の本質をつかんでおり，その解決策を得るために，調査委員会を稼働させたのであった．

第二は，本過酷事故に端を発した問題の広がりは，単なる東京電力一企業の在り方にとどまらず，電力供給の安定化や料金政策のかじ取りによって日本経済への巧みなダメージコントロールが求められると同時に，「原子力政策を含むエネルギー戦略の再検証」と「電力事業構造の大幅な見直し」に及ばざるを得ない，という点にある．具体的に言えば，前者は火力発電，水力発電，原子力発電など各種電源の最適な組み合わせを図るエネルギーベストミックスの再構築，後者は，現状の地域独占，発送電一体体制を対象とした電力自由化・制度改革を指す．「問題の前提」の5には，「対応力を試されているのは政府」とあるが，そこにはこれらの政策課題を達成に導くのは経済産業省である，という自負が隠されている．

以下に，調査委員会報告について，主要項目に従って要旨を記しておこう．

(コスト削減策)

10年間で2兆5455億円を削減(当初の東京電力の計画は1兆1853億円であり，調査委員会は1兆3602億円の追加策が可能とした)．

①調達改革——10年間で8254億円．

- 発注方法の工夫，取引関係の見直し．

3)　原子力損害賠償支援機構・東京電力株式会社(2012b)60頁をもとに東京電力へ聞き取り(2013. 7. 31)．

- 仕様・設計方法の標準化.
- グループ会社(子会社166, 関連会社98)における合理化.

②人件費削減——10年間で1兆454億円.

- 人員数見直し(2013年度までに単体で約3600人, 連結で約7400人を削減).
- 年収見直しで5210億円削減(管理職約25%, 一般職約20%).
- 年金・退職金は現役の確定給付年金の給付率の引き下げやOBの終身年金削減などの組み合わせで, 490億円, 1170億円, 2190億円の3案.
- 福利厚生費削減で460億円.

③資産・事業売却は3年以内に7047億円(東京電力の当初計画は6000億円).

- 不動産2472億円.
- 有価証券3301億円.
- 子会社・関連会社1301億円.

(要賠償額の推計)

①財物価値の喪失や風評被害等一過性の賠償額——約2兆6184億円.

- 財物価値の喪失又は減少等が約5707億円.
- いわゆる風評被害が約1兆3039億円.

②年度ごとの賠償額——初年度約1兆246億円, 2年度目以降は約8972億円.

- 初年度分の主な内訳は, 避難・帰宅費用約1139億円, 精神的損害約1276億年, 営業損害約1915億円, 就労不能等に伴う損害約2649億円など.

したがって, 初年度合計は3兆6430億円(原子力損害賠償審査会の中間指針に基づいたマクロ統計データによる推計)となる.

(廃炉費用の推計)

合計1兆1510億円と算定.

①福島第一原子力発電所第1～第4号機の災害損失負担金(2011年3月期と6月期に計上)4943億円.

②資産除去債務(11年3月期に計上)が1867億円.

③廃炉費用拡大リスクが4700億円.

(今後10年間の事業計画シミュレーション)

柏崎刈羽原子力発電所が，①2012～14年度に順次稼働する，②左記より1年後に稼働する，③10年間まったく稼働しない，という3つのケースを想定した．その上で，それぞれのケースにおいて，料金値上げが0%，5%，10%の3パターンで試算した．

①2012～14年度に順次稼働するケース．
- 債務超過は回避．
- 値上げ率に応じて7943億～3兆7824億円の資金不足が生じると見られ，資金調達策が必要．

②上記期間より1年遅れで稼働するケース．
- 値上げをしないパターンでは，2013年に3921億円，14年に4173億円，15年度に1683億円の債務超過．
- 値上げ率に応じて1兆2944億円から4兆3260億円の資金不足が生じると見られ，資金調達が必要．

③10年間まったく稼働しないケース．
- 2012年度に2931億円，13年度に8830億円，14年度に1兆2676億円の債務超過．
- 値上げに応じて4兆2241億円から8兆6427億円の資金不足が生じると見られる．したがって，大幅な料金値上げを実施しない限り，原発不稼働の前提で事業策定を行うのは困難である．

(料金制度の検証)

電気料金は規制料金(家庭向け)と自由化料金(契約電力500キロワット以上の工場，オフィス向け)の2種類に分かれている．

電気料金＝(基本料金＋電力量料金)＋燃料費調整額
＋再生可能エネルギー発電促進賦課金＋太陽光発電促進付加金

である．基本料金と電力量料金は，「総括原価方式」によって定められ，

総括原価＝原価(営業費)＋事業報酬－控除収益(他電力への売電等)

である．原価(営業費)とは，燃料費，購入電力料，減価償却費，人件費などである．事業報酬は，電力設備の建設・維持などの資金調達に必要な支払い利息や配当である．控除収益は，電気事業に伴う電気料金収入収外の利益(他社販売

電力料など)である.

①原価(営業費)の適正性の検証結果.

- 東京電力が料金を届け出た時点の原価と実績ベースの原価を比較すると，実績ベースの原価のほうがおおむね低く，およそ10% 乖離している．金額ベースでは，規制，自由化両部門で，直近10年間で5926億円，実績原価が下回っている.
- 現行料金は，規制当局において原価の適正性を把握した上で設定されているとは言い難く，原価主義の原則が維持されているかに疑義がある.

②見直しの方向性.

- 営業費の算定にあたっては，規制当局が実績を十分勘案して，実体とかけ離れた原価を認めない.
- 営業費については，電気の安定供給に真に必要な費用に限定し，それ以外の費用(オール電化推進関係費，広告宣伝費，寄付金等)は総原価の対象から外し，収益の範囲で企業が自主的判断で実施することを検討する.

(支援機構からの資金援助)

東京電力が支援機構からの資金援助を受ける際，資金交付，株式の引受け，資金の貸付け，社債等の取得，金融機関借入の債務保証などの方法がある.

①支援機構から交付された資金は，支援機構法によって損害賠償資金に使途が限定されており，それ以外の目的，運転資金等には利用できない.

②東京電力が支援機構に対して新株を発行する場合，規模によっては定款変更によって授権枠を拡大する必要があり，そのためには株主総会の特別決議が必要となることに留意を要する.

③支援機構による株式の引受け(資本注入)の要否については，過小資本の解消の必要性や，支援機構によるガバナンス掌握の必要性等を含めた総合的な検討の上で，支援機構によって判断されるべき事項と考えられる.

(金融機関への協力要請)

①一般論として，債権放棄，債務の株式化，金利減免，残高維持又はリスケジュール，追加貸付け等の方法が考えられる．だが，2011年3月末の実態連結純資産が1兆2922億円と試算され，資産超過の状態にあることからすると，金融機関に債権放棄又は債務の株式化を要請することは困難な

状況にある.

②東京電力は金融機関に対し，緊急融資を除く3月31日以前に発生した借入金債務を対象に，10年間という長期に亘る残高維持要請を行う予定である．ただし，その協力要請で十分かどうかは，今後の特別事業計画の策定過程において，支援機構が検討すべきである.

(株主に対する協力要請)

①東京電力が資産超過の状態であるが，損害賠償債務の支払いに充てるために支援機構から資金交付を受けることを考え合わせれば，無配継続が考えられる.

②支援機構が東京電力に対し資本注入をすることが必要となる場合には，株主総会において，支援機構による資本注入，既存株式の希釈化を内容とする議案に賛成を得ることが協力要請の内容となる．支援機構からの資金援助がなければ事業継続が困難になるという面に鑑みれば，株主において当該希釈化を受け入れるべき合理性が認められる.

(経営責任)

支援機構から多額の公的資金の注入を受け，また関係者にも各種協力要請を行っていく以上，法的責任の成立いかんにかかわらず，東京電力の経営者は，道義的観点から一定の経営責任を果たすべきであり，特別事業計画の中で明らかにすべきである．役員の辞任又は退任，役員報酬の削減，退職慰労金の放棄等の形で経営責任が果たされることが望ましい.

以上が，調査委員会報告の要旨要約である．総分量は167頁，別紙54頁に上り，東京電力の短期的な姿，中期的な姿，長期的な姿も描かれると同時に，「調査分析結果を受けての意見」についても項を改めて記述されているが，報告内容と重複が見られるので，ここでは触れない.

2　示唆された資本注入

政府が東京電力の存続維持を第一に優先し，会社更生法などによる法的整理を回避した理由は，第II部第5章ですでに述べた．ただし，形式的には東京電力を現行の形態のまま維持するとしても，実質的には法的整理のなかでも最も厳格である会社更生法に匹敵するほどの厳しい措置を東京電力に対して取るべきであるという方針が，支援機構法を巡る議論を通して固まりつつあった．政策担当者はそれを，「擬似的会社更生法の適用だ」と表現したわけだが，ここで，上記の「問題の前提」8項目に加え，上記の報告書要旨を再度辿りながら，「擬似的会社更生法適用」と表現した意味を解説しておこう[4]．

調査委員会は東京電力の資産査定を行い，経営，財務・資産状況を把握した．調査委員会はいわば，会社更生法における「管財人」の立場といえる．実際，調査委員会報告では，事業運営の非効率性や高い報酬支払いを指摘したうえで，当事者である東京電力がまとめた1兆1853億円の合理化計画を「1兆3602億円の追加コストダウンが可能」とするはるかに厳しいものに書きかえ，事故に伴って発生する三大負担のうち，損害賠償額を初年度3兆6430億円，廃炉費用を1兆1510億円と推定した後(除染費用は試算不能だとして考慮されていない)，それらをすべて賄って持続可能な電力事業体と成立するには原発の再稼働と電気料金の値上げが必要であるとする事業計画シミュレーションを示している．この事業計画シミュレーションは，会社更生法に則って裁判所が更生の可否を判断するために必要とする「更生計画」に匹敵するということができる．なお，「廃炉費用の推定は，東京電力自身がアメリカのスリーマイル島原子力発電所の事故炉の廃炉コストを参考にして行い，それを調査委員会が踏襲した」[5]ものである．

他方で，総括原価方式という電気料金制度の不備とそれを利用したずさんな値上げの実態を検証した上で，直近10年で5962億円もの超過利潤を上げていると指摘し，見直しを打ち出した．そうして電気料金引き上げ依存体質に切り込む一方で，金融機関には融資の維持要請，株主には希釈化への理解，経営陣には退陣を要求している[6]．会社の旧態依然とした組織，制度を変革する一方で，債権者をはじめとするステークホルダーに応分の厳しい損失負担を求め，さらに経営陣を一新するのは，会社更生法の大原則であり，常套手段である．

---

4)　筆者のインタビューに対する政策担当者の回答(2012. 9. 20)．

5)　筆者のインタビューに対する政策担当者の回答(2012. 10. 22)．

6)　東京電力に関する経営・財務調査タスクフォース事務局(2011)別紙には，公的資金が注入された銀行の経営陣がどのように責任を取ったのか，詳細に列挙されている．

加えて，この場合は，公的資金援助とセットである「国民負担の極小化」という公約を守るための現実的な方策でもある．

注目されるのは，今後10年間の事業シミュレーションの中で，柏崎刈羽原子力発電所が2012年中に稼働せず，電気料金の値上げもしなければ，2931億円の債務超過に転落するという試算を示したうえで，支援機構による資本注入を盛り込み，株主はそれを受け入れるべきだとまで指摘していることである．調査報告が公表された2011年10月当時，依然として東京電力福島第一原子力発電所原子炉の冷温化も果たせない混乱状況にあって，「原発再稼働も電気料金値上げも世論の強い反発によって，極めて困難とする悲観的な見方が政府部内には少なくなかった」[7]．そうした状況のなかで，資本注入は債務超過回避のために必須の援助手段であるという認識を示すと同時に，東京電力という実質破綻会社の更生を引き受ける役目を担うのは国であるという意味を込めたのだとすれば，更生計画の実効性をより高める「新たな出資者の確保」という最後の要件が揃うことになるのである．

このように，会社更生法は適用していないが，会社更生法適用と同等の経営責任の追及，合理化の実施，それらを組み入れた事業計画を作成し，実行を東京電力に求め，支援機構は事業計画履行の監督権を持つ．それでいて，会社更生法のように債務が削減されることはない．「会社更生法よりはるかに厳格な措置」という意味が「擬似的会社更生法適用」という言葉に込められている．

第2節　なぜ2兆5000億円の資金支援を受けても債務超過の危機に陥ったか

1　東京電力“半公的管理”

このように，東京電力の経営問題および本過酷事故発生に端を発した種々の社会問題への対処は，政策担当者たちによる支援機構スキームの設計という第一段階から，支援機構スキームの運用によって調査委員会報告を実現へと導く第二段階に移った．それは，政策の実践において，関係者の利害調整の必要性

---

7)　筆者のインタビューに対する政策担当者の回答(2012. 1. 15)．

が生じ，その決着のために政治機能が発揮されなければならない段階であった．

すでに，調査委員会設置に際しては，前内閣官房長官の仙谷由人を中心とする東京電力経営・財務調査タスクフォースおよび事務局が発足，民主党政権の意向が反映される体制となっていた．その仙谷が重用したのが，国際協力銀行国際経営企画部長と，内閣官房参与を兼ねる前田匡史であった．アメリカ等の資源エネルギー戦略に詳しく，インフラ・ファイナンスの専門家である前田は，資源エネルギー庁の総合資源エネルギー調査会電気事業分科会原子力部会で，日本の国際条約加盟議論に加わった経験もある．東京電力問題では政策担当者たちとのネットワークを生かし，仙谷に多様な助言を行い，政策実践の補佐役となった．

支援機構スキームの運営主体である支援機構について見れば，菅内閣から野田内閣への移行に伴い，官房長官から経済産業相に横滑りした枝野幸男が，主務大臣として当初から東京電力問題に指導力を発揮しようとした．また，調査委員会委員長の下河辺と3人の委員が，運営委員長と運営委員に転じた．理事長には前一橋大学長の杉山武彦が就任，4人の理事のうち経済産業省出身の嶋田隆が事務局長兼務となった[8]．嶋田は経済産業省と資源エネルギー庁で着実にキャリアを積み上げる一方で，与謝野馨が経済産業大臣(2005年)，官房長官(2007年)，経済財政政策担当大臣(2008年)，財務大臣・金融担当大臣(2009年)，経済財政政策担当大臣(2011年)の時代に，5度秘書官として仕えたという異色の経歴を持つ．与謝野の大臣辞任とともに秘書官を辞して支援機構に転じた嶋田はこれ以降，政界に張り巡らした人脈を駆使することで，以下の述べるように，支援機構スキームの実行を担う中心人物となって東京電力国有化を導き，後に東京電力の取締役，執行役会長補佐兼経営改革本部事務局長に就任することになる．

翻って，調査委員会報告は，法的拘束力をもたない．だが，「政府の意思を体現したもの」[9]として，支援機構と東京電力が共同で策定する「緊急特別事

8)　他の理事は，野田健(元警視総監)，丸島俊介(元日本弁護士連合会事務総長)，振角秀行(前財務総合政策研究所員)．

9)　筆者のインタビューに対する政策担当者の回答(2012. 8. 30)．

業計画」,「総合特別事業計画」に受け継がれ，そのたびに具体策によって肉付けされることとなった.「総合特別事業計画」には，ついに政府による過半の議決権獲得が盛り込まれ，枝野・支援機構主務大臣の認可を受けた後，2012年6月の東京電力株主総会で了承された．東京電力管理強化策の終着点は，政府が議決権の過半を取得することで経営権を獲得する国有化であった．それまでの8か月間は，支援機構と東京電力は時に激しく対立しながら事業計画共同策定作業を続け，そこに関わる与党，野党，経済産業省，財務省，金融機関との利害調整が続けられた．その利害調整過程――それは，政策決定過程そのものである――を，以下に辿り直す.

9月12日の支援機構設立を受けて，東京電力は支援機構に対して，支援機構法第41条の規定に基づき，損害賠償の見通し額6636億3800万円の特別資金援助の申請を行うと同時に，第45条の規定に従って，支援機構と共同で「緊急特別事業計画」を策定した．特別資金援助を受けるためには，特別事業計画を策定しなければならない．その策定作業を，支援機構と東京電力は，10月中の「緊急特別事業計画」と2012年3月までにまとめる「総合特別事業計画」の二段階に分けた[10)]．二段階に分けた理由は，当面の賠償資金の確保を優先したことと，電気料金の値上げや原発再稼働の見込みなど，この時点では経営上の不確定要素が多く，東京電力改革のための抜本策の策定には時間を要すると判断したからである.

緊急特別事業計画は，前述した政府が東京電力に求めた「3つの課題」の実現を前提とし，調査委員会報告の具体化策と実行プランが盛り込まれている．例えば，事業運営体制については，東京電力と支援機構は，以下のような協同体制を整えることとした.

1．支援機構と東京電力のトップが参加する「経営改革委員会」を設置する.

---

10)「東京電力平成24年3月期第2四半期決算短信」には，以下の記述がある.「1．継続企業の前提に関する重要事項等の概要」のなかに,「今後の賠償金支払いと電気事業を的確に遂行するに足りる財務基盤の安定を図りつつ，電気事業制度の改革の動向等も踏まえ，当社の経営のあり方について中期的視点からの抜本的な改革に向けた見直しを行うために，来春を目途に，同計画を改訂した「総合特別事業計画」を策定する必要があることを踏まえると，現時点では継続企業の前提に関する重要な不確実性が認められる」とある.

2. 東京電力の若手・中堅社員と支援機構の職員を主体とする「改革推進チーム」を編成する．支援機構は，東京電力社内に設けた常駐スペースに職員を派遣する．
3. 合理化や財務・資金の管理，賠償支払いといった主要テーマごとに，「改革推進チーム」と東京電力の各部門担当者からなる「ワーキンググループ」を設ける．

コスト面においては，2011年度中に2374億円の削減実行を確約した．資産等の売却では，調査委員会報告が示した3年計画に則って，初年度2011年度中に不動産152億円，有価証券3004億円，関連会社328億円を売却することとした．金融機関には東日本大震災前の約2兆円の残高維持を10年間維持する要請を行い，損害賠償の実施に万全を期すために日本政策投資銀行には3000億円の短期融資枠の設定を要請した．株主には，当面の間，無配を継続することとし，経営陣は役員の報酬削減を継続することで，経営責任を明確化した．

これらはいずれも，委員会調査報告で指摘された課題を具体化したものである．この緊急特別事業計画は，支援機構と東京電力が共同策定したものであり，東京電力は自ら策定した計画の実行を迫られ，支援機構は計画履行の監視の役割を負うことになる．11月4日，主務大臣の枝野により同計画は認定を受けた．それによって，支援機構による特別資金援助が決定した．公的資金が投入されたということは，すでに東京電力は“半公的管理”とでもいう状態に置かれることになったのである．

ここで，支援機構の資金援助機能が東京電力の債務超過回避にどのような効果を発揮したか，損益計算書と貸借対照表の観点から検証しておく．8月5日，原子力損害賠償紛争審査会(以下，審査会)で，「東京電力福島第一，第二原子力発電所事故による原子力損害の範囲の判定等に関する中間指針」[11)](以下，中間

---

11)　中間指針は，精神的損害については，最初の6か月間(第1期)は1人当たり月額10万円を目安とし，ただし，特に避難当初に避難所等における避難生活をした者についてはプライバシー確保の点から見て相対的に過酷な状況にあったとして，1人当たり月額12万円を目安とした．第1期終了から6か月間(第2期)については，1人当たり月額5万円を目安とした．その後(第3期)については，改めて損害額の算定方法を検討するとしている．これについて，

指針)が決定された．東京電力は中間指針で示された損害項目ごとに，賠償支払基準を策定，8月30日に公表した[12]．東京電力は，避難等対象者の避難費用や精神的損害に加え，客観的な統計データ等により合理的な見積もりが可能になった避難指示等による就労不能に伴う損害や営業損害，農林漁業における出荷制限等に伴う損害，農林漁業や観光業における風評被害等の合計賠償見積額を1兆109億800万円[13]とした．ただし，当時における合理的な見積もりが可能な範囲における概算額ではあるが，中間指針等の記載内容や入手可能なデータなどによって合理的に見積もることのできない農林漁業や観光業以外の風評被害や，間接被害および財物価値の損失や減少等については計上していない[14]．

この1兆109億800万円から，原賠法第7条が規定する賠償措置額1200億円を控除した8909億800万円の資金交付が決定した．この8909億800万円は，貸借対照表の資産項目に「未収原子力損害賠償支援機構資金交付金」として計上される[15]．他方，負債項目には，「原子力損害賠償引当金」として同額の8909億800万円が計上される．資産と負債のオフバランス効果で，貸借対照表は賠償負担によって傷つくことはない．他方，損益計算書においても，特別

大塚(2011b)40頁は，「中間指針が，避難生活等を余儀なくされたことによる精神的損害の賠償を認めたことは注目されるべきであろう．……この点は，JCO事故の場合の原子力損害には含まれていなかったものである」と評価する．また，41～42頁では，風評被害の損害賠償範囲については，敦賀湾沿岸の原発からの放射性物質漏出事故により，魚介類の売買等に従事していた原告らが(株)日本原子力発電に対して起こした損害賠償訴訟の名古屋高裁金沢支部平成元年5月17日判決(判時1322号99頁)を「参考にしている」とし，「比較的広く認めたと考えられ」，「これに対して批判的な見解も見られる」としつつ，JCO事故の例などを考えても，「方向性は誤っていない」とする．

12) 東京電力株式会社(2011a)．

13) 「東京電力平成24年3月期第2四半期決算短信」の「(4)継続企業の前提に関する注記」．

14) 「東京電力平成24年3月期第2四半期決算短信」の「(6)その他の注記事項」．

15) 正確には，東京電力は2回に分けて資金援助を申請したので，8909億800万円は，5436億3800万円と3472億7000万円に分けて資金交付されている．したがって，「平成24年3月期第2四半期決算短信」には，貸借対照表の負債の原子力損害賠償引当金と損益計算書における特別損失としての原子力損害賠償費は8909億800万円だが，貸借対照表の資産の未収原子力損害賠償支援機構交付金と損益計算書における特別利益としての原子力損害賠償支援機構資金交付金は，5436億3800万円が計上されている．2回目の資金交付の3472億7000万円は後発事象として，会計上処理されている．

利益として「原子力損害賠償支援機構資金交付金」，特別損失として「原子力損害賠償費」をともに8909億800万円計上することになるので相殺され，減益要因になることはないのである．

しかし，支援機構からの特別資金援助が実現しても，調査委員会報告が見通していたように，損益状況は日々，悪化していた．2012年3月期第2四半期決算(2011年7月1日～9月30日)における2012年3月期決算の予想は，原子力発電所の停止や燃料費の高騰などによる電気事業の採算悪化などで，営業損益は対前期比6894億円の減益となる3327億円の損失，当期純利益は5763億円の損失を見込んでいた．その結果，純資産の見込みは対前期比で5560億円の減少となる7088億円となっていた．

わずか7088億円に減じた純資産では，当面の廃炉費用の観点だけからも明らかに資本不足である．東京電力は廃炉費用に充てる資産除去債務を7986億8300万円計上してはいたが，調査委員会報告では1兆5000億円と見積もった上に，汚染水の処理や原子炉格納容器の補修などで追加費用が膨らむリスクにも言及している．専門家の間では，この時点で数兆円が必要とする指摘が多かった．調査委員会が，支援機構による出資を必然とする報告を行ったのは，これらの理由からである．

資金繰りに目を転じれば，営業キャッシュフローが4398億円，投資キャッシュフローが2803億円，財務キャッシュフローが4607億円のいずれも支出の見込みであり，合計1兆1808億円の現金および現金同等物が減少し，現金および現金同等物期末残高は1兆円を切って，9536億円となる見込みとなっていた．だが，翌年度の2013年3月期には社債償還費用だけで約7500億円が必要であり，追加の金融支援がなければ，資金繰りが危機に陥るのは確実だった．

2　株主資本比率はわずか5.1%

3か月後の2012年3月期第3四半期決算(10月1日～12月31日)では，貸借対照表の負債項目における原子力損害賠償引当金は1兆5753億8200万円に膨らんだ．賠償見積もりに影響する新たな方針が2つ加わっており，1つは，原子力損害賠償紛争審査会が12月6日に中間指針追補を決定したこと，もう1つは，12月26日に原子力対策本部により「ステップ2の完了を受けた警戒区域及び避難指示区域の見直しに関する基本的考え方及び今後の検討課題について」が取りまとめられ，避難区域等の見直しにかかる考え方が示されたことである．この時点での賠償見積もり総額は1兆7645億1200万円であり，前述の補償金1200億円を控除した1兆6445億200万円を，損益計算書上に特別損失の原子力損害賠償費として計上した[16)]．

他方，貸借対照表における資産項目の未収原子力損害賠償支援機構資金交付金も1兆216億2200万円に膨張している．東京電力は12月27日，支援機構に対して要賠償額の見通し額1兆7003億2200万円の資金援助を再び申請(前回分との合計．正確には，申請したのは追加分の6894億1400万円)，前述の1200億円を控除した1兆5803億2200万円を，損益計算書上に特別利益の原子力損害賠償支援機構資金交付金として計上した[17)]．第III部第7章で詳しく述べたが，預保機構をモデルにした「損害賠償における支出額と同額の資金を自動的に補塡する仕組み」が用意されていなければ，財務会計上は，この2011年12月時点で東京電力は破綻していたことになる．

当期第3四半期における3月期の見通しは前期第2四半期と比べて，大きな変化はない．だが，今後，さらに新しい資金的負担が加わる旨，次の記述が，「東京電力平成24年3月期第3四半期決算短信」の「(5)その他の注記事項」にある．「「平成二十三年三月十一日に発生した東北地方太平洋沖地震に伴う原子力発電所の事故により放出された放射性物質による環境の汚染への対処に関する特別措置法(以下，除染特措法．平成23年8月30日法律第110号)」に基づき講ぜられる廃棄物の処理及び除染等の措置等に要する費用として当社に請求又は求償される額については，現時点で当該措置の具体的な実施内容等を把握できる状況になく，合理的に見積もることができないことから計上していない」．

除染特措法は，環境大臣が，放射性物質に汚染された廃棄物の処理と，放射性物質により汚染された土壌等(草木，工作物を含む)の除染を進めるために，当

16) 損益計算書の原子力損害賠償費から実際に被害者に支払われた賠償費を控除して貸借対照表の原子力損害賠償引当金を算出するので，両者は同一額ではない．

17) 損益計算書の特別利益の原子力損害賠償支援機構資金交付金から実際に被害者に支払われた賠償費を控除して貸借対照表の資産項目の未収原子力損害賠償支援機構資金交付金を算出するので，両者は同一額ではない．

該地域などを指定するなど，必要な措置を講ずることを定めている．費用負担については，第43条で，国が社会的責任に鑑み，財政上の措置を講ずるとし，第44条で，原賠法による損害に係るものとして，当該関係原子力事業者の負担の下で実施され，費用について請求があったときは，速やかに支払うように努めなければならない，とする．つまり，当面必要な資金は政府が一時的に支出するものの，後に事故を起こした原子力事業者に求償するのである．除染費用は不確定だが，数兆円に上ると見られる[18]，これが東京電力に求償されることになる．野田佳彦首相は2011年12月16日，記者会見において，除染については，2012年度予算の概算要求と合わせると当面の費用として1兆円を超える額を用意し，作業要員は，4月をめどに3万人以上を確保する，と述べた[19]．

さて，2012年3月期本決算における連結売上高は，前期比0.4％減の5兆3494億円，原子力発電の減少や燃料価格の上昇などにより燃料費が大幅に増加したことで，2725億円の営業損失を計上，経常損益段階では4004億円の損失に膨れ上がった．支援機構に3度目となる8459億4900万円の資金援助を要請したことで，原子力損害賠償支援機構資金交付金は2兆4262億7100万円(要賠償総額は原賠法の賠償措置額1200億円を加えた2兆5462億7100万円)となって特別利益として計上し，特別損失として計上された原子力損害賠償費2兆5249億3000万円を相殺したものの，震災と本過酷事故関連の損失によって，当期純損失は7816億円であった．この結果，利益剰余金が大幅に減少し，純資産は前年同期比で7900億円減って，8124億円となった．株主資本は7871億円，総資産合計は15兆5365億円であり，株主資本比率はわずか5.1％に低下した．

こうした結果はすでに推測されていたものであることは，調査委員会報告か

18) 筆者のインタビューに対してある政策担当者は，「原則として，すべてを東京電力に求償するが，東京電力に異論があれば，当事者間の話し合いとなる．それでまとまらなければ，原賠法は民法の特別規定であり，民法の規定に従うことになるので，東京電力が政府に対して民事訴訟を起こすことはあり得る」と答えた(2012. 8. 3)．

19) 野田首相は，この記者会見で，東京電力福島第一原子力発電所の事故収束に向けた道筋のステップ2が完了したことを受けて，「原子炉は冷温状態に達し，事故そのものは収束に至った」と宣言した．

らも明らかであった．交付国債を利用した支援機構の資金援助は，損害賠償支払い(除染を含む)に使途が限定されている．したがって，東京電力が債務超過を回避するには，支援機構の他の資金援助機能を利用して，資本を増強しなければならない．2012 年 3 月，東京電力は支援機構に公的資金 1 兆円の資本注入(株式の買取り)を申請，支援機構と策定中の総合特別事業計画に具体策を組み込むこととなった．その 5 か月後である 2012 年 5 月 9 日，枝野経済産業大臣は，総合特別事業計画を認定した．以下に，総合特別事業計画がまとまるまでの間，関係者の利害調整がいかに行われたかについて述べる．

第 3 節　東京電力の国有化が正当化される論理は何か

1　退けられた「廃炉安定化基金構想」

東京電力は 11 月 4 日に支援機構から損害賠償資金の援助を受けるに至って，半公的管理ともいえる状態に置かれた．その時点でおいて，翌年 3 月期本決算は倒産寸前まで財務力が劣化することは，すでに想定されていた．他方，損害賠償に加えて，40 年という期間と数兆円の巨額資金を必要とする廃炉事業が，経営の最大の不安要素となりつつあった．廃炉コストを財務会計上は債務と認識されるから，決算に反映させたら，たちまち債務超過に転落してしまう．当面，決算に組み込むことは，棚上げするしかなかった．この最大リスクの廃炉事業を東京電力から切り離してしまうべく，東京電力会長の勝俣恒久は政治的な動きを展開した．政策担当者たちの間で「廃炉安定化基金構想」[20]と呼ばれるものについて，根回しを始めたのだった．

勝俣は後に，『日本経済新聞』記者のインタビューに当時を振り返り，「今後の経営を考えると，福島第 1～4 号機の廃炉作業は長く，費用負担も重い．昨秋には，1～4 号機を東電本体から分離する構想があったと聞くが」という質問に対して，「最初から分離論はあります」と肯定した上で，こう続けた．「しかし，おそらく国のほうでは，「カネだけかかる」と踏んだのでしょうね．要するに，東電から，現時点で，(廃炉対象の原発を)離すことはノー，という前提

---

20)　筆者のインタビューに対する政策担当者の回答(2012. 9. 22)．

です．だから，今一緒の格好でずっとやっています．だから，それをやるには，しっかりと廃炉費用をみてほしいと私は言っているのですが．中期的には，(廃炉費用を賄うための)基金をつくるという構想もあるし，外国からも集めるとか．研究開発拠点を設けてやるんだとか．いろいろ話はあるけれど，尽きるところはお金の工面なんですよね．ホントは今からでも(廃炉の支援は)ほしいところです」[21)]．

実際には，インタビューの回答の中にある基金は，勝俣が構想したものである．廃炉計画を，国内外の原子力関連企業を集結し，研究開発拠点を備えた最先端の国際プロジェクトとし，原子力事業者と国が共同出資，民間からも資金を募って基金を設立する——これが，「廃炉安定化基金構想」の骨子であった．いわば，廃炉のための国際版第二支援機構を設立する構想である．だが，政策担当者たちからすれば，まったく受け入れる余地のないものであった．廃炉に関わる東京電力の費用負担を軽減するために基金が作られるのであり，本過酷事故を引き起こした東京電力の責任の回避が意図されているからである．「そんな自己都合の計画が，しかも，経営責任も明確にならず，合理化も始まっていない段階で，理解が得られるはずがない」[22)]と退けられたのであった．

同じ頃，支援機構内部で練られた，東京電力の事業形態についてのある試案が波紋を広げていた．それは，東京電力の小売部門を切り離す一方で，東京電力の事業地域内に一定規模の特定規模電気事業者(PPS: Power Producer and Supplier)といわれる新規参入の電力供給者を現出させ，競争させる．つまり，東京電力の組織分離と地域独占の打破がセットになったドラスティックな改革案であった．すでに述べたように，調査委員会報告の段階で，政府による東京電力への出資は不可避とされていた．公的資金をもって出資する以上，国民に新たな利益をもたらす仕組みが要る．そうだとすれば，東京電力の再生にとどまらず，自由化による競争が国民に果実をもたらす道を切り開くべきではないのか，という発想に基づいた試案だった．だが，当事者である東京電力からすれば，自社解体にもつながりかねず，とうてい受け入れるわけにはいかないもの

21)　『日本経済新聞 電子版』2012年6月26日2時．
22)　筆者のインタビューに対する回答(2012. 9. 22)．

であった．

東京電力の労使は揃って，危機感を抱いた．労働組合の危惧は，全国電力関連産業労働組合総連合(以下，電力総連)とその上部団体である日本労働組合総連合会(以下，連合)を通じて，民主党政権に忌むべき東京電力解体論として伝えられ，支援機構に対して牽制する動きが出るなど，政治問題として発火しかかった．連合は民主党の有力な支持母体であった．総合特別事業計画の策定に混乱が生じることを懸念した支援機構は，試案を公になる前に撤回，その代わりに折衷案が残された．それが，後に同計画に盛り込まれることになる「社内カンパニー制およびホールディング(持ち株会社)構想」であった．東京電力を独立性の高い社内カンパニーの集合体に改め，さらにはそれぞれを別会社とし，持ち株会社で統治するという構想であり，いわば分離，分割の準備段階として捉えることができる．以上の経緯から，折衷案として残されたこの構想は，東京電力改革と電力自由化・制度改革との結ぶものなのだと理解することができるだろう．

支援機構は総合特別事業計画を作成する過程で，東京電力改革に次第に深く踏み込む姿勢を強めた．合理化にとどまらず，新たな事業組織形態を再構築し，さらに事業の売却も行う．実際，「火力発電所の売却を計画の目玉として盛り込む予定だった」[23]．東京電力の発電施設の主軸である火力発電所は発電能力で全体の60% を占め，売却価格は8000億円とも9000億円とも試算される．売却されれば，財務を大きく改善できる一方で，例えば，電力事業をすでに手がけている大手鉄鋼会社が購入すれば，東京電力の競争者足りえるPPSとなるのである．そうなれは，前述した試案が描くストーリーが実現する．

だが，実現はならなかった．東京電力債を保有する投資家を代表する社債管理会社の三井住友銀行をはじめとする取引金融機関が，反対したからであった．電力債は，電力事業法に基づく「一般担保付社債」[24]である．一般担保付社債とは，不動産などの特定の担保を付けなくても，社債発行会社の全財産が担保

23) 筆者のインタビューに対する政策担当者の回答(2012. 9. 22)．

24) 一般担保付社債は，個々の発行体にかかる特別法に基づいて発行される．電気事業法による電力債の他に，放送法による放送債券，日本たばこ産業株式会社法によるJT債，日本電信電話株式会社法によるNTT債などがある．

とされ，したがって，他の債権者に優先して弁済を受けられる権利を有する社債である[25]．電力会社では，事業の中核資産である発電設備は一般担保に含まれるため，取引金融機関の抵抗にあった．売却するためには，政府が社債権者の電力債を償還しなければならないが，東京電力の 2011 年度の社債発行残高は 5 兆 5855 億円に上り[26]，不可能である．このように，東京電力の信用の象徴であり，潤沢な資金調達手段でもあった一般担保付社債は，一転して東京電力の構造改革の阻害要因となった．経済産業省は，「東京電力の経営の安定化を見定めつつ，金融機関と話し合っていく．一方で，電力債の一般担保廃止を検討せざるを得ない．経済産業省の電力システム改革専門委員会(委員長・伊藤元重東京大学教授)で議論し，2013 年通常国会に提出が予定される電気事業法改正に盛り込む」[27]シナリオを展開すると思われた．

2　政府による議決権の獲得と東京電力の抵抗

12 月 21 日，東京電力社長の西澤俊夫が，電気料金の値上げを，突如発表した．対象は自由化部門と呼ばれ，政府の認可が必要ない工場やオフィスなど企業向け電気料金であった．2012 年 4 月から契約電源が 50 キロワット以上の企業，24 万件を対象とし，約 20% の値上げで約 5000 億円の増収を見込むという計画であった．問題は，支援機構と東京電力が共同で総合特別事業計画を策定中であり，収益計画の最も重要な料金値上げ計画を，支援機構に相談せずに決め，唐突に発表したことだった．さらに，規制部門と呼ばれ，政府の認可が必要となる家庭向けの電気料金(契約数は約 2900 万件)の値上げについても申請の意向を示した上で，「料金申請は事業者の権利だ」と発言したことだった[28]．

翌日の 22 日，閣議後の大臣記者会見で経済産業相の枝野は，東京電力の元気料金引き上げに関わる記者の質問に対し，自由化部門については，「文字通りに自由化されているのだから，顧客と双方合意の上で決定される」と述べた上で，自由化部門の料金値上げが総合特別事業計画の重要な要素であることを

25)　第 II 部第 5 章参照．
26)　「東京電力株式会社有価証券報告書」(2011 年度)．
27)　筆者のインタビューに対する経済産業省幹部の回答(2012. 9. 18)．
28)　「西澤俊夫社長会見」東京電力株式会社ホームページ(2011. 12. 21)．

踏まえて，「総合特別事業計画が提出された際には，その間の東京電力の経営判断について私の評価の重要な要素になる」とけん制した．また，規制部門については，「申請するのは事業者の判断だが，認可をするかどうかは私の判断だ」と繰り返した[29]．

枝野の言う「私の判断」とは，こういうものだった．東京電力は12月27日，緊急特別事業計画における資金援助の増額(6900億円)を申請した．経済産業省を訪れた西澤に対して枝野は，「賠償支払いの迅速化を求めたのに加え，総合特別事業計画の策定に向けて，一時的公的管理も含め，あらゆる可能性を排除しないことを指示した」，と記者会見で公表した[30]．この頃には，資本注入は1兆円規模というコンセンサスが経済産業省内部では固まっていた．その数字は明かされなかったものの，それでも公的管理という言葉が公式の経済産業大臣の記者会見で使われたことで，政府が唐突な電気料金の引き上げに強い不快感を抱き，また政府の意思が東京電力に対する関与強化にあることが十分に示された．付け加えれば，枝野は翌年2012年1月末日になっても，6900億円の資金援助を認定せず，その理由を，企業向け電気料金の値上げの根拠を説明するまでは難しいと，支援機構に伝えた．また，同じ理由で，総合特別事業計画の策定も中断させた．第3四半期決算の発表期限である2月14日までに認定されなければ，東京電力の債務超過転落の可能性が極めて高かった．同日に発表された東京電力平成23年度第3四半期決算短信によれば，主務大臣から認可を受けたのは，その当日であった．

調査委員会報告がすでに，支援機構による資本注入の受け入れ要請を株主に行っていたことは前述した．では，その時点で政府は，およそ1兆円は必要だとされていた出資に伴って大株主となり，議決権の過半を取得し，国有化することを内々に決めていたのだろうか．政策担当者たちによれば，当時はまだ方針は定まらず，意見が分かれていた，と言う．議決権のない優先株[31]にとど

29) 「枝野幸男経済産業大臣会見」経済産業省ホームページ(2011. 12. 22)．

30) 「枝野幸男経済産業大臣会見」経済産業省ホームページ(2011. 12. 27)．

31) 「東京証券取引所証券用語集」によれば，議決権制限株式とは，議決権に制限がある株式のことで，無議決権株式と議決権一部制限株式がある．2002年の商法改正で発行が認められた．ただし，議決権制限株式の総数は，発行株式総数の2分の1を超えることができない．

めるべきだという意見と，相当数の議決権を獲得すべきだとする意見が混在していた．それが，上記の経過を辿る過程で，次第に後者が大勢を占めていくことになる．枝野は議決権の3分の2の取得を最低条件とする強硬論者だった．枝野はたびたび省内で，「東京電力は3月11日以降の自らの立場を何もわかっていない」と発言していた[32)]．

株主権は，その性質に応じて，「自益権」と「共益権」の2つに分けられる．自益権とは，直接的な経済的利益を得るための権利であり，配当請求権や新株引受権といったものである．共益権とは，会社経営への参画を目的とする権利であり，株主総会における議決権などがある．したがって，自益権は権利行使者の利益に係るだけだが，共益権の行使は他の株主の利益にも影響を与えることになる[33)]．

議決権とは，株主総会で提案された議題について賛成または反対する権利のことであり，会社法で持ち株割合と決議事項が決められている．持ち株割合が3分の2以上であれば特別決議が可能であり，営業譲渡・譲受(会社法245条)，取締役・監査役の解任(同257条，280条)，第三者に対する新株有利発行(同280条2項)，譲渡制限があるときの第三者割当増資(同280条5項)，定款変更(同343条)，資本の減少(同375条)，解散(同405条)，合併(同408条)，株式交換(同353条1項)が決議事項となる．2分の1以上であれば普通決議であり，取締役・監査役の選任(同254条，280条)，取締役・監査役の報酬決議(同269条，279条)，解散書類の承認(同283条)，総会普通決議(会計監査人の選任，配当決議など)が決議事項である．3分の1超であれば，特別決議に対して拒否権を行使できる[34)]．

支援機構と経済産業省の政策担当者たちは，議決権を取得せずに1兆円もの出資を行っては，「単なる東京電力への資本金の無償提供に過ぎない」と世論

無議決権株式は優先株だけに適用されていたが，商法改正で種類株式の1つとして発行できるようになった．優先株とは，配当の支払いや残余財産の分配において，普通株より優先的に取り扱われるが，議決権を与えられていない．種類株式とは，上場会社が発行する普通株式以外の株式を指し，無議決権株式，譲渡制限株式など9つある．

32)　筆者のインタビューに対する政策担当者の回答(2012. 9. 22)．

33)　「東京証券取引所証券用語集」．

34)　「会社法」2005年法律第86号(7. 26)．

の批判を浴びるのではないかと恐れた．会社経営への参加を目的とする共益権としての株主権を取得し，さらには議決権を得ることで，東京電力改革の実効性を担保する形にしなければ，「国民の納得は得られず，国としてのガバナンスが崩れる」[35]という判断に傾いていった．

こうした状況を踏まえて，経済産業省の主張を要約すると，以下のようなものであった．第一に，東京電力の債務超過を回避するには，政府による1兆円ほどの資本注入は必須である．第二に，政府が1兆円もの巨額資金を出資する以上は，東京電力改革を国民の目に見える形にして，成果を出さなければ納得を得られない．第三に，その国民の目に明らかとなるべき東京電力の改革の成果とは，きたるべき電力自由化・制度改革と整合的でなければならない．こうした経済産業省の主張は，東京電力からすれば，自由化を促進する電力制度改革を最優先とし，その改革推進の原動力とするために東京電力を国有化し，経営形態の見直しを図るのだと受け取らざるを得ず，警戒心が募ったのだった．

東京電力は当初，自主経営権の確保のために，廃炉安定化基金構想に見られるように，強引な債務の切り離しを図ってまで，公的資金による資本注入を避ける，または最小限に抑えようとした．だが，1兆円規模の資本が債務超過回避のために必須条件とされてからは，政府による議決権取得に対して激しく抵抗した．とりわけ，上述したように議決権が3分の2以上に達すれば，特別決議による組織・事業再編に関する権限を政府に委ねてしまうことになる．東京電力の取締役会において，幾度となくなされた議論では，前述した支援機構の試案の余波も手伝って，経済産業省というよりは民主党政権が，「資本の論理を持って東京電力の分割を図ろうとしている」[36]，との懸念が表明された．勝俣は，議決権の取得を疑問視する財務省に，東京電力の危惧を訴えた．また，与野党政治家の東京電力の理解者に窮状を訴え，その影響力に期待を寄せた．

3　財務省の反対「利益相反が起きる」

財務省は，政府による出資，議決権取得には極めて消極的であった．出資が

---

35)　筆者のインタビューに対する政策担当者の回答(2012. 9. 22)．
36)　筆者のインタビューに対する東京電力幹部の回答(2012. 9. 30)．

やむをえない場合にしても，議決権については，当初は3分の1程度を主張，さらに拡大したとしても49%以下にとどめる，つまり過半は握らないよう，経済産業省に求め続けた．財務省は，政府が東京電力の経営の主体となることで，膨張は必至と見られていた損害賠償，とりわけ除染事業と廃炉事業の費用を，国が全面的に手当てしなければならなくなる事態を恐れたのである．財務省の反対の論理は，2つあった．

1つは，第III部第7章で詳しく述べた，旧長銀，旧日債銀を一時国有化した上で他社に売却した経験から得た教訓である．第一に，政府が企業経営に関与した場合，成長のための投資リスクを取ることは極めて難しい．なぜなら，投資の結果損失が生じ，それを国会で追及される事態を恐れるからである．第二に，旧長銀をアメリカに拠点を置くファンドであるリップルウッド・ホールディングスに売却する際，後年批判された瑕疵担保条項[37]を認めてしまったように，対外的交渉に甘さが付きまとう．第三に，与野党ともに国会を利用して，人事をはじめとして経営のあらゆることに介入しようとする．第四に，経営当事者も自主性を欠き，さまざまな場面において政府(行政)の判断を求める．これらの理由で，極めてコストパフォーマンスの悪い結果になってしまう，という教訓である．

もう1つは，電力政策を担い，東京電力を管理監督する立場にある経済産業省(が代表する政府)が，同時に，支援機構を通じて東京電力の大株主となって経営権を握ることの矛盾，つまりは利益相反の懸念である．例えば，電気料金の値上げに際しては，東京電力は自らの利益を極大化するために可能な限りの最大値の値上げ幅を申請する．それに対して，認可権を持つ経済産業省は，その妥当性を厳しく検証し，値上げ幅を圧縮する方向で審査する．その申請と審査の両者ともに，責任主体は経済産業省(が代表する政府)なのである．

また，すでに述べたように経済産業省は電力自由化・制度改革と東京電力改革との連動性を高めようとしていた．仮に，発送電分離政策が実現し，それと

37）リップルウッドは旧長銀買収に際して，旧長銀の融資先に対する債権の価値が，3年以内に20%以上毀損した場合に，国(預金保険機構)が買い戻す条件のことで，実際，8500億円分の債権を国に買い戻させている．

連動して東京電力が資本あるいは機能分離される場合，東京電力は独占の利益権益を喪失することになる．そうした事態は，明らかに一般の株主の利益に反する．経営権を握る政府は，東京電力の利益を最大化する責任を果たしていないという問題を抱えることになるのではないか．なぜなら，前述したように共益権としての株主権を議決権の過半を持って行使する場合，少数株主(政府以外の株主)の利益への影響を絶えず考慮しなければならないはずだからである．このように政府の利益相反が疑われるような状態は，国の統治機構として極めていびつである，と財務省は指摘した．

行政の手法として政府が株主権をもって経営権を握ることに異論を唱えた財務省は，代替案としてあくまで行政監督権の行使によって，東京電力改革を進めるべきだと主張した．金融庁が銀行法などの業法に基づいて，金融機関を監督し，業務改善を指導するように，経済産業省は電気事業法および支援機構法をもって，総合特別事業計画の履行を東京電力に確実に果たさせるべきだと主張したのである．それでは，金融行政における監督権とはどのようなものであろうか．以下に，在りようを述べる．例えば，銀行法第1条は，以下のように目的を規定している．

第1条　この法律は，銀行の業務の公共性にかんがみ，信用を維持し，預金者等の保護を確保するとともに金融の円滑を図るため，銀行の業務の健全かつ適切な運営を期し，もつて国民経済の健全な発展に資することを目的とする．

さらに以下の第27条に，

第27条　内閣総理大臣は，銀行が法令，定款若しくは法令に基づく内閣総理大臣の処分に違反したとき又は公益を害する行為をしたときは，当該銀行に対し，その業務の全部若しくは一部の停止若しくは取締役，執行役，会計参与若しくは監査役の解任を命じ，又は第4条第1項の免許を取り消すことができる．

とあり，金融機関が法令に違反した場合，行政処分を行う権限を有している．また，金融機関の監督にあたり，金融庁から「監督指針」が出されている．これは，監督をはじめ検査・監視を含む各分野において，行政の効率性・実効性の向上を図り，さらなるルールの明確化や行政手続き面での整備を行うためのもので，「主要行等向けの総合的な監督指針」，「中小・地域金融機関向けの総合的な監督指針」などがある．

さらに，川口(2012)によれば，金融庁は，金融機関の財務や業務の適正性が確保されているかどうかを監視するため，各金融機関に対して検査を実施する．金融庁の検査は，金融機関自身の内部管理と会計監査法人等による外部監査を前提として，これらを補強するものと位置づけされている．このような検査機能の向上や透明な行政を確立するため，「金融検査マニュアル」が公表されている．なお，金融庁が法令違反による行政処分を行う際の法令解釈が事前に明らかにされていれば，違反行為の予見可能性が高まり有益である．この観点から，「法令適用事前確認手続制度」(日本版ノー・アクション・レター制度)が導入されている．

加えて，金融庁は，「金融サービス業におけるプリンシプル」を明らかにしている．「プリンシプル」は，法令等個別ルールの基礎にあり，各金融機関等が業務を行う際，または規制当局が監督を行うに当たり，尊重すべき主要な行動規範・行動原理である．つまり，こうしたプリンシプルに沿って，よりよい経営に向けて自主的な取り組みを行うことを促しているのである[38]．

財務省は，こうした金融行政における監督権の行使と同等の対処が，電気事業法に記された目的，業務改善命令，罰則，加えて，支援機構法に規定された事業計画の作成，履行に関わる主務大臣の権限によって可能であり，東京電力を厳しく指導し，改革を成功に導くことができると主張した．以下に，財務省が指摘した監督権行使の根拠となる両法の条文を記す．

電気事業法

(目的)

第１条　この法律は，電気事業の運営を適正かつ合理的ならしめることによつて，電気の使用者の利益を保護し，及び電気事業の健全な発達を図るとともに，電気工作物の工事，維持及び運用を規制することによつて，公共の安全を確保し，及び環境の保全を図ることを目的とする．

---

38)　川口(2012)134～135頁．

(業務の方法の改善命令)

第30条　経済産業大臣は，事故により電気の供給に支障を生じている場合に一般電気事業者又は特定電気事業者がその支障を除去するために必要な修理その他の措置を速やかに行わないとき，その他電気の供給の業務の方法が適切でないため，電気の使用者の利益を阻害していると認めるときは，一般電気事業者又は特定電気事業者に対し，その供給の業務の方法を改善すべきことを命ずることができる．

第118条　次の各号のいずれかに該当する者は，三百万円以下の罰金に処する．

1　……第30条，第31条第1項，第57条第3項又は第92条第2項の規定による命令に違反した者(以下，略)

第121条　法人の代表者又は法人若しくは人の代理人，使用人その他の従業者がその法人又は人の業務に関し，次の各号に掲げる規定の違反行為をしたときは，行為者を罰するほか，その法人に対して当該各号に定める罰金刑を，その人に対して各本条の罰金刑を科する．

(1，2略)

3　……第118条，……各本条の罰金刑

原子力損害賠償支援機構法

(特別事業計画の認定)

第45条　機構は，……運営委員会の議決を経て，当該資金援助の申込みを行った原子力事業者と共同して，当該原子力事業者による損害賠償の実施その他の事業の運営及び当該原子力事業者に対する資金援助に関する計画(以下「特別事業計画」という．)を作成し，主務大臣の認定を受けなければならない(以下，略)．

(認定特別事業計画の履行の確保)

第47条　主務大臣は，……認定特別事業計画……の履行の確保のために必要があると認めるときは，第45条第1項の認定(前条第1項の認定を含む．第69条第2項において同じ．)を受けた原子力事業者(以下「認定事業者」という．)に対し，認定特別事業計画の履行状況につき報告を求め，又は必要な措置を命ずることができる(以下，略).

会社法の専門家である早稲田大学教授の上村達男は，財務省の指摘がおおむね妥当であり，政府が東京電力に資本注入せざるを得ないとしても，所有と経営の分離はなされるべきであり，政府が所有権とともに経営権を握ると，法的にも問題が生じかねないと指摘する．仮に，組織分離など企業価値ひいては株主利益を損ないかねない決定を行った場合，東京電力による自律的な決定という形式用件が整えられていたとしても，やはり実態は政府による規制あるいは監督，行政指導の結果として受け止められる可能性が高いからだ.

具体的には，第一に，社外取締役が，会社が主体的に不利益をこうむる事を決定するのは適切ではない，と問題にすることが考えられる．第二に，会社の決定によって株価が低下した場合，投資家としての株主から，金融商品取引法第18条(発行市場における株発行の責任)，第21条(発行市場における会社の取締役等の責任)に基づき，損害賠償請求がなされる可能性がある．第三に，株主から会社法第360条(株主による取締役の行為の差し止め)による違法行為の差し止め請求，第847条(会社を代表して取締役に法的責任を追及する)による株主代表訴訟が起こる可能性がある．そうした事態に至った場合を想定して，上村は，「こうした少数株主の異議申し立てに対しては，東京電力の経営陣つまり政府は，株主総会での決定が会社の意思である，株主総会の決定という正当な手続きを経ているので会社法の問題は発生しない，という論理を貫くのだろう」と，政府の対処方針を予測する.

こうした所有と経営の一体化について批判的な上村は，他方で，経営者の最大の役割は，単に株価を上げることによって株主に貢献することではなく，その会社が担っている社会的使命を最大限に果たすためにさまざまな経営判断を行うことにこそあるとする．社会的使命への対処が十分適切に行われることで長期的には株価が高まり，株主が利潤を得られる，と考えられるべきであるとする．そうだとすれば，東京電力の社会的使命がいかなるものかを設定することで，この問題の捉え方は変わることになる．つまり，電力自由化・制度改革と整合性の取れた事業・組織形態による東京電力の再生こそが経営者の役割であり，長期的な企業価値の向上に結びつく，という主張も可能であると，上村は見ている[39].

4　経産省の反論「規制と振興は両立する」

一方，経済産業省は，以下のような2つの論点から，過半以上の議決権を取得することの正当性を政府内で，とりわけ財務省に対して主張した．第一は，電気事業法における監督権は，銀行法におけるそれとは同等に論じられないという点である．財務省の指摘するように，電気事業法には，電気利用者の利益を守るという目的が明記され，それを侵害する者への業務改善，罰則規定が定められてはいる．だが，監督権行使の実態においては，電気設備における安全基準の的確性に関する指導や電気料金の認可といったことが中心であり，金融行政のように日常的に金融機関の経営を監督するといった次元にはない．金融行政の強固な監督権の源泉は，銀行法に規定された金融機関に対する検査権である．金融庁は定期的に金融機関に検査という名の資産査定を行う．これによって，経営の実態を把握でき，金融機関の報告に対してその妥当性あるいは違法性の判断を行うことができる．通常検査で不足の場合は，特別検査を行う権限も有している．ところが，電気事業法には検査権の規定はない．したがって，仮に電力会社が事実と異なる虚偽報告を行ったとしても，その虚偽性を見抜くのは容易ではない．検査権に裏打ちされない監督権の行使によって東京電力を総合特別事業計画の適切な履行に導くことは難しい，と経済産業省は主張した．

第二は，東京電力に対する規制権限を保有している政府が，同時に東京電力の利益の最大化を果たすべき大株主となったとしても，利益相反には当たらない，という点である．実際，多くの政策当局が，「規制と振興」を両立させているからである．例えば，厚生労働省は2007年，「新医薬品産業ビジョン」を打ち出し，研究開発に対する支援，治験・臨床研究の推進，薬価制度・薬剤給付の今後のあり方について，それぞれ5か年戦略をまとめ，業界全体の産業振興に動いている[40]．その一方で，医薬品や化粧品などに対する行政の承認や，許可，監督を規定した薬事法[41]によって個々の会社を規制している．また，強い監督権限を有する金融行政においても，金融庁が業界全体に対して不良債

---

39)　筆者のインタビューに対する上村の回答(2012. 9. 20).

40)　厚生労働省(2007).

41)　2013年法律第175号(5. 17).

権処理政策を促進するさなかの2001年，政府(実際には預金保険機構)がりそな銀行を破綻回避のために国有化した．不良債権処理という規制とりそな銀行再生という振興が両立した例であろう．この観点に立てば，今回の場合は，「電力自由化・制度改革は新しい規制にあたり，東京電力を国有化して改革再生を行うことが新しい振興にあたると考えられる」[42]．

この「新しい振興」政策の成否は，株価や配当といった通常の株主価値で計測されるものではなく，何より損害賠償責任等の重い負担を抱えながら企業経営を持続できる体制に変革できるかどうかにかかっている．そして，その変革は電力自由化・制度改革と整合的であり，「新しい規制」による新しい競争の枠組みの中で成長性のある企業体に経営構造を変えることに結びついてこそ，東京電力という企業の価値を極大化できる．したがって，仮に電力自由化・制度改革と連動して東京電力の分離，分割を含む大幅な組織変更がなされても，将来に亘って企業価値は増大することになり，政府の立場は利益相反には該当しない——そうした見解に，経済産業省は立ったのである．

ここで，視点を変えて，論考を進めたい．支援機構を通じて東京電力に資本注入を行うというように，政府が第三者組織を通じて個別企業に出資するといったケースは他にもある．一例を挙げれば，日本航空(以下，JAL)案件がそうである．会社更生法の適用を受けたJALは2010年，企業再生支援機構[43]を通じて政府から1750億円の出資を受けて，同機構の傘下に入った．このJAL救済のケースにおいては，産業政策と個々の企業の再生との間で，利害相反が起きることは避けられないと思われる．なぜなら，例えば，羽田空港の即時国際化という航空政策は全日本空輸(以下，ANA)の国際戦略に有利に働くものの，政府が株式を所有するJALの利益には一致しないからである．航空政策の推進者もJALの出資者も，監督官庁は異なるにしても，いずれも国家としての日本政府であることには変わりがない．この場合，航空政策において許認可権を持つ公法上の公権力の行使者たる政府と，株主として私法上の私権の行使者

---

42)　筆者のインタビューに対する政策担当者の回答(2012. 9. 22)．

43)　地域経済を支える中小企業等の再建を支援するために，2009年に官民で出仕された株式会社．

たる政府とが共存することの矛盾をどう考えればいいのであろうか.

産業再生機構[44]の専務として，融資，出資など公的資金の多様な使い方によって，多くの企業再生案件を手がけた冨山和彦経営共創基盤 CEO は，筆者の質問に対して，以下の回答を寄せた[45]．筆者も，冨山の見解を肯定するものである[46].

> 公権力の主体たる政府と財産権などの私法上の権利主体たる政府では，行動原理が異なっているので，矛盾する行動をとることは許容されると思われる．政府という広範な守備範囲，多元的な法律的な性格を持つ法主体が多様な活動を行わざるを得ない状況においては，むしろ当然のこととも考えられる．したがって，産業政策あるいは許認可を含む法制度の設計においては，政府はあくまで公益的な観点からのみ適切と思われる行動をするべきである．原子力政策あるいは電力政策においても同様である．政府が東京電力の株式の過半数を握っている事実を一切考慮するべきではない．他方，過半の株式を握り，経営権を手中にした政府(正確には支援機構)は，電力政策や許認可の制約下で東京電力の企業価値を最大化する行動をすべきである．公権力主体としての政府の方針や行動は，支援機構や東京電力にとっては，自然現象と同じ与件に過ぎない．それは，たばこに関するさまざまな規制と課税を行う政府と，JT の株式を保有する政府の立場の違い，矛盾と同様である.
>
> 憲法構造上も公法と私法，公権力と私権という法的次元が異なる問題であり，株主が規制を行う政府を訴えても，規制自体が憲法に違反しているといった明確な欠陥がない限り，おそらく裁判で勝つことはできないであろう．また，東京電力の経営陣にとっても，国会で決定された法令に基づく政府の方針や規制，命令に従うことで，結果として東京電力の企業価値が低下したとしても，東京電力が公的法体系を順守するのは当然の義務であるから，損害賠償の対象になることはあるまい．他方，法的根拠がない

---

44) 第 II 部第 4 章参照.

45) メールでの回答(2012. 9. 24).

46) こうした観点からの法学者の先行研究および論考はほとんど見当たらない.

ままに政府や与党の意向を忖度して，企業価値を低下させる行動をとるのであれば，訴訟対象になるであろう．こうした矛盾した立場を一身に引き受ける経済産業大臣にとって，政治的あるいは道義的な問題はありうるとしても，法的問題が生じるわけではない，と思われる．

結局，議決権を巡る調整は，過半の議決権を支援機構が取得することで決着した．潜在的株式は3分の2に達するが，過半の議決権を差し引いた残りは，普通株に転換できる権利を持つ無議決権株式とした．2012年3月29日，東京電力は正式に，1兆円の資本注入を要請するとともに，審査会の新しい賠償指針の決定を受けて，新たに8000億円の追加資金援助も要請した．これによって，初年度の公的資金援助は，合計3兆5000億円に上ることとなった．総合特別事業計画は，完成した(詳しくは次の第9章で解説する)．だが，経営陣の決定が遅れた．会長の勝俣が，社長の西澤の続投に固執したからだった．民主党政権の意向は，全経営陣の交代だった．人事の取りまとめ役を担っていたのは，仙谷だった．「仙谷は勝俣と数回，2人きりで会い，説得した．勝俣は容易に応じなかった．だが，3兆5000億円にも上る公的資金の重みを跳ね除けることはできるはずがなかった」[47]．

47) 筆者のインタビューに対する政策担当者の回答(2012. 9. 30)．

第 9 章

東京電力分割構想と電力自由化の整合性

第1節　政府は“賢明かつ健全なる外部”たりえるか

1　開かれた企業体質への転換

2012年5月9日，支援機構の主務大臣たる枝野幸男経済産業大臣は，東京電力の改革案となる総合特別事業計画を認定した．その目的は，東京電力を損害賠償，除染，廃炉に関わる巨額の資金負担に耐えて存続維持可能な企業体たらしめるために，会社更生計画に匹敵する再生計画を実行させることにある．以下は，総合特別事業計画の要旨である[1]．東京電力幹部に総合特別事業計画の趣旨について聞き取り調査をした上で，筆者の判断によって，重要と思われる項目を抜き出し，さらに，要約，再構成した．必要と思われる項目には解説を加えた．

(総合特別事業計画の目標)

①2014年3月期に1067億円の最終黒字に転換

②社債発行の再開は，2010年代の半ばを目処

安定的に最終黒字が計上できることが，企業体として持続可能であることの必要条件であることはいうまでもない．2014年3月期の黒字転換は目標であるが，必ず達成しなければならないノルマでもある．東京電力は2012年3月期，2013年3月期と2期続いて最終赤字が見込まれており，3期連続の最終赤字となれば，金融機関の東京電力向け融資債権が分類債権，いわゆる不良債権化し，融資が継続できなくなる可能性があるからである．そうなっては，総合

1)　原子力損害賠償支援機構・東京電力株式会社(2012b)．

特別事業計画が破綻してしまう．

総合特別事業計画の骨格は，4つの措置から成り立っている．1.「企業向けと家庭向けの電気料金の値上げ」，2.「柏崎刈羽原子力発電所の13年4月稼働」，3.「支援機構による1兆円の資本注入」，4.「金融機関による1兆700億円の追加融資および融資継続」である．この4つの措置による収益改善と財務強化をもって東京電力を企業体として持続可能とし，未だ総額が確定できない「損害賠償費用」，「除染費用」，「廃炉費用」という原子炉事故による三大支出を長期に亘って賄うのである．4つの措置のうちいずれが欠けても，総合特別事業計画は組み直しになる．

実は，この4つの措置は，互いが関連しあい，実行の制約条件ともなっていた．すなわち，金融機関は，支援機構による1兆円の資本注入を「追加融資および融資継続の絶対条件とした」[2]．国の資本注入による全面的関与を政府保証の代替として欲したのである．他方で，政策担当者たちは，電気料金の値上げを資本注入の前提条件とした．つまり，政策担当者たちは，総合特別事業計画の設計に際して，電気料金引き上げが実現しなければ，金融機関による追加融資も支援機構による資本注入もなされない，という制約条件を持ち込んだのだった．その理由を一言で言えば，政策担当者たちの政治不信である．電気料金引き上げに対する世論の反発は極めて大きい．国民の離反を恐れた野田政権が，「最後の最後に料金値上げを回避して，資本注入を先行させるという道に逃げ込まないように」[3]，政策担当者たちがたがを嵌めたのだった．時の政権と一体化して，国家的危機収拾の大掛かりなシナリオを描き，実行に移しながら，政治に対する警戒心を捨てず，予め防御装置を埋め込む政策担当者たち特有のメンタリティと政策的傾向を，ここに見出すことができる．

なお，社債の発行が可能になるということは，市場における東京電力の信用が回復し，企業体として単に持続可能性が保たれているだけでなく，資金調達能力が回復して一段高い経営の安定度を取り戻していることを意味する．したがって，その段階に達した時点で，政府が議決権の保有比率を低下させるなど，

2）筆者によるインタビューに対する政策担当者の回答(2012. 9. 20)．
3）筆者によるインタビューに対する政策担当者の回答(2012. 9. 20)．

関与を弱める旨，総合特別事業計画には記されている．

(改革の道筋——「新しい東電」の方向性)

①迅速・丁寧な賠償の誠実な実行

②廃炉に向けた中長期の着実な実行

③コストダウンによる電気料金の抑制

④電力の安定供給と設備の安全確保

「新しい東電」の方向性と題するこの項目では，2011 年 5 月 13 日に支援機構スキームが政府案として決定されて以来，東京電力の 3 つの責務とされてきたものに，コストダウンによる電気料金の抑制が，改めて 4 つ目の責務として加えられている．2012 年 7 月までの公的資金による資金支援は，損害賠償資金 2 兆 5463 億円に 1 兆円の資本注入を加え，合計 3 兆 5463 億円に達することになる．それほどの巨額の公的資金によっても企業体としての持続可能性を担保できず，電気料金の引き上げも必須としたことに対する世論感情に対して，政府は極めて敏感である．東京電力への政府の対処方針決定には，いかにすれば世論の反発を抑えられるかが基本原理の 1 つになっているのである．

(改革の道筋——改革の具体的実施事項)

①「委員会設置会社」への移行など，経営機構改革を実施し，経営の客観性・透明性を高める．

②各部門の役割やコスト構造を明確化するために，送配電部門，燃料・火力部門，小売部門の「カンパニー制度」を導入する．

③関係会社などとの取引構造を見直し，取引の公平性・透明性を確保する．

④「社内論理，前例主義」「縦割り，部門主義」の克服を図る．

⑤自前主義から脱却し，社外と連携を図って，設備構成を効率化する．

⑥料金メニューを充実や事業提携によって，ピーク需要の抑制と電気料金の低減につなげる．

(改革の道筋——改革実施のスケジュール)

3 つの改革期間に分けられる．第一は「改革導入期間」で，2012 年～2013 年 3 月の 11 か月，第二は「改革加速期間」で，2013 年 4 月～2010 年代半ばの 2～3 年間，第三の「改革展開期間」で，2010 年代半ば以降，となる．

①「改革導入期間」に開始

- 委員会設置会社への移行と外部人材を中心とした経営ガバナンスの導入(2012 年 6 月目処)
- 機構の出資，金融機関の追加融資による財務基盤強化(2012 年 6 月)
- 社内カンパニー化と外部事業者との連携強化(2012 年下期)
- 原子力事業のあり方については，政府における検討状況を踏まえて検討

②「改革加速期間」に開始

- 燃料調達の集約化や燃料関連施設の外部事業者との共同建設・運営の本格化
- 電力システム改革の動向を踏まえたカンパニーのグループ内分社化等の検討

③「改革展開期間」に開始

- 積極的な国際展開や小売部門における新ビジネスの展開による収益の拡大

上記の「改革の具体的実施事項」と「改革実施のスケジュール」の 2 項目におけるキーワードは，「外部による経営改革」である．委員会設置会社は外部出身の取締役を経営の中枢に置くガバナンス体制である．また，設備構成の変革，燃料の集約化や新ビジネスにおいても外部事業者との連携が必要だと強調されている．他方，カンパニー制の導入や関係会社との取引の見直しにしても，「透明性を高め，外部に対して開かれた企業へ転換するという意図」[4)]がある．経済産業省が，東京電力が長年培った閉鎖的な体質，社内論理を優先する文化ゆえに，変革の必要性をまったく自覚しないままに極めて非効率な経営を続けている，という批判的結論に至ったことがよく理解できる．

そうした旧態依然とした組織風土を打破するために，経済産業省は「外部の力」が必要だと判断した．産業界においては，委員会等設置会社や社外取締役制度の導入はガバナンス強化策として広く行われており，その意味で「外部の力」が経営改革に必須であるという指摘と提案は極めて妥当なものである．しかし，東京電力に対して最も影響力を行使するのは，1 兆円の資本注入によっ

4)　筆者によるインタビューに対する東京電力幹部の回答(2012. 9. 22).

て株主議決権の過半を握る政府である．つまり，政府自身がいわば，改革に不可欠とされる「外部」の代表となるのである．それでは，政府は果たして，“賢明なる外部”あるいは“健全なる外部”なのだろうか．第III部第8章では，経済産業省が国有化を必然とした論理について詳述した．だが，国有化の論理正当性が認められることが，政府が経営の実践において有能であることを担保するわけではない．その現実的な問題を最も懸念し，結果責任がすべて国の財政に帰される事態を恐れ，財務省は強く国有化に反対したという側面を付け加えておく．

2　廃炉費用についての「故意の沈黙」

（原子力損害の賠償）

①原子力損害の状況——廃炉について

- 福島第一原子力発電所1～4号機の廃止措置は，多くの課題においてこれまで経験のない技術的困難を伴う．
- 廃止措置完了まで30～40年を要する．
- 廃炉費用は9002億円計上しているが，廃炉の各工程の具体的な費用の積み上げによる総額の見積もりは困難である．

②要賠償額の見通し

- 紛争審査会における中間指針第二次追補の策定(3月16日)により，財物賠償等の額が見積もれることになり，想定される損害のうちの相当部分について見積もり着手が可能になった．
- 第二次追補において，不動産についての財物価値の喪失又は減少等に係る賠償の指針が示された．
- これらを受けて，要賠償額の見通しは，緊急特別事業計画の1兆7003億円から2兆5463億円に増加した．
- しかし，見積もりが進んでいる損害項目についても，営業被害や風評被害等，損害の終期が確定していないことから，賠償総額の見積もりは未だに困難である．

被害者に対する損害賠償(除染を含む)においては，依然として総額が見積もりできていない．それでも，すでに述べたように現在，交付国債による支払い原資は5兆円確保されており，それを超えた場合でも，支援機構からの資金交付によって賄う手段が確保されてはいる．他方で，損害賠償以外の費用については数兆円もの巨額に上ると見られるのにもかかわらず，資金の調達手段が決まっていない．とりわけ廃炉は，「非常に高い放射線下で，福島第一原子力発電所の大きく損傷した4基の原子炉について，同時並行で作業を進めなければならないという大きな困難が存在する．また，新規の技術開発の結果や廃棄物処分方法等により作業内容・スケジュールが大幅に変動する」[5]ことによって，総額が推定できないと強調されている．

だが，実際には，支援機構内で「5兆円程度という試算が詰められている」[6]．調査委員会の推定1兆1510億円の3倍以上である．2012年3月時点で，廃炉のための引当金は9002億円に過ぎず，財務手当てはほとんどされていない．総合特別事業計画において，ことさら総額が推定できないと強調するのは，総額の見通しを発表すれば，監査法人の指導によって財務諸表において債務認識されてしまうからである．5兆円の資金の調達の目処が立っていなければ，債務超過に転落してしまう．それを避けるために，「故意に沈黙」[7]しているのである．したがって，この問題を解決するには，政府による新しい資金援助スキームが必要となる．そうだとすれば，総合特別事業計画も依然として緊急避難的政策の一部にとどまっており，抜本策策定への一工程に過ぎないともいえるのである．この問題については，さらに後述する．

第2節　東京電力社員はモチベーションを維持できるか

1　果てなき合理化圧力

(事業運営に関する計画――経営の合理化)

①合理化の段階

- 第Ⅰフェーズ「経常的合理化」

5)　原子力損害賠償支援機構・東京電力株式会社(2012b)14～15頁．
6)　筆者のインタビューに対する財務省幹部の回答(2012. 8. 30)．
7)　筆者のインタビューに対する東京電力幹部の回答(2012. 9. 30)．

経常費用の削減や非電気事業資産をはじめとする保有資産の売却

- 第 II フェーズ「構造的合理化」
  中長期の設備投資削減や子会社・関連会社のコスト構造改革
- 第 III フェーズ「戦略的合理化」
  高経年火力発電所のリプレースや燃料調達において他事業者と連携

②コスト削減——2012 年～2021 年の 10 年間で合計 3 兆 3650 億円超を削減（緊急特別事業計画策定時から 6565 億円追加）

- 資材・役務調達費用——取引構造の抜本的見直しなどで 6641 億円削減（10 年間合計）
- 買電・燃料調達費用——1986 億円削減（同）
- 人件費——2013 年度までに連結で 7400 人削減，管理職約 25%，一般社員約 20% の年収カットを 2012 年度まで継続し，1 兆 2758 億円削減（同）
- システム委託費などその他経費——9687 億円削減（同）
- 減価償却費——2578 億円削減（同）

③設備投資計画の見直し——2012 年～2021 年の 10 年間で 9349 億円を削減

- 多様なピーク需要抑制策によって設備投資を削減
- 火力発電開発の入札実施

④資産売却——2011 年度から原則 3 年以内に 7074 億円を売却

- 不動産 2472 億円
- 有価証券 3301 億円
- 子会社・関連会社 1301 億円

支援機構から交付され，損害賠償資金に充てられる資金は会計上の負債ではなく，その点において返済義務はないが，他方で特別負担金を支援機構に納付しなければならないと，支援機構法に定められている．これは，「事実上の返済金」であり，国民負担を発生させないための措置であることはすでに述べた通りである．東京電力が 1067 億円の最終黒字に転換する 2014 年 3 月から開始され，最終利益の半分程度が充てられる予定である．政府は毎年約 1000 億円程度を見込んでいるから，早期に最終黒字を約 2000 億円程度に拡大するように圧力は絶えずかかり続ける．したがって，コストダウンも常に計画実施の前倒しと拡大を求められることになる.

また，電気料金の値上げが申請通りに認可されず，値上幅が圧縮された場合も，予定していた利益の不足分は，やはり更なるコストダウンで捻出しなければならない．実際，本計画に盛り込まれた家庭向け電気料金の値上げは，申請した10.28% では認可されず 8.46% に圧縮された．減収分の年 840 億円分は 2012 年度中のリストラ追加策で賄うことになったのである．より重要な問題は，損害賠償を確実に継続し，同時に，企業体としての持続可能性を高めるためにも，大幅な合理化計画は必須であるものの，賃金が大きく削減され，将来見通しにおいても芳しくなく，他方，研究開発費用，設備投資費用も抑制されることで成長戦略も描き得ないことにある．そうなれば，東京電力社員のモチベーション低下は必至である．組織の活性化が見込めなければ，収益力の向上は図れない．再生企業に付きまとう難しい舵取りを，経営陣は迫られることになる.

2　取締役全員退任による経営責任の明確化

(事業運営に関する計画――事業改革)

①他の事業者との連携を通じた燃料調達の安定・低廉化，火力電源の高効率化

- 火力発電設備(石油，LNG)の更新，新規開発は積極的に進め，入札によって他の事業者から購入することで，火力電源の高効率化を図る.
- 他社との燃料調達の連携や関連施設の共同運営体制を強化する.

②送配電部門の中立化・透明化

- 情報開示を徹底し，送配電網にアクセスするすべての者を公平に扱う環境を整える.
- 2018 年までに約 1700 万台のスマートメーターを国内外からオープンに調達，家庭などに集中的に導入する．2023 年度までに全戸を対象に，約 2700 万の配備を実現する.

③小売部門における新たな事業展開

- 料金メニューの多様化や外部との提携を通じて，顧客の節電意欲を引き出し，料金負担を低減する.

• スマートメーターを活用した新サービスを展開する.

(事業運営に関する計画――意識改革)

賠償, 廃炉, 電力の安定供給, 合理化という4つの責務を果たすために, 社内外で指摘される「供給側の論理」への偏重, 過度な「マニュアル主義」,「自前主義」,「縦割り, 部門主義」,「不透明性」という問題点を共有, 変革する.

①委員会設置会社へ移行する.

②社外出身者を中心とする取締役会が, 重要な経営戦略の策定と業務執行の監督を行い, 社内出身者を中心とする執行役・執行役員は, 経営戦略に従って業務の執行を行う.

③会長・社長直轄のスタッフ部門を創設, 重要戦略などの立案に当たる.

④カンパニー制を導入, 燃料・火力部門は2012年下期, 送配電部門と小売部門は2013年4月を目処に実施する.

⑤中期的には, 今後の電力システム改革の動向を踏まえつつ, グループ内分社化や持ち株会社制への移行も検討する.

一般的な委員会設置会社は, 社外取締役中心の取締役会に監査委員会, 報酬委員会, 指名委員会の3つを傘下に置く(3委員会ともに, 社外取締役が過半を占める). 東京電力における委員会設置会社への移行イメージも同様である. 重要な経営戦略の策定, 監督は取締役会が担い, 業務執行は執行役が担当することで両者の役割を分離し, 透明性が高く迅速な意思決定と業務執行を行うことを目的とする. ここで注目すべきは, 取締役会は, 社内出身者中心の執行役に対して選任, 解任, 監督等の権限を有することである. また, 取締役会の取締役の選任・解任は株主総会の決定事項であり, 政府が株主総会の議決権の過半を握るのだから, 政府の意思で取締役を選任あるいは解任する権限を持つことになる. こうして, 政府が全経営陣に対して人事権を確保することで, 社内統治を行う構造である.

(事業運営に関する計画――財務基盤の強化)

①取引金融機関

• 事故以前の残高維持のための借り換え, 新規融資, 融資枠の設定, 合わせて約1兆円の追加融資(ニューマネー)を要請する.

②支援機構

- 東京電力が発行する株式(払い込み総額1兆円)を引き受ける.
- 株式引受け時に，総議決権の2分の1超を取得するとともに，転換権付無議決権種類株式の引受けにより，潜在的に総議決権の3分の2超の議決権を確保する.

③料金改定

- 規制料金(家庭向け)を平均でキロワット当たり2.40円，10.28%[8)]，自由化料金(企業向け)を平均でキロワット当たり2.46円，16.39%，値上する.
- 2012～2014年の3年間で総原価は，燃料費の大幅増により，合理化を進めても5兆7213億円となる．一方，収入見込みは5兆468億円であり，終始不足の6745億円を埋めるために電気料金を引き上げざるを得ない.

正確に言えば，金融機関の追加融資合計額は1兆700億円であり，その内訳は，新規融資の5000億円，資金が必要になったときに利用できる融資枠が4000億円，過去の融資残高を維持するための借り換え分1700億円，である．融資は2段階で行われ，2012年7月に新規分と借り換え分合計で3700億円，2013年12月に合計3000億円が融資される予定になっている[9)]．東京電力は7月30日に1000億円の社債償還を控えており，それ以後も12年度中に合計7500億円の社債償還に応じなければならず，金融機関の追加融資は必須であった．だが，すでに述べたように，金融機関の追加融資には2つのハードルが設けられていた．1つは，支援機構の東京電力に対する出資金の払い込みが実行されることであり，もう1つは，その出資金の払い込みは，電気料金値上げの認可が下りることであった.

---

8) 新しい料金体系も用意され，使用量が多いほど，値上げ幅は大きくなり，使用量が少ないほど単価の引き上げ幅を抑制する．使用量が最も少ない「第一段階料金」の上げ幅は，キロワット当たり0.74円に抑え，第二段階は2.3円，第三段階は4.89円とし，生活に不可欠な電気料金は安くなるようにした．また，夏季の昼間の料金を高くする一方で夜間を安くするメニューも入れる．時間帯で差をつけるのは，電気温水器などを持つ顧客に限定していた.

9) 銀行別では，日本政策投資銀行が5000億円，三井住友銀行が約1070億円，みずほコーポレート銀行が約560億円，三菱東京UFJ銀行が約380億円，生命保険4社が約1320億円，信託銀行4行が約650億円となる.

支援機構による株式取得をさらに説明すれば，東京電力が種類株の一種である優先株を議決権の有無で異なる2種類——議決権のあるA株を1株200円で16億株(3200億円)，議決権のないB株を1株2000円で3億4000万株(6800億円)発行し，支援機構がすべて引き受けるのである．議決権のないB株も議決権のあるA株に転換でき，総合特別事業計画が想定通り進まない場合は，議決権を最大で75.84%まで引き上げることができ，潜在的に3分の2の議決権を有している．逆の転換も可能であり，集中的な経営改革に成果が上がり，社債市場で資金調達が可能になれば，2分の1未満に低減させるとしている．見方を変えれば，議決権の比率は随意に決定できるのだから，債務超過回避のために1兆円の資本注入が必要だったとしても，それが自動的に株主議決権の過半数獲得につながったわけではない，ということである．明確な政府の意思による国有化であった．

(事業計画に関する計画——経営責任の明確化)

①今年6月の株主総会で取締役，監査役は全員退任し，一部を除き再任しない．

②役員退職慰労金の支給対象になる者は，受取りを辞退する．

(事業計画に関する計画——支援機構側における取組)

①支援機構は，その出資によって相当の議決権を保有することに伴い，株主として取締役の選任に意見を述べるとともに，取締役を派遣し，取締役会の意思決定に参画する．

②支援機構は，執行役・執行役員を東京電力に派遣し，本計画の履行を確保する．

政府は，株主総会における議決権の過半を握るという強大な株主議決権を背景に，委員会設置会社という新しい統治機構を設計し，全役員を退任させた上で，経営の実権を握った．新経営陣は，以下の通りである．取締役は11人で取締役会長は弁護士で前支援機構運営委員長の下河辺和彦，社外取締役は前JFEホールディングス社長の数土文夫，三菱ケミカルホールディングス社長の小林喜光，住生活グループ社長の藤森義明，前産業革新機構社長の能見公一，公認会計士の樫谷隆夫，前原子力損害賠償支援機構事務局長の嶋田隆の7人，残り4人が東京電力プロパーである．また，執行役は社長の廣瀬直己を筆頭に

15人で，取締役との兼任は4人，うち1人は嶋田である．

第3節　政府による「新たな支援の枠組み」はなぜ必要か

1　総合特別事業計画における2つの欠陥

この総合特別事業計画は，厳格な合理化をはじめとして会社再建計画に必要と思われる改革項目を漏らさず取り上げた上に，その具体策とスケジュールをきめ細かく織り込んでいる点において有用であり，実効性は高いと思われる．だが，その一方で，極めて重大な欠陥を2つ抱えている．第一に，会社の将来を左右する重要なリスクが反映されていない．例えば，2014年3月期の最終黒字化は，柏崎刈羽原子力発電所の再稼働を前提としている．再稼働が果たされなかった場合，不足する利益はどれほどなのか，その穴埋めのために再度電気料金を値上げするのか，他の方法との組み合わせなのか，対処手段は盛り込まれていない．すでに述べたように，損害賠償とりわけ除染と廃炉費用に関しても同様で，総額が判明しないという理由によって将来リスクは棚上げされ，廃炉については資金調達手段すら不明のままである．実際，東京電力のある社外取締役は取締役会の席上，「すべてのリスクを織り込むという再建計画に当然のことがなされていない」と，指摘した[10]．

原子力発電所再稼働の成否は，本過酷事故を受けて原子力委員会[11]が策定する新しい安全基準が関わり，さらには国の原子力政策が左右することになる．また，除染と廃炉費用の総額が確定できないのは放射性物質による汚染問題の特質によるものである．つまり，これらのリスクが反映されていないのは，破

10)　筆者のインタビューに対する東京電力幹部の回答(2012. 9. 30)．

11)　本過酷事故の発生は，規制当局の機能不全にも原因があると指摘された．原子力発電を推進する資源エネルギー庁と，規制を担当する原子力安全・保安院が，同じ経済産業省内の組織であるため，相互チェック機能が働かなかったと見られたのである．この反省から，環境省に新たに外局として原子力規制に関わる組織を設立し，原子力安全・保安院と内閣府の原子力安全委員会，文部科学省科学技術・学術政策局原子力安全課の一部などが移管された．同委員会は国家行政組織法第3条2項に基づいて設置される三条委員会といわれる行政委員会であり，内閣からの独立性は高い．

局的な原子力事故の特性そのものがもたらしたやむをえない事態であり，逆に言えば，それらの見通しが固まるのを待っていては，被害者に対する損害賠償スキームを設計することができない．だからといって，それが再建計画として欠陥を抱えていることにかわりはない．

欠陥の第二は，事業環境の変化が経営に与える影響が考慮されていないことである．経済産業省が検討する電力自由化・制度改革の内容とスケジュールの決定は2013年に行われるために，変化対応の戦略を明確には組み込めなかったのである．いずれも政府の制度改革と絡む第一と第二の点について，総合特別事業計画では，以下のように極めて歯切れの悪い抽象的な記述にとどまっている．

(政府との制度改革との関係)

①電力システム改革・エネルギー政策の見直し

- 政府に対して，東京電力の改革をより大胆に進められるような事業環境の整備を要請する．

②東京電力の原子力への対応

- 政府による原子力政策の全体像の議論の動向を踏まえた検討が必要．

③廃炉費用・除染費用・賠償費用

- 政府に対して，支援機構法の枠組みとの整合性を保ちつつ，制度面での追加的措置の可否について検討することを要請する．

本過酷事故が発生した直後から，「原子力産業の国有化」構想が絶えず議論の俎上に上っていた．原子力事業者のなかで最も財務力が強固かつ技術力が高いとされていた東京電力にして，損害賠償のみならずさまざまな点で政府の公的資金援助を必要とし，加えて，40年もの年月を要する廃炉事業に何の見通しも立てられない現実を考えれば，原子力事業は民間電力会社の手に余ることは明白であり，したがって，民間電力会社から原子力事業を分離，分割し，国有化あるいは国営化するのが妥当である，という議論である．

こうした国有化論は，廃炉事業そのものにも及ぶ．5兆円ともいわれる巨額費用を，およそ40年という長い年月に費やす巨大産業プロジェクトであることを考えれば，廃炉事業は福島県という地方自治体の将来像と深く関わることにもなろう．これらの要素を考え合わせれば，民間企業が切り回すには手に余るのだから，政府が主体となって推進すべきである，という考え方が一定の説得力を持つことになる．それは他方で，今後，先進諸国あるいは新興国で原子力発電所が耐用年数を迎え，解体，処理を迫られる際に，最先端の廃炉技術の蓄積は大きなビジネスをもたらす可能性があり，その点においても，政府が主導して国内外の企業を参集して国家プロジェクトとすることが肝要なのではないか，という主張にもつながっている．

だが，多くの政策担当者たちはそうした考え方をとらない．その理由は，第一に，現在の政治状況を「機能不全」[12]と悲観的に捉えているからである．廃炉事業の国有化などという複雑な調整と難しい判断を必要とする大規模な事案を，現在の与野党政治家が裁くことにはとても期待できず，それどころか，政局あるいは予算獲得の道具にされかねない，と懸念する．日本政府における政策担当者たちはもはや，「難しい判断を迫られるものは，なるべく政治から遠い地点で行う」という行動原理が身につきつつある．すでに述べたように，政権が電気料金値上げを回避して公的資本注入に逃げこむ事態を危惧し，電気料金値上げを公的資本注入の必須条件として盛り込んだ事例とともに，廃炉事業における政策担当者たちの判断は，政策形成における政治と官僚の役割を再考するための重要な事例と思われる．

第二に，廃炉事業の一義的責任は，あくまで原因企業である東京電力に帰せられるべきだと考えるからである．すでに述べたように，政策担当者たちは，東京電力が根回しに動いた「廃炉安定化基金構想」を責任回避に過ぎないと一蹴した経緯がある．こうした発想の根には，第Ⅰ部第３章で詳述した「汚染者負担の原則」(PPP: Polluter-Pays Principle)があると思われる．PPPは，その名称の通りに公害を起こした原因企業に汚染回復責任と被害者救済責任を課す考え方であり，日本政府の産業公害への一貫した対処方針であった．もともとは経済協力開発機構(OECD)が提起した概念であり，本来は，環境被害を予防する事前的の費用を対象としていたが，日本では独自に，被害補償や原状回復などの事後的対策や行政費用を含み，さらには懲罰的意味合いを含む原則として解釈され，運用されてきた．典型的事例が水俣病の原因企業であるチッソであり，

12) 筆者によるインタビューに対する政策担当者の回答(2012. 6. 20)．

PPP 思想のもとでは，被害補償と原状回復責任はあくまで原因企業が負い続けることになるのである．

2 「新たな支援の枠組み」を必要とする東京電力の論理

だが，損害賠償，除染，廃炉各事業のすべての費用を，企業体としての健全性を維持しながら東京電力が担い続けることが極めて難しいことも，また明白である．仮に，支援機構の資金交付の対象である損害賠償と除染費用の合計が 5 兆円，廃炉費用を 5 兆円として，それら全額を将来に亘って負担し続けなければならないとする．支援機構分の 5 兆円は，すべての原子力事業者が納付する負担金と東京電力の特別負担金で賄われる．前者を 2011 年実績の 850 億円，後者を 500 億円(2014 年 3 月期の目標である最終利益 1067 億円の半分)の合計 1350 億円で割ると，37 年を要することになる．さらに，特別負担金とは別途，年間 1000 億円の資金を捻出できたとしても，廃炉費用全額に達するには 50 年を費やすことになる．

この長い間，際限ないコストカットが続き，賃金は低水準に据え置かれ，新規採用もままならず，他方，研究開発と設備投資に充てる資金は絞られるという状態に置かれた社員たちは，モチベーションを維持することは極めて難しく，退職者が続出しかねない．それは，会社としての健全性あるいは持続可能性が極めて低いということを意味する．東京電力の社外取締役はみな，企業経営者である．その 1 人は，「こうした状態では，会社は長続きしない．1～2 年以内に，新しい方針を決める必要がある」との見解を示した[13]．

その新しい方針とは，上記の③で政府に検討を要請している「制度面での追加的措置」を指している．追加的措置とは，東京電力に対する政府あるいは原子力事業者による追加資金援助スキームの導入であり，言い方を変えれば，東京電力の費用負担に上限を設け，政府と負担を新たに共有する政策である．事後的な有限責任制の導入とも言えよう．支援機構と東京電力は，総合特別事業計画を策定した時点で，早くも支援機構スキームの次の支援策が必要だという見解を示しているのである．

13)　筆者のインタビューに対する東京電力幹部の回答(2012. 8. 19)．

他方，電力自由化・制度改革については当時，経済産業省の有識者委員会である「電力システム改革専門委員会」が議論を続けていた[14]．その目的を一言で言えば，「選択型」で「競争的」市場の育成であった．議論の背景には，東日本大震災と本過酷事故によって，原子力を中心とする大規模電源の限界とリスクが露呈する中で，発電から小売までの垂直一貫体制の地域独占事業者が存在し続けることが国民利益につながるのか，という問題意識があった．したがって，論点は，電力会社が独占する地域の家庭向け小口小売部門を自由化し，家庭が供給業者や電源を選択できる小売の全面自由化，発電分野の競争政策，送配電分野の中立性の確保，総括原価方式の撤廃などであった．

こうした経済産業省の検討状況を受けて，東京電力の事業組織形態の変更が総合特別事業計画に詳しく書き込まれている．例えば，発電部門，送配電部門，燃料・火力部門，小売部門のカンパニー化，グループ内分社化，最終段階の持ち株会社化まで，想定されている．つまり，東京電力の機能・組織分離である．その分離政策は当然，政府の電力自由化・制度改革と整合的であり，なおかつ，相互に影響しあって電力業界全体を導くものとなるのが望ましい．そうした政策的意図が，①の「政府に対して，東京電力の改革をより大胆に進められるような事業環境の整備を要請する」という記述に現れている．

国民全体の利益のために，電力自由化・制度改革を推し進めて，「選択型」で「競争的」な電力市場を育成することが最重要の課題であるならば，電力供給市場の約 30% を占める最大プレイヤーである東京電力を，競争促進政策と適合するように，分離，分割政策で組織，事業形態を見直すことは必須となる．他方で，特定の事業者がひとり巨額の負の遺産を背負っていては，公正，公平な競争条件が整わない．競争自体がいびつになって，期待した料金の引き下げといった効果は生まれにくくなる．したがって，競争を正常に機能させるには，負の遺産を一定程度，取り除いてやる必要がある．つまり，(組織分離などの処置がなされた新しい)東京電力には損害賠償と廃炉の費用負担に上限を設けて，

---

14) 経済産業省電力システム改革専門委員会(2012)は，小売全面自由化(地域独占の撤廃)，総括原価方式の撤廃，発電の全面自由化，送配電分野の中立性・公平性の徹底など，全面的自由化を打ち出した．

上限を超えた部分は政府が負担する新スキームが，東京電力の救済ではなく，競争政策の振興という観点から必要となるというのが，経済産業省，支援機構および東京電力の見解であった．

3　表明された「賠償・除染・廃炉——15兆円の可能性」

東京電力は総合特別事業計画が承認されてから半年後の2012年11月7日，会長の下河辺をはじめとして社外取締役7人全員が出席した記者会見を開いた[15)]．「再生への経営方針」[16)]と「改革集中実施アクション・プラン」[17)]からなる，2013年と2014年度の経営計画の発表のためである．この計画の中で，東京電力は初めて，被害者への損害賠償費用と除染費用の合計だけで10兆円に上る可能性を示した．「再生への経営方針」の要点を，以下に抜き出し，解説を加える．

1. 被害者への損害賠償と高線量地域の除染費用を合計すると，原子力損害賠償支援機構法の仕組みによる交付国債の発行額5兆円を突破する可能性がある．さらに，低線量地域も含め，汚染土などの中間貯蔵費用なども加えると，同規模の追加費用が必要となる．

廃炉費用については，すでに1兆円の引当金を計上しているが，追加となる研究開発，最終処分まで含めた全費用は，さらに巨額に上る可能性がある．つまり，損害賠償と除染費用だけで10兆円に達し，廃炉費用については債務認識に迫られる事態を回避するために曖昧な書き方になっているが，これまで述べたように5兆円に上る可能性があるということである．したがって，すべての合計では15兆円に達する可能性がある．これらの巨額の負担を現行の支援機構スキームのみによって対応するとどういう事態が出来するかを想定したのが，以下の2つのケースである．

2. 損害賠償と除染費用合計が10兆円に達する場合，5兆円の交付国債枠を2倍にすることで対応することになれば，当社は，巨額の負担金を超長期

15)　「下河辺淳会長会見」東京電力株式会社ホームページ(2012. 11. 7)．
16)　東京電力株式会社(2012a)．
17)　東京電力株式会社(2012b)．

に亘って支払うためだけに存在する「事故処理専業法人」と化す．この場合，巨額の負担を賄う財源確保のため，電力自由化にも背を向け，現行の地域独占を維持する行動をとらざるを得ない．一方で，民間金融機関からの資金調達は困難になり，事業活動のあらゆる面で国に資金を頼ることになる．

3. 〔廃炉のための〕巨額の費用に対応するために，公的資金を数兆円単位で追加注入することになれば，公的管理からの離脱は困難になり，事業資金を国の信用に全面的に依存することとなる．つまり，電力市場の3分の1を占める最大の事業者(東京電力)が国営の「電力公社」と化した状態のまま，一方で，〔政府は〕市場完全自由化を進めるという極めて歪な構造となる．

「事故処理専業法人」や「電力公社」といった造語を使用してまで訴えるところは，そうなれば組織は沈滞し，人材は流出し，財務は劣化し，電力自由化・制度改革に対応して国民のニーズに応えるどころか，結局は損害賠償も除染も廃炉も困難となって，国への全面依存に陥る，という危機感である．したがって，その結論は，政府による新しい資金援助への要請となる．

4. 現行の支援機構法の枠組みによる対応可能額を上回る巨額の財務リスクや廃炉費用の扱いについて，国による新たな支援の枠組みを早急に検討することを要請する．

会長の下河辺は記者会見で，「東京電力は原子力損害賠償支援機構法のもとで再建を図ってきた．同法は来年に見直し期日を迎えることになるが，国は新しい枠組み作りに真正面から取り組んでほしい」と述べた．第II部第6章で詳述したように，国会での支援機構法成立の際，「2年以内の見直し条項」が附帯決議された．東京電力の経営陣は，同法の見直しをにらみ，総合特別事業計画の中に記した，損害賠償，除染，廃炉費用に関する「制度面での追加的措置の可否についての検討要請」を「新たな支援の枠組み」という表現に変え，より明確に，公式の要請として表明したのだった．

では，東京電力が要望する「新たな支援の枠組み」とはどのようなものであろうか．損害賠償と除染については，前述した「再生への経営方針」に「損害賠償と除染費用合計が10兆円に達する場合，5兆円の交付国債枠を2倍にすることで対応することになれば」との記述があるように，現在の支援機構法によって新たな資金援助は可能である．支援機構と東京電力が新たな事業計画を策定し，支援機構に認可を求めるという手順で実行される．だが，それでは「返済金」に当たる特別負担金および一般負担金が増大して「事故処理専業法人」と化してしまう．それを回避するための政府による抜本的支援，つまり財政資金の投入を，東京電力は要望しているのである．

廃炉については，費用の見通しが立った時点で支援機構による増資によって資金を拠出するとすれば，これも支援機構法で対処できないわけではない．だが，それでは「国営の電力公社」となって，経営の自由度を完全に喪失してしまいかねない．そういう事態に至らないために，国庫への償還義務が生じない政府による予算措置を，東京電力は望んでいる．

翻って，支援機構法は，損害賠償総額の見通しが立たないなか，被害者に対して迅速かつ適切に損害賠償を行う一方で，過酷事故による社会的混乱を収拾する緊急危機管理策として立法化され，高い実効性を備えていた．だが，本過酷事故から1年半を経過した時点で，損害賠償・除染・廃炉の合計費用が15兆円に及ぶことが確実となり，支援機構法による資金援助では東京電力の企業としての健全な持続可能性に疑問が生じ，組織のモチベーションを減衰させ，かえって除染や廃炉行程の進展を妨げかねない事態となりつつある．

こうした状況変化を反映して，政策担当者たちの政策形成の対象は，緊急危機管理策から東京電力問題の抜本的解決策かつ原子力損害賠償の普遍的制度の設計へと移りつつある．

それでは，東京電力が要請する通り，東京電力の負担に上限を設定し，上限を超えた部分を財政支出つまり国民負担とする新たな支援の枠組みは認められるだろうか．原賠法に抜本的な改正を加え，有限責任制を導入することは，本過酷事故後の政治的リアリズムから乖離しよう．したがって，現実的には，支援機構法の改正によって負担金総額に上限を求める，あるいは除染特措法で東京電力に求償することになっている除染費用や，廃炉費用については政府が引き受けるといった措置をもって，「事後的有限責任制」を導入することは可能であろう．

そのとき，損害賠償その他の資金負担を，当該原子力事業者，電気利用者，国民それぞれがいかなる論理で，どれほどの比率で分担するか，が焦点となろう．つまり，新たな支援の枠組みの設計において，原子力損害リスクは誰が背負うべきかが，再び論点となるのである．

なお，2012年12月における衆議院総選挙において，民主党が惨敗，安倍晋三総裁率いる自民党が政権の座に復帰した．前述した経済産業省の有識者委員会は従来方針に則って報告書をまとめ，それを受けて2013年4月2日に「電力システム改革に関する改革方針」(以下，改革方針)が閣議決定された．改革の方針は，電力システム改革の目的を3つ掲げている．すなわち，1.安定供給の確保，2.電気料金の最大限の抑制，3.需要家の選択肢や事業者の事業機会の拡大，である．この3つの目的を実現するために，(1)広域系統運用の拡大，(2)小売および発電の全面自由化，(3)法的分離方式による送配電部門の中立性の一層の確保，という三本柱からなる改革を行うとする．

この三本柱からなる改革は，三段階に分けて設定されている．第1段階は，広域系統運用機関(仮称)の設立である．実施(設立)時期は2015年を目処とし，対応法案を2013年通常国会に提出する．第2段階は，電気の小売業への参入の全面自由化であり，実施時期は2016年を目処とし，対応法案は2014年通常国会に提出する．第3段階は，法的分離による送配電部門の中立性の一層の確保，電気の小売料金の全面自由化であり，実施時期は2018年から2020年までを目処とし，対応法案は2015年の通常国会提出を目指す，とされた．この改革方針の閣議決定を受け，4月12日に「電気事業法の一部を改正する法律案」(以下，電気事業法改正案)が閣議決定され，同日予定通りに国会に提出された．

電気事業法改正案は，第1段階の広域系統運用の推進のための措置を講じる一方で，附則において，第2段階，第3段階に係る措置を段階的に実施していく旨の規定を措置している．すなわち，第1段階の具体策に加えて，第3段階までの改革の実施と時期を担保するためのプログラムを規定しているのである．

だが，通常国会の会期末6月26日の参議院本会議で安倍晋三首相の問責決議が，野党の賛成多数で可決され，以後の審議は行われず，電気事業法改正案は廃案となった．安倍首相は7月21日の参議院選挙に向けた7月3日の日本記者クラブ主催の党首討論会で，「秋の臨時国会で直ちに成立させたい」と強い意欲を示した．参議院選挙は，自民党に公明党を加えた与党が大勝，非改選議席数も加えて過半数を得て，いわゆる「衆議院とのねじれ」を解消，安倍政権は安定政権の基盤を固めたと見られている．

翻って，2013 年 7 月 31 日時点では，柏崎刈羽原子力発電所は再稼働に至っておらず，燃料コストが上昇して収益を圧迫，東京電力にとって至上命題である 2014 年 3 月の最終利益黒字化が危うい事態となっている．長期的には，繰り返し述べたように，除染を含む損害賠償は 10 兆円規模に膨張するのは確実であり，廃炉事業の費用負担も含めて，東京電力は政府に新たな資金援助スキームを求めている．これに対して政府が対処を怠れば，企業としての存続維持可能性に不透明さが増す．他方で政府は，電気事業法改正案を再提出し，電力自由化・制度改革を改めて軌道に乗せる使命を負っている．深刻度を増す東京電力の経営問題を電力自由化・制度改革と整合性を取りつつ解決に導く実効性の高い「新たな支援の枠組み」の設計という難題に，安倍政権は挑むことになる．

終　章

原子力損害賠償制度の二層化の必然

第1節　原子力損害賠償制度の二層化の必然と行政の裁量性

本過酷事故の発生を受けて，日本の原子力損害賠償制度は原賠法と支援機構法を組み合わせた二層構造に改められた．原賠法は原子力損害賠償制度におけるいわば基本法的な性格をもって土台をなし，支援機構法は支援機構を主体とする実際的な運用の仕組みについて定めることで，損害賠償制度の実効性を高める役割を担うこととなった．両法は補完関係にあると言っていい．

原子力損害賠償制度は，各国が原子力産業を国家戦略として育成するにあたって，万が一の事態に備え，国民に安心を与えるための予防的措置であった．したがって，いくつもの事故体験の蓄積を生かして練り上げられたものではなく，さまざまな被害発生のありようを想像，想定しながら机上で修正し，構築されたものである．こうした原子力損害賠償制度の特質からすれば，破局的原子力事故に実際に遭遇したとき，事前に準備されていた損害賠償制度と出来した現実の事故との齟齬があらわになり，実効性が低いままに機能せず，社会が大混乱状態に陥るという危惧は常に残されていた．

だからこそ，アメリカはTMI，ヨーロッパの先進国はチェルノブイリの原子力事故を教訓にして，初期の原子力産業育成重視から被害者救済重視に軸足を次第に移し，国内法と国際条約の両面から原子力損害賠償制度の拡充を進めた．他方で，日本の原賠法においては，原子力損害の定義や範囲について具体的規定を欠くことや紛争処理体制が不備であること，とりわけ無限責任に象徴される原子力事業者責任の厳格さの一方で，第16条に定められた国家関与が

「援助」という薄弱かつ曖昧な規定であることが，1961年の立法化以来，専門家の間で問題とされてきた．加えて，1999年には，日本初の臨界事故が発生して初めての死者を出したJCO事故を経験した．それにもかかわらず，本格的な制度改正作業に手が付けられることはなかった．

第I部で批判的に検証したように，当初より日本の行政と原子力産業界は原子力損害賠償制度に対しては問題意識が薄く，加えて，大蔵省の財政負担発生の可能性に対する警戒感が水俣病などの産業公害の広がりによってより強くなることで，制度改正の機運は失われることになった．そして，オイルショックを経て，エネルギー政策が他の電源と比べてコストが低いとされた原子力発電を重視する方向に傾斜したために，原子力発電政策の見直しにつながるような被害者保護の観点からの制度的拡充の動機付けが極めて働きにくく，意図的に回避したい状況にすらあった．そうして，原賠法は「不変の構図」にはめ込まれたのである．

このように原子力損害賠償制度的の拡充に立ち遅れていた日本において，不幸にも先進国として初めて「レベル7」の過酷事故が発生した．損害賠償費用だけで当初から3〜5兆円を必要とする破局的な事態を前にして，損害賠償措置額は世界で最も高額を規定しているアメリカが約1兆円であるのに対し，日本のそれはわずか1200億円であった．原賠法には必要な損害賠償資金を調達する手段，原子力事業者と国の役割分担，具体的な支援の規定もなかった．日本政府は，原賠法の規定の曖昧さと酷烈な現実との齟齬を埋める損害賠償スキームの早急な構築に迫られた．それが支援機構スキームの設計，支援機構法の立法化である．このように，原子力損害賠償制度の二層化は，必然であった．

本論は，本過酷事故を検討対象とする重大事故における危機管理の事例研究である．実効性の高い原子力損害賠償制度の構築を迫られた日本政府が以下の2つの課題に対していかに対応したかについて，論考を進めた．第一は，原子力損害の賠償は誰が負担するのか，という課題である．事故発生直後から，3〜5兆円もの賠償資金が必要と想定された．この巨額の資金を，誰がどれほど，いかなる理由あるいは責任によって負担すべきなのか．この負担の分配を，合理的な根拠を持って決定，説明し，社会的合意形成を行うことが，損害賠償制度の設計には不可欠となる．負担の分配問題はまた，あらゆる公共政策の根幹にある課題でもある．

政府は，1. 事故原因者である原子力事業者，東京電力，2. 東京電力から電力供給を受ける利用者，3. 東京電力以外の原子力事業者，の三者に負担を求めるとともに，公的資金援助スキームの構築を図った．政府が打ち出した方針は，1. 東京電力に損害賠償責任をまっとうさせるために債務超過回避して存続維持を図り，そのために公的資金を投入する．2. 公的資金を投入する根拠を，原子力政策を推進してきた政府の社会的責務に求める一方，それによって発生する国民負担の極小化を図る，というものであった．この方針に沿って導入されたのが，交付国債の交付による援助資金を，東京電力および他の原子力事業者が負担金によって全額「返済」するという支援機構スキームであった．支援機構はその運営主体として，必要に応じて多様な資金援助を行う一方で，東京電力が収益力の改善に向かって合理化，資産売却など最大限の努力を行うべく，指導，監督を強める役割を果たすべく設立された．

支援機構は，東京電力の経営財務の調査，資産査定を進め，再建計画となる「総合特別事業計画」を策定した．それは，経営のガバナンス体制，組織構造，事業のあり方，財務構造，料金決定の実態，コスト構造，企業文化など企業体としてのあらゆる側面から東京電力を厳しく批判した上で，そのすべての面で具体的で詳細な改善，解決策を実行スケジュールとともに盛り込む一方で，1 兆円を出資することで東京電力の債務超過を回避し，存続維持を図るものであった．政府は，自らが経営権を握って国有化することで，電気利用者負担を最小限に抑え，国民負担を発生させない，という選択を行ったのだった．

政府が背負った第二の課題は，本過酷事故が引き起こした混乱をいかに収拾，破局的事態を回避すべきか，という，日本政府の政策形成能力，すなわち問題解決能力に関わるものであった．本過酷事故によって，日本の政治経済社会はかつてない混乱に突然に陥った．電力供給が不安定化して企業や家計の行動が阻害される一方，東京電力が債務超過転落を疑われて株価は暴落，他方で，東京電力が発行している電力債のみならず他の電力会社の社債も信用が低下，社債市場が機能不全に陥った．損壊した原子炉の事故収束と安定化は目処すら立たず，生命の安全をめぐって社会不安が増した．つまり，政府に求められたのは，負担の分配問題を解決して実効性の高い損害賠償制度を構築することだけではなかった．本論で述べた通り，5つの複合問題を解決するための危機管理政策を策定しなければならなかった．

この緊急の危機対応において，支援機構スキームの設計，支援機構法の立法化，そして，東京電力の国有化に至る政策形成過程と政策実践課程において，日本の行政はその特質と能力を遺憾なく発揮することになった．行政の概念は極めて多義的ではあるが，ここでは政治と行政の分化を前提にし，政治との対比において用いることにする．

着目すべき行政の特質と能力は，4点ある．第一に，政策担当者たちは内閣あるいは他の政治権力に指示される以前に，自律的にスキームの設計にいち早く動き始めた．第二に，チッソに対する公的金融支援や金融行政における預金保険制度の拡充といった過去の政策的蓄積を活かし，極めて短時間でスキームの原型を固めた．第三に，原賠法における国家関与の曖昧さを逆手にとって，「建設的な曖昧さ（Constructive Ambiguity）の有効性を証明した」といえるほど健全な裁量性を存分に発揮し，損害賠償の遂行を含む5つの複合問題を解決し，社会の混乱を収めるスキームを用意した．第四に，政治権力と一体となって政策立案，遂行を図りつつ，その内実においては政治権力との距離を保つ仕組みを組み込んだ．

第四の点においては，政治と行政，政治家と政策担当者たちの役割の主従が逆転したかのようであった．そもそも，支援機構スキームの設計は，民主党政権の財政支出拡大体質への警戒心という前提に立っている．象徴的なのは，「総合特別事業計画」に盛り込まれた東京電力に対する政府による1兆円の増資は，電気料金の引き上げが実現できなければ実行されないという歯止めのルールを組み込んだことである．与野党ともに国民が否定的な電気料金引き上げを回避し，増資による資金調達に逃げ込む道を断ち切るためであった．政策担当者たちは，本過酷事故後に機能不全に陥っていた政治が関わることによる混乱を避けるためだ，と説明する．

こうした政策担当者たちの思考傾向と行動原理は，むろんその職業的倫理観からのみ生み出されるものではない．財務省であれば財政規律の維持，経済産業省であれば電力制度改革など，自らの存在意義を示す政策に絡め，あるいは優先させる論理が働いた結果，いわゆる省益発想が反映されたものでもある．

他方で，チッソにおける公的金融支援に典型的に見られたように，行政は基本的には，現行法制度の枠内にとどまりつつ，それを拡大解釈することによって現実問題に最大限対応しようとする性質を持つ．いきおい，長期的かつ大局的観点を欠き，小出しの彌縫策による先送り政策に陥りがちである．

政策担当者たちが生み出した支援機構スキームにしても，緊急の危機管理策としては極めて実効性の高いものであったが，中長期を見通した抜本的なものではない．政府は支援機構に2011年度中に5兆円の交付国債を交付した．東京電力は支援機構に合計3兆7893億円(2013年6月末現在)の資金援助を要請し，支援機構は2兆7248億円(同)の資金援助を東京電力に実施，残りのおよそ1兆円も順次，実施される予定である．東京電力は被害者に対し，2兆5189億円(同)の損害賠償を実行した．したがって，交付国債の残り枠は，1兆2107億円ということになる．すでに東京電力は2012年10月の段階で，損害賠償・除染費用で10兆円に達する可能性が高いと表明するとともに，現行の支援機構スキームによる資金援助では「巨額の財務リスク」[1)]を抱えてしまうことから，「新たな支援の枠組み」を要請した．「新たな支援の枠組み」とは端的に言って，東京電力の負担を軽減する代わりに国民に負担を求めるスキームである．新たな5兆円の損害賠償・除染費用の負担を巡って，政府は，原子力損害のリスクは誰が負うのか，というテーマにより本質的に直面することになる．

第2節　政策的特質における普遍的4要素

第1節で述べた，支援機構法の立法化による原子力損害賠償制度の二層化の過程で見出された行政の特質を，将来，日本社会に想定を超えた重大事故が発生し，その重大事故に関して国に何らかの責任が生じるか，あるいは人道的な観点から被害者の救済を行わなければならなくなった場合を想定して集約すると，以下の4点となる．

1. 重大事故への政策対応において，政府は被害者に対する直接的金銭補償につながる国家としての法的責任は認めない．

1)　東京電力株式会社(2012a)．

2. 政府は重大事故を起こした原因企業に対して，「日本型汚染者負担原則」(PPP)に則り，一義的な損害賠償責任を負わせる．
3. 政府は原因企業の資力不足を配慮し，原因企業に対して第三者を介した間接型公的資金支援を行う．そのことによって，原因企業は損害賠償責任を貫徹し，政府は国として被害者に対する実質的な救済責任を遂行する．
4. 上記3点を要件として組み込んだ間接型公的資金支援スキームの設計においては，政策担当者(官僚)の自由裁量性が存分に発揮される．

日本政府は，国家としての法的責任の回避を行う．第I部第3章で検討したように，日本政府は戦後直後に開始された広島・長崎に投下された原爆被害者に対する医療事業をはじめとする救済策に，厳しい制限を設けた．また，東京大空襲の被害者による訴訟においては被告としての国家賠償責任をかたくなに否定した．戦争という国民には避けようのない惨劇においても直接的な賠償責任を認めない政府は，産業公害の典型であり，さまざまに行政責任を問われた多数のチッソ訴訟でも，法的責任は容易に認めようとはしなかった．そして，原子力損害賠償制度の二層化による政府支援の決定においても，原賠法における損害賠償責任によるものではないと念を押した上で，「政府の社会的責務」という表現を全面に押し出した．

日本政府がいずれの場合も，国家としての法的責任を回避しようとするのは，前例を作ることで他のケースにも波及し，その結果，財政負担が膨張することを恐れるからである．これは，財政健全化を金科玉条とする財政当局の行動特性が長年に亘って反映されたものである一方，財政民主主義の根幹に関わる問題でもあるといえよう．税収を源とする財政支出は，広く公共の利益に供するために平等かつ効果的になされるべきものであり，それが財政民主主義の規律であり，原則だからである．

一方，産業公害による患者や原子力損害の被害者は，ある限られた特定の人々である．これらの特定の人々は，人道的見地からすればすべからく十分な補償，賠償がなされるべきではあろうが，他方で，その資金を財政支出として積み重ねていけば，他の予算措置の減額か，同額の増税がなされるかのどちらかを迫られる．それでは，第3章で述べたように多くの国民は，特定の人々が「公共利益のための特別な犠牲者」だと理解を示し，その2つの選択肢のどちらかを受け入れるであろうか．政府とりわけ財政当局は，「税の分配問題に対して国民はそれほど寛容ではない，予算の減額も増額も受け入れられず，結局，新たな財政負担として増加せざるを得ない，という体験を我々は積み重ねてきた」[2]．そうして，極めて防御的な姿勢を固め続けることになったのである．

次に，原因者に対する日本型 PPP(汚染者負担の原則)の貫徹である．政府は水俣病においても原子炉の過酷事故においても原因企業たるチッソ，東京電力の両社に対して，公的金融支援を行い，債務超過を回避，存続を維持する選択を行った．これに対して，なぜ加害者企業を公的資金で救済しなければならないのかといった社会倫理的な批判や，実質破綻企業は市場から退出させるべきだという資本主義の原則に照らした指摘が繰り返し行われたが，日本政府にしてみれば，原因企業であることの責任を軽減する救済策ではなく，「倒産による安易な社会的責任の放棄は許さず，何年かかろうと原因企業に償わせる「参加強制」の一手法」[3]なのである．

これは，OECD が「汚染者処罰の原則」と評した懲罰的意味合いを強く持った日本型 PPP の特質が色濃く現れている政策といえる．実際，チッソは現在に至るまで患者への賠償を背負い，東京電力もまた第 II 部と第 III 部で詳細に検討したように，一時は東京電力自身が会社更生法適用を望んだにもかかわらず政府はそれを退け，存続維持の決定を行うとともに苛烈な合理化と厳格な経営管理を国有化によって担保することで，東京電力に長期に亘って損害賠償および除染，廃炉安定化に関わる責任を遂行させることとしたのである．

また，政策担当者たちは，実質責任遂行のために極めて柔軟な制度設計を行う．言い換えれば，行政の裁量性の発揮，である．国家としての法的責任を回避する一方で，原因企業の責任を限りなく追及したとしても，原因企業の資力には限界がある以上，被害者に対する迅速かつ適切な損害賠償を行うには，公的資金を投入せざるを得ない．原子炉の過酷事故という未曽有の事態に際して，実質的な損害賠償の遂行責任を引き受け，その理念設定とともに制度設計を極めて柔軟に実効性の高いものにいち早く作り上げていく行政の特性と能力は，

---

2)　筆者のインタビューに対する政策担当者の回答(2012. 8. 9)．
3)　永松(2007)．

第1節において4点にまとめた通りである．付け加えれば，その制度設計は，チッソ金融支援における患者県債方式，東京電力問題における支援機構スキームのように，間接支援方式となる．一義的な賠償責任は法的に原因企業に在り，政府は社会政策として支援を行うという立場に常に立つからである．こうして，政府は法的に「国が責任を回避しつつ，実質的に責任を引き受ける」[4]政策を展開するのである．

他方，行政の裁量性は，極めて柔軟な制度設計を行いうるだけに，現実の変化に対応するあまり，公的資金投入の原則あるいは合理性が揺らぐ可能性が付きまとう．チッソ金融支援においては，「患者補償金支払いの不足分に限定される」とされた県債方式による公的資金投入が，チッソの設備投資資金も対象となり，次第にチッソの倒産を回避するために現実に必須とされる諸政策が先に考えられ，論理が後追いし，その結果，つじつまが合わなくなるという事態に追い込まれた．東京電力問題においても，損害賠償・除染に加えて，廃炉安定化に関わる資金需要は15兆円規模に拡大すると見られ，「新たな支援の枠組み」が当事者から要望される事態に至っている．すでに述べたように，「新たな支援の枠組み」は財政支出による国民負担を必須とするものだから，その設計に際して，支援機構法の理念である「国民負担の極小化」をはじめとする政府の三原則は置き去りにされ，法目的は変容しかねない．

他方で，東京電力問題は，電力自由化・制度改革に加え，原子力政策の在り様，さらに，廃炉事業をいかに国家的なビジネスに転換するかといったエネルギー戦略に深く結びついている．政府が，そうした総合的な観点から国家戦略を策定し，それと整合的に東京電力問題を整理し，抜本的解決策として国民負担を伴う公的資金の投入を打ち出す段階に進むことはありえる．一方で，それは損害賠償責任を事後的に制限するものであるから，事実上の「有限責任制」の導入である．その場合，無限責任制を採っている原子力損害賠償制度を構成する原賠法と支援機構法にいかなる改正を行うことになるのか，注目されることになるのである．

---

4)　酒巻・花田(2004)309頁．

あとがき

1995年1月17日夜，東京駅発新大阪駅止まり最終の新幹線に飛び乗った．その日の明け方，阪神・淡路大震災が発生した．当時，経済誌『週刊ダイヤモンド』の駆け出しの記者だった筆者は小売業界を担当しており，神戸を本拠地とするダイエーなどの店舗の被害状況を，この目で確かめなければならないという思いに突き動かされていた．だが，徒歩で巡った神戸は，街そのものが崩壊していた．家族や住まいを奪われた人々の目は絶望と深い悲しみを湛えていた．被災企業と地域の復興の足取りを克明に伝え続けることが，自らの使命だと言い聞かせていた．

それから16年後の2011年3月11日，東北地方を中心とする東日本一帯を，日本の観測史上最大となる大地震が襲った．巨大津波が町と人をのみ込み，東京電力福島第一原子力発電所の全電源を喪失させた．炉心溶融に至る過酷事故は，原子炉建屋の水素爆発によって大量の放射性物質をまき散らし，地域住民は家を追われ，農業・漁業・畜産をはじめとする多くの事業者は仕事まで失った．被害の甚大さはすぐに掌握できるものではなかったが，東京電力一社ではとうてい，損害賠償を賄い切れるはずがないことは明らかであった．それでは，誰がこの途方もなく重い償いを担うのか．『週刊ダイヤモンド』副編集長として金融・財政・産業政策分野を管掌していた筆者の足は，繰り返し霞ヶ関へと向かった．

財務省・経済産業省高官ら政策担当者たちの動きは早かった．損害賠償総額が東京電力の資金的余力を超える3～5兆円規模に及ぶことを想定し，1961年に制定された原子力損害賠償法において曖昧であった国家の資金負担を明確化する，新しい制度の構築に直ちに着手した．彼らが直面したのは，新しい損害賠償制度の必要性だけではない．過酷事故の安定収拾，電力安定供給への迅速な復帰はもちろん，電力債暴落による社債市場混乱の収拾，債権者である金融機関に損失が発生した場合の金融システムの不安回避という，本過酷事故が引き起こした経済社会における複合的な政策課題を同時に解決する危機管理策を講じなければならなかった．彼らは，産業再生機構における企業再生，1990年代の金融システム危機における金融機関破綻処理，水俣病の原因企業であるチッソへの公的資金支援などの政策的蓄積を活用しつつ，新制度の設計を急いだ．その過程の詳細は，本書の第II部で詳しく述べた通りである．

仕事と並行して京都大学大学院エネルギー科学研究科に学んでいた筆者は，すでに気候変動問題に関する先行研究やデータを博捜し，博士号請求論文執筆に着手していた．しかし，新たな原子力損害賠償制度が構築される政策過程を取材しながら，それが公共政策・行政学の研究対象として極めて有用な事例であり，記録しておくことの意義を意識せざるを得なかった．法律的整合性と経済合理性をともに備え，かつ政治的リアリズムから遊離しないという制約条件を克服して有用な政策形成を行うという，本来期待されているところの日本の行政機能が，未曽有の危機において発揮された好事例であるからである．

また，本過酷事故以降，多くの政治報道は民主党政権の混乱への批判に，学術研究は損害賠償責任の法的所在の検討にほぼ集中しており，公共政策・行政学研究の視点に立って，政府がいかに実効性の高い損害賠償制度を危機管理策として構想し，実現にこぎつけたのかを検討したものは見当たらなかった．

そこで博士号請求論文をこの問題に切り替え，聞き取り調査を本格化させた．具体的には，これらの政策過程に関わった関係省庁の事務次官以下の政策担当者を中心に，政治家，東京電力その他の原子力事業者，金融機関幹部，法学者，経済学者など合計82人に対し，2年間に亘って複数回の面談を行った．本書はこの京都大学大学院エネルギー科学研究科に提出された博士号請求論文をベースにしている．

一般的に，聞き取り調査は，大規模世論調査など，数値化による評価を前提とする調査方法とは異なる．大規模世論調査などが計量データ処理による定量分析(Quantitative Analysis)であるのに対し，聞き取り調査は典型的な定性分析(Qualitative Analysis)に相当する．社会科学分野の研究におけるその意義は，公式文書にまとめられていない政策決定の情報を得られること，政策決定過程について補足的な情報を得られること，そもそも，文書と異なり，聞き手の側の必要とする情報を聞き出す機会が得られることにあると考えられる．

とりわけ，本過酷事故の事例のように，未曽有の事態に対する緊急時の危機管理政策の形成過程を明らかにするためには，公式，非公式の政府文書の検討だけでは不十分であることは明らかであり，政策当事者への綿密な聞き取り調査が不可欠である．

本書は事例研究であり，公共政策・行政学研究におけるこれまでの学説に挑むような理論的貢献を第一とするものではない．むしろ公共政策・行政学研究における本書の意義は，東京電力福島第一原子力発電所事故を対象として選びながら，その事故を巡る損害賠償制度の形成・運用過程を解明しつつ，それを通して重大事故における危機管理の抱える基本的な行政課題を捉えたことに求められよう．

第 III 部で述べたように，資金援助開始から半年を経過し，政府は，東京電力が原発不稼働によるコスト上昇と本過酷事故による損失拡大で 1 兆円規模の増資が必要となるに至って，国有化を決断した．議決権の過半数を握ることで経営改革を主導しようと試みたが，現実に直面したのは，除染を含む損害賠償費用が 10 兆円，廃炉を含めれば 15 兆円規模に膨らむことが確実となった新たな危機であった．

支援機構法によってさらなる資金援助は可能である．だが援助資金はあくまで「返済」が前提であり，それでは東京電力の健全な持続可能性に疑問が生じ，組織のモチベーションは減衰し，かえって除染や廃炉行程に支障をきたす可能性が否めない．したがって，財政支出による東京電力の負担軽減がいずれ検討課題となり，国民負担発生の可否について，政府部内で政策論議が再開されることになろう．その新スキーム検討の際には，本書で明らかにされた支援機構スキームの構造，それを支える政策論理，支援機構法として立法化されるまでのさまざまな政府内部における政策形成過程は，有用な参考材料となるであろう．また，原子力損害賠償制度に関する今後の学術的議論においても，本書の政策形成過程の解明および考察が，何らかの貢献を果たすならば望外の喜びである．

本書の出版に至るまでには，多くの方々の助けを頂いた．京都大学大学院エネルギー科学研究科における研究活動を勧めてくださったのは，かつて同研究科におられ現在は滋賀大学学長の佐和隆光先生であった．佐和先生には，本書の執筆に関しても様々なご助言を賜った．京都大学大学院エネルギー科学研究科では，教授の手塚哲央先生にご指導頂き，大変にお世話になった．また，本書が公共政策・行政学を対象とした危機管理の事例研究であることから，東京大学公共政策大学院においても教鞭を執られている同法学政治学研究科教授の藤原帰一先生に論文指導をお願いした．藤原先生には厳しくも温かく，論文完成まで熱心に導いて頂いた．感謝の念は言葉では言い尽しがたい．さらに，筆者の聞き取りに数度に亘って応じてくださった政策担当者をはじめとする多くの方々に，改めて御礼申し上げたい．最後に，編集の労をとってくださった岩波書店の髙橋弘氏に心から感謝申し上げる．

2013年8月

遠 藤 典 子

〔資料〕

原子力損害の賠償に関する法律

(昭和36年6月7日法律第147号)

最終改正：平成24年6月27日法律第47号

第1章　総則

(目的)

第1条　この法律は，原子炉の運転等により原子力損害が生じた場合における損害賠償に関する基本的制度を定め，もつて被害者の保護を図り，及び原子力事業の健全な発達に資することを目的とする．

(定義)

第2条　この法律において「原子炉の運転等」とは，次の各号に掲げるもの及びこれらに付随してする核燃料物質又は核燃料物質によつて汚染された物(原子核分裂生成物を含む．第5号において同じ．)の運搬，貯蔵又は廃棄であつて，政令で定めるものをいう．

1　原子炉の運転
2　加工
3　再処理
4　核燃料物質の使用
4の2　使用済燃料の貯蔵

5　核燃料物質又は核燃料物質によつて汚染された物(次項及び次条第2項において「核燃料物質等」という.)の廃棄

2　この法律において「原子力損害」とは，核燃料物質の原子核分裂の過程の作用又は核燃料物質等の放射線の作用若しくは毒性的作用(これらを摂取し，又は吸入することにより人体に中毒及びその続発症を及ぼすものをいう.)により生じた損害をいう．ただし，次条の規定により損害を賠償する責めに任ずべき原子力事業者の受けた損害を除く.

3　この法律において「原子力事業者」とは，次の各号に掲げる者(これらの者であつた者を含む.)をいう.

1　核原料物質，核燃料物質及び原子炉の規制に関する法律(昭和32年法律第166号．以下「規制法」という.)第23条第1項の許可(規制法第76条の規定により読み替えて適用される同項の規定による国に対する承認を含む.)を受けた者(規制法第39条第5項の規定により原子炉設置者とみなされた者を含む.)

2　規制法第23条の2第1項の許可を受けた者

3　規制法第13条第1項の許可(規制法第76条の規定により読み替えて適用される同項の規定による国に対する承認を含む.)を受けた者

4　規制法第43条の4第1項の許可(規制法第76条の規定により読み替えて適用される同項の規定による国に対する承認を含む.)を受けた者

5　規制法第44条第1項の指定(規制法第76条の規定により読み替えて適用される同項の規定による国に対する承認を含む.)を受けた者

6　規制法第51条の2第1項の許可(規制法第76条の規定により読み替えて適用される同項の規定による国に対する承認を含む.)を受けた者

7　規制法第52条第1項の許可(規制法第76条の規定により読み替えて適用される同項の規定による国に対する承認を含む.)を受けた者

4　この法律において「原子炉」とは，原子力基本法(昭和30年法律第186号)第3条第4号に規定する原子炉をいい，「核燃料物質」とは，同法同条第2号に規定する核燃料物質(規制法第2条第9項に規定する使用済燃料を含む.)をいい，「加工」とは，規制法第2条第8項に規定する加工をいい，「再処理」とは，規制法第2条第9項に規定する再処理をいい，「使用済燃料の貯蔵」とは，規制法第43条の4第1項に規定する使用済燃料の貯蔵をいい，「核燃料物質又は核燃料物質によつて汚染された物の廃棄」とは，規制法第51条の2第1項に規定する廃棄物埋設又は廃棄物管理をいい，「放射線」とは，原子力基本法第3条第5号に規定する放射線をいい，「原子力船」又は「外国原子力船」とは，規制法第23条の2第1項に規定する原子力船又は外国原子力船をいう.

第2章　原子力損害賠償責任

(無過失責任，責任の集中等)

第3条　原子炉の運転等の際，当該原子炉の運転等により原子力損害を与えたときは，当該原子炉の運転等に係る原子力事業者がその損害を賠償する責めに任ずる．ただし，その損害が異常に巨大な天災地変又は社会的動乱によつて生じたものであるときは，この限りでない．

2　前項の場合において，その損害が原子力事業者間の核燃料物質等の運搬により生じたものであるときは，当該原子力事業者間に特約がない限り，当該核燃料物質等の発送人である原子力事業者がその損害を賠償する責めに任ずる．

第4条　前条の場合においては，同条の規定により損害を賠償する責めに任ずべき原子力事業者以外の者は，その損害を賠償する責めに任じない．

2　前条第1項の場合において，第7条の2第2項に規定する損害賠償措置を講じて本邦の水域に外国原子力船を立ち入らせる原子力事業者が損害を賠償する責めに任ずべき額は，同項に規定する額までとする．

3　原子炉の運転等により生じた原子力損害については，商法(明治32年法律第48号)第798条第1項，船舶の所有者等の責任の制限に関する法律(昭和50年法律第94号)及び製造物責任法(平成6年法律第85号)の規定は，適用しない．

(求償権)

第5条　第3条の場合において，その損害が第3者の故意により生じたものであるときは，同条の規定により損害を賠償した原子力事業者は，その者に対して求償権を有する．

2　前項の規定は，求償権に関し特約をすることを妨げない．

第3章　損害賠償措置

第1節　損害賠償措置

(損害賠償措置を講ずべき義務)

第6条　原子力事業者は，原子力損害を賠償するための措置(以下「損害賠償措置」という．)を講じていなければ，原子炉の運転等をしてはならない．

(損害賠償措置の内容)

第7条　損害賠償措置は，次条の規定の適用がある場合を除き，原子力損害賠償責任保険契約及び原子力損害賠償補償契約の締結若しくは供託であつて，その措置により，1工場若しくは1事業所当たり若しくは1原子力船当たり1200億円(政令で定める原子炉の運転等については，1200億円以内で政令で定める金額とする．以下「賠償措置額」という．)を原子力損害の賠償に充てることができるものとして文部科学大臣の承認を受けたもの又はこれらに相当する措置であつて文部科学大臣の承認を受けたものとする．

2　文部科学大臣は，原子力事業者が第3条の規定により原子力損害を賠償したことにより原子力損害の賠償に充てるべき金額が賠償措置額未満となつた場合において，原子力損害の賠償の履行を確保するため必要があると認めるときは，当該原子力事業者に対し，期限を指定し，これを賠償措置額にすることを命ずることができる．

3　前項に規定する場合においては，同項の規定による命令がなされるまでの間(同項の規定による命令がなされた場合においては，当該命令により指定された期限までの間)は，前条の規定は，適用しない．

第7条の2　原子力船を外国の水域に立ち入らせる場合の損害賠償措置は，原子力損害賠償責任保険契約及び原子力損害賠償補償契約の締結その他の措置であつて，当該原子力船に係る原子力事業者が原子力損害を賠償する責めに任ずべきものとして政府が当該外国政府と合意した額の原子力損害を賠償するに足りる措置として文部科学大臣の承認を受けたものとする．

2　外国原子力船を本邦の水域に立ち入らせる場合の損害賠償措置は，当該外国原子力船に係る原子力事業者が原子力損害を賠償する責めに任ずべきものとして政府が当該外国政府と合意した額(原子力損害の発生の原因となつた事実一について360億円を下らないものとする．)の原子力損害を賠償するに足りる措置として文部科学大臣の承認を受けたものとする．

第2節　原子力損害賠償責任保険契約

(原子力損害賠償責任保険契約)

第8条　原子力損害賠償責任保険契約(以下「責任保険契約」という．)は，原子力事業者の原子力損害の賠償の責任が発生した場合において，一定の事由による原子力損害を原子力事業者が賠償することにより生ずる損失を保険者(保険業法(平成7年法律第105号)第2条第4項に規定する損害保険会社又は同条第9項に規定する外国損害保険会社等で，責任保険の引受けを行う者に限る．以下同じ．)がうめることを約し，保険契約者が保険者に保険料を支払うことを約する契約とする．

第9条　被害者は，損害賠償請求権に関し，責任保険契約の保険金について，他の債権者に優先して弁済を受ける権利を有する．

2　被保険者は，被害者に対する損害賠償額について，自己が支払つた限度又は被害者の承諾があつた限度においてのみ，保険者に対して保険金の支払を請求することができる．

3　責任保険契約の保険金請求権は，これを譲り渡し，担保に供し，又は差し押えることができない．ただし，被害者が損害賠償請求権に関し差し押える場合は，この限りでない．

第3節　原子力損害賠償補償契約

（原子力損害賠償補償契約）

第10条　原子力損害賠償補償契約（以下「補償契約」という.）は，原子力事業者の原子力損害の賠償の責任が発生した場合において，責任保険契約その他の原子力損害を賠償するための措置によつてはうめることができない原子力損害を原子力事業者が賠償することにより生ずる損失を政府が補償することを約し，原子力事業者が補償料を納付することを約する契約とする.

2　補償契約に関する事項は，別に法律で定める.

第11条　第9条の規定は，補償契約に基づく補償金について準用する.

第4節　供託

（供託）

第12条　損害賠償措置としての供託は，原子力事業者の主たる事務所のもよりの法務局又は地方法務局に，金銭又は文部科学省令で定める有価証券（社債，株式等の振替に関する法律（平成13年法律第75号）第278条第1項に規定する振替債を含む．以下この節において同じ.）によりするものとする.

（供託物の還付）

第13条　被害者は，損害賠償請求権に関し，前条の規定により原子力事業者が供託した金銭又は有価証券について，その債権の弁済を受ける権利を有する.

（供託物の取りもどし）

第14条　原子力事業者は，次の各号に掲げる場合においては，文部科学大臣の承認を受けて，第12条の規定により供託した金銭又は有価証券を取りもどすことができる.

1　原子力損害を賠償したとき.

2　供託に代えて他の損害賠償措置を講じたとき.

3　原子炉の運転等をやめたとき.

2　文部科学大臣は，前項第2号又は第3号に掲げる場合において承認するときは，原子力損害の賠償の履行を確保するため必要と認められる限度において，取りもどすことができる時期及び取りもどすことができる金銭又は有価証券の額を指定して承認することができる.

（文部科学省令・法務省令への委任）

第15条　この節に定めるもののほか，供託に関する事項は，文部科学省令・法務省令で定める.

第4章　国の措置

（国の措置）

第16条　政府は，原子力損害が生じた場合において，原子力事業者（外国原子力船に係る原子力事業者を除く.)が第3条の規定により損害を賠償する責めに任ずべき額が賠償措置額をこえ，かつ，この法律の目的を達成するため必要があると認めるときは，原子力事業者に対し，原子力事業者が損害を賠償するために必要な援助を行なうものとする.

2　前項の援助は，国会の議決により政府に属させられた権限の範囲内において行なうものとする.

第17条　政府は，第3条第1項ただし書の場合又は第7条の2第2項の原子力損害で同項に規定する額をこえると認められるものが生じた場合においては，被災者の救助及び被害の拡大の防止のため必要な措置を講ずるようにするものとする.

第5章　原子力損害賠償紛争審査会

第18条　文部科学省に，原子力損害の賠償に関して紛争が生じた場合における和解の仲介及び当該紛争の当事者による自主的な解決に資する一般的な指針の策定に係る事務を行わせるため，政令の定めるところにより，原子力損害賠償紛争審査会(以下この条において「審査会」という.)を置くことができる.

2　審査会は，次に掲げる事務を処理する.

1　原子力損害の賠償に関する紛争について和解の仲介を行うこと.

2　原子力損害の賠償に関する紛争について原子力損害の範囲の判定の指針その他の当該紛争の当事者による自主的な解決に資する一般的な指針を定めること.

3　前2号に掲げる事務を行うため必要な原子力損害の調査及び評価を行うこと.

3　前2項に定めるもののほか，審査会の組織及び運営並びに和解の仲介の申立及びその処理の手続に関し必要な事項は，政令で定める.

第6章　雑則

(国会に対する報告及び意見書の提出)

第19条　政府は，相当規模の原子力損害が生じた場合には，できる限りすみやかに，その損害の状況及びこの法律に基づいて政府のとつた措置を国会に報告しなければならない.

2　政府は，原子力損害が生じた場合において，原子力委員会が損害の処理及び損害の防止等に関する意見書を内閣総理大臣に提出したときは，これを国会に提出しなければならない.

(第10条第1項及び第16条第1項の規定の適用)

第20条　第10条第1項及び第16条第1項の規定は，平成31年12月31日までに第2条第1項各号に掲げる行為を開始した原子炉の運転等に係る原子力損害について適用する.

(報告徴収及び立入検査)

第21条　文部科学大臣は，第6条の規定の実施を確保するため必要があると認めるときは，原子力事業者に対し必要な報告を求め，又はその職員に，原子力事業者の事務所若しくは工場若しくは事業所若しくは原子力船に立ち入り，その者の帳簿，書類その他必要な物件を検査させ，若しくは関係者に質問させることができる．

2　前項の規定により職員が立ち入るときは，その身分を示す証明書を携帯し，かつ，関係者の請求があるときは，これを提示しなければならない．

3　第1項の規定による立入検査の権限は，犯罪捜査のために認められたものと解してはならない．

(経済産業大臣又は国土交通大臣との協議)

第22条　文部科学大臣は，第7条第1項若しくは第7条の2第1項若しくは第2項の規定による処分又は第7条第2項の規定による命令をする場合においては，あらかじめ，発電の用に供する原子炉の運転，加工，再処理，使用済燃料の貯蔵又は核燃料物質若しくは核燃料物質によつて汚染された物の廃棄に係るものについては経済産業大臣，船舶に設置する原子炉の運転に係るものについては国土交通大臣に協議しなければならない．

(国に対する適用除外)

第23条　第3章，第16条及び次章の規定は，国に適用しない．

第7章　罰則

第24条　第6条の規定に違反した者は，1年以下の懲役若しくは100万円以下の罰金に処し，又はこれを併科する．

第25条　次の各号のいずれかに該当する者は，100万円以下の罰金に処する．

1　第21条第1項の規定による報告をせず，又は虚偽の報告をした者

2　第21条第1項の規定による立入り若しくは検査を拒み，妨げ，若しくは忌避し，又は質問に対して陳述をせず，若しくは虚偽の陳述をした者

第26条　法人の代表者又は法人若しくは人の代理人その他の従業者が，その法人又は人の事業に関して前2条の違反行為をしたときは，行為者を罰するほか，その法人又は人に対しても，各本条の罰金刑を科する．

附則(抄)

(施行期日)

第1条　この法律は，公布の日から起算して9月をこえない範囲内において政令で定める日から施行する．

第3条　この法律の施行前にした行為及びこの法律の施行後この法律の規定による改正

前の規制法第26条第1項(同法第23条第2項第9号に係る部分をいう.)の規定がその効力を失う前にした行為に対する罰則の適用については，なお従前の例による.

(他の法律による給付との調整等)

第4条　第3条の場合において，同条の規定により損害を賠償する責めに任ずべき原子力事業者(以下この条において単に「原子力事業者」という.)の従業員が原子力損害を受け，当該従業員又はその遺族がその損害のてん補に相当する労働者災害補償保険法(昭和22年法律第50号)の規定による給付その他法令の規定による給付であつて政令で定めるもの(以下この条において「災害補償給付」という.)を受けるべきときは，当該従業員又はその遺族に係る原子力損害の賠償については，当分の間，次に定めるところによるものとする.

1　原子力事業者は，原子力事業者の従業員又はその遺族の災害補償給付を受ける権利が消滅するまでの間，その損害の発生時から当該災害補償給付を受けるべき時までの法定利率により計算される額を合算した場合における当該合算した額が当該災害補償給付の価額となるべき額の限度で，その賠償の履行をしないことができる.

2　前号の場合において，災害補償給付の支給があつたときは，原子力事業者は，その損害の発生時から当該災害補償給付が支給された時までの法定利率により計算される額を合算した場合における当該合算した額が当該災害補償給付の価額となるべき額の限度で，その損害の賠償の責めを免れる.

2　原子力事業者の従業員が原子力損害を受けた場合において，その損害が第3者の故意により生じたものであるときは，当該従業員又はその遺族に対し災害補償給付を支給した者は，当該第3者に対して求償権を有する.

附則(昭和42年7月20日法律第73号)(抄)

(施行期日)

第1条　この法律は，公布の日から施行する．ただし，附則第8条から第31条までの規定は，公布の日から起算して6月をこえない範囲内において政令で定める日から施行する.

附則(昭和46年5月1日法律第53号)(抄)

(施行期日)

1　この法律は，公布の日から起算して6月をこえない範囲内において政令で定める日から施行する.

(経過措置)

2　この法律の施行の際現に行なわれている核燃料物質の運搬については，改正後の原子力損害の賠償に関する法律第3条第2項の規定にかかわらず，なお従前の例による.

附則(昭和50年12月27日法律第94号)(抄)

(施行期日等)

1　この法律は，海上航行船舶の所有者の責任の制限に関する国際条約が日本国について効力を生ずる日から施行する．

附則(昭和53年7月5日法律第86号)(抄)

(施行期日)

第1条　この法律は，次の各号に掲げる区分に応じ，それぞれ当該各号に掲げる日から施行する．

1　第2条中原子力委員会設置法第15条を第12条とし同条の次に2章及び章名を加える改正規定のうち第22条(同条において準用する第5条第1項の規定中委員の任命について両議院の同意を得ることに係る部分に限る．)の規定並びに次条第1項及び第3項の規定　公布の日

2　第1条の規定，第2条の規定(前号に掲げる同条中の規定を除く．)，第3条中核原料物質，核燃料物質及び原子炉の規制に関する法律第4条第2項の改正規定，同法第14条第2項の改正規定，同法第23条に1項を加える改正規定及び同法第24条第2項の改正規定(「内閣総理大臣」を主務大臣」に改める部分を除く．)並びに次条第2項，附則第5条から附則第7条まで及び附則第9条の規定　公布の日から起算して3月を超えない範囲内において政令で定める日

3　前2号に掲げる規定以外の規定　公布の日から起算して6月を超えない範囲内において政令で定める日

附則(昭和54年6月12日法律第44号)

この法律は，公布の日から起算して9月を超えない範囲内において政令で定める日から施行する．

附則(昭和54年6月29日法律第52号)(抄)

(施行期日)

第1条　この法律は，公布の日から起算して6月を超えない範囲内において政令で定める日から施行する．

附則(昭和58年12月2日法律第78号)

1　この法律(第1条を除く．)は，昭和59年7月1日から施行する．

2　この法律の施行の日の前日において法律の規定により置かれている機関等で，この法律の施行の日以後は国家行政組織法又はこの法律による改正後の関係法律の規定に基づく政令(以下「関係政令」という．)の規定により置かれることとなるものに関し必要となる経過措置その他この法律の施行に伴う関係政令の制定又は改廃に関し必要となる経過措置は，政令で定めることができる．

附則(昭和61年5月27日法律第73号)(抄)

(施行期日)

第1条　この法律は，公布の日から起算して6月を超えない範囲内において政令で定める日から施行する.

附則(昭和63年5月27日法律第69号)(抄)

(施行期日)

第1条　この法律は，次の各号に掲げる区分に応じ，それぞれ当該各号に定める日から施行する.

1　第1条の改正規定，第2条の改正規定，第10条第2項中第7号を第12号とし，第6号を第1号とし，同号の次に1号を加える改正規定，第20条第2項中第8号を第16号とし，第7号を第15号とし，第6号を第14号とし，第5号の3を第12号とし，同号の次に1号を加える改正規定，第33条第2項中第9号を第17号とし，第6号から第8号までを8号ずつ繰り下げ，第5号の3を第12号とし，同号の次に1号を加える改正規定，同項中第5号の2を第11号とする改正規定，同条第3項第1号の改正規定，第46条の7第2項中第1号を第16号とし，第9号を第15号とし，第8号を第14号とし，第7号を第12号とし，同号の次に1号を加える改正規定，第51条の14第2項中第11号を第17号とし，第10号を第16号とし，第9号を第15号とし，第8号を第13号とし，同号の次に1号を加える改正規定，第56条中第7号を第17号とし，第6号を第16号とし，第5号を第15号とし，第4号の4を第13号とし，同号の次に1号を加える改正規定，第58条の2の改正規定(「第59条の2第1項」の下に「，第59条の3第1項及び第66条第2項」を加え，「「工場又は事業所」」を「「工場等」」に改める部分に限る.)，第59条の2の改正規定，同条の次に1条を加える改正規定，第71条中第13項を第14項とし，第10項から第12項までを1項ずつ繰り下げ，第9項の次に1項を加える改正規定及び第82条中第5号を第10号とし，第4号の2を第8号とし，同号の次に1号を加える改正規定並びに次条，附則第3条第2項及び附則第4条の規定　核物質の防護に関する条約が日本国について効力を生ずる日(次号において「条約発効日」という.)又は第3号に規定する政令で定める日のうちいずれか早い日前の日であつて，公布の日から起算して6月を超えない範囲内において政令で定める日

附則(平成元年3月31日法律第21号)

この法律は，平成2年1月1日までの間において政令で定める日から施行する.

附則(平成6年7月1日法律第85号)(抄)

(施行期日等)

1　この法律は，公布の日から起算して1年を経過した日から施行し，その法律の施行

後にその製造業者等が引き渡した製造物について適用する.

附則(平成7年6月7日法律第106号)(抄)

(施行期日)

第1条　この法律は，保険業法(平成7年法律第105号)の施行の日から施行する.

(罰則の適用に関する経過措置)

第6条　施行日前にした行為及びこの附則の規定によりなお従前の例によることとされる事項に係る施行日以後にした行為に対する罰則の適用については，なお従前の例による.

(政令への委任)

第7条　附則第2条から前条までに定めるもののほか，この法律の施行に関し必要な経過措置は，政令で定める.

附則(平成10年5月20日法律第62号)(抄)

(施行期日)

第1条　この法律は，公布の日から起算して6月を超えない範囲内において政令で定める日から施行する.

附則(平成11年5月10日法律第37号)(抄)

(施行期日)

第1条　この法律は，平成12年1月1日から施行する．ただし，第2条第1項，第3項及び第4項並びに第22条の改正規定並びに次条の規定は，核原料物質，核燃料物質及び原子炉の規制に関する法律の1部を改正する法律(平成11年法律第75号)附則第1条第1号に掲げる規定の施行の日から施行する.

附則(平成11年7月16日法律第102号)(抄)

(施行期日)

第1条　この法律は，内閣法の1部を改正する法律(平成11年法律第88号)の施行の日から施行する．ただし，次の各号に掲げる規定は，当該各号に定める日から施行する.

2　附則第10条第1項及び第5項，第14条第3項，第23条，第28条並びに第30条の規定　公布の日

(職員の身分引継ぎ)

第3条　この法律の施行の際現に従前の総理府，法務省，外務省，大蔵省，文部省，厚生省，農林水産省，通商産業省，運輸省，郵政省，労働省，建設省又は自治省(以下この条において「従前の府省」という.)の職員(国家行政組織法(昭和23年法律第120)第8条の審議会等の会長又は委員長及び委員，中央防災会議の委員，日本工業標準調査会の会長及び委員並びにこれらに類する者として政令で定めるものを除く.)で

ある者は，別に辞令を発せられない限り，同一の勤務条件をもって，この法律の施行後の内閣府，総務省，法務省，外務省，財務省，文部科学省，厚生労働省，農林水産省，経済産業省，国土交通省若しくは環境省(以下この条において「新府省」という.)又はこれに置かれる部局若しくは機関のうち，この法律の施行の際現に当該職員が属する従前の府省又はこれに置かれる部局若しくは機関の相当の新府省又はこれに置かれる部局若しくは機関として政令で定めるものの相当の職員となるものとする.

(別に定める経過措置)

第30条　第2条から前条までに規定するもののほか，この法律の施行に伴い必要となる経過措置は，別に法律で定める.

附則(平成11年12月22日法律第160号)(抄)

(施行期日)

第1条　この法律(第2条及び第3条を除く.)は，平成13年1月6日から施行する.

附則(平成14年6月12日法律第65号)(抄)

(施行期日)

第1条　この法律は，平成15年1月6日から施行する.

(罰則の適用に関する経過措置)

第84条　この法律(附則第1条各号に掲げる規定にあっては，当該規定．以下この条において同じ.)の施行前にした行為及びこの附則の規定によりなお従前の例によることとされる場合におけるこの法律の施行後にした行為に対する罰則の適用については，なお従前の例による.

(その他の経過措置の政令への委任)

第85条　この附則に規定するもののほか，この法律の施行に関し必要な経過措置は，政令で定める.

(検討)

第86条　政府は，この法律の施行後5年を経過した場合において新社債等振替法，金融商品取引法の施行状況，社会経済情勢の変化等を勘案し，新社債等振替法第2条第11項に規定する加入者保護信託，金融商品取引法第2条第29項に規定する金融商品取引清算機関に係る制度について検討を加え，必要があると認めるときは，その結果に基づいて所要の措置を講ずるものとする.

附則(平成15年5月30日法律第54号)(抄)

(施行期日)

第1条　この法律は，平成16年4月1日から施行する.

(罰則の適用に関する経過措置)

第38条　この法律の施行前にした行為に対する罰則の適用については，なお従前の例による．

（その他の経過措置の政令への委任）

第 39 条　この法律に規定するもののほか，この法律の施行に伴い必要な経過措置は，政令で定める．

（検討）

第 40 条　政府は，この法律の施行後 5 年を経過した場合において，この法律による改正後の規定の実施状況，社会経済情勢の変化等を勘案し，この法律による改正後の金融諸制度について検討を加え，必要があると認めるときは，その結果に基づいて所要の措置を講ずるものとする．

附則（平成 16 年 6 月 9 日法律第 88 号）（抄）

（施行期日）

第 1 条　この法律は，公布の日から起算して 5 年を超えない範囲内において政令で定める日（以下「施行日」という．）から施行する．

（罰則の適用に関する経過措置）

第 135 条　この法律の施行前にした行為並びにこの附則の規定によりなお従前の例によることとされる場合及びなおその効力を有することとされる場合におけるこの法律の施行後にした行為に対する罰則の適用については，なお従前の例による．

（その他の経過措置の政令への委任）

第 136 条　この附則に規定するもののほか，この法律の施行に関し必要な経過措置は，政令で定める．

（検討）

第 137 条　政府は，この法律の施行後 5 年を経過した場合において，この法律による改正後の規定の実施状況，社会経済情勢の変化等を勘案し，この法律による改正後の株式等の取引に係る決済制度について検討を加え，必要があると認めるときは，その結果に基づいて所要の措置を講ずるものとする．

附則（平成 16 年 12 月 3 日法律第 155 号）（抄）

（施行期日）

第 1 条　この法律は，公布の日から施行する．ただし，附則第 10 条から第 12 条まで，第 14 条から第 17 条まで，第 18 条第 1 項及び第 3 項並びに第 19 条から第 32 条までの規定は，平成 17 年 10 月 1 日から施行する．

附則（平成 17 年 7 月 26 日法律第 87 号）（抄）

この法律は，会社法の施行の日から施行する．ただし，次の各号に掲げる規定は，当該各号に定める日から施行する．

1　第 242 条の規定　この法律の公布の日

附則(平成21年4月17日法律第19号)

この法律は，平成22年1月1日から施行する．

附則(平成24年6月27日法律第47号)(抄)

(施行期日)

第1条　この法律は，公布の日から起算して3月を超えない範囲内において政令で定める日から施行する．ただし，次の各号に掲げる規定は，当該各号に定める日から施行する．

1　第7条第1項(両議院の同意を得ることに係る部分に限る．)並びに附則第2条第3項(両議院の同意を得ることに係る部分に限る．)，第5条，第6条，第14条第1項，第34条及び第87条の規定　公布の日

4　附則第17条，第21条から第26条まで，第37条，第39条，第41条から第48条まで，第50条，第55条，第61条，第65条，第67条，第71条及び第78条の規定　施行日から起算して10月を超えない範囲内において政令で定める日

(罰則の適用に関する経過措置)

第86条　この法律(附則第1条各号に掲げる規定にあっては，当該規定．以下この条において同じ．)の施行前にした行為及びこの附則の規定によりなお従前の例によることとされる場合におけるこの法律の施行後にした行為に対する罰則の適用については，なお従前の例による．

(その他の経過措置の政令への委任)

第87条　この附則に規定するもののほか，この法律の施行に関し必要な経過措置は，政令で定める．

参考文献

文　献

アイゼンハワー，D. D.(1953)「アイゼンハワー「原子力」演説　12月8日　国際連合総会において」『世界週報』第34巻第36号(12. 21)，75～77頁.
阿部泰隆(1988)『国家補償法』有斐閣.
穴山悌三(2005)『電力産業の経済学』NTT出版.
有林浩二(2011)「原子力損害賠償支援機構法の制定と概要」『ジュリスト』No. 1433(11. 15).
淡路剛久(2012)「福島第一原子力発電所事故の法的責任について――天災と人為」『NBL』No. 968.
飯塚浩敏(2005a)「原子力損害の概念」日本エネルギー法研究所『原子力損害賠償法制主要課題検討会報告書――在り得べき原子力損害賠償システムについて』日本エネルギー法研究所.
飯塚浩敏(2005b)「原子力損害賠償責任に係る国際条約への批准・加入の際のわが国の課題」日本エネルギー法研究所『原子力損害賠償法制主要課題検討会報告書――在り得べき原子力損害賠償システムについて』日本エネルギー法研究所.
飯塚浩敏(2007)「原子力責任条約概観――改正ウィーン条約，補完的補償条約，改正パリ条約，改正ブラッセル補足条約」日本エネルギー法研究所『原子力損害賠償に係る法的枠組み研究班報告書――平成17年度研究報告書』日本エネルギー法研究所.
池田靖(2003)「3 更正手続き開始の申し立て」東京弁護士会編『入門新会社更生法――新しい更正手続の理論と実務』ぎょうせい.
石橋忠雄・大塚直・下山俊次・高橋滋・森嶌昭夫(2000)「座談会　原子力行政の現状と課題――東海村臨界事故1年を契機として」『ジュリスト』No. 1186(10. 1).
磯野弥生(2011)「原子力事故と国の責任――国の賠償についての若干の考察」『環境と公害』第41巻第2号.
一柳勝悟(1961)「残された諸問題――原子力産業労働者の放射線障害について」『ジュリスト』No. 236(10. 15).
今中哲二(2007. 3)「チェルノブイリ原発事故　何が起きたのか」(proceeding原稿　第5回環境放射能研究会).
岩淵正紀(2011)「原賠法の「不都合」――賠償者の立場から」『NBL』No. 957.
宇井純(2000)「公害・環境――水俣病」『現代用語の基礎知識　2000』自由国民社.
植田陽子(2009)「原子力損害の賠償に関する法律及び原子力損害賠償補償契約に関する法律の一部を改正する法律」『法令解説資料総覧』第333号.
卯辰昇(2002)『現代原子力法の展開と法理論』日本評論社.

卯辰昇(2012)『原子力損害賠償の法律問題』金融財政事情研究会.
宇都宮健児(2011)「東京電力株式会社が行う原発事故被害者への損害賠償手続きに関する会長声明」(9. 16).
遠藤典子(2011)「被災者救済策の政府原案判明“9電力共同出資機構”で調整」『週刊ダイヤモンド』(4. 23).
大鹿靖明(2012)『メルトダウン――ドキュメント福島第一原発事故』講談社.
大島堅一(2011)「原子力損害賠償の論点と課題――原子力損害賠償支援法による本格的損害賠償を前にして」『環境と公害』第41巻第2号.
大嶋健志(2011)「原子力損害賠償の円滑な実施に向けた国会論議――原子力損害賠償支援機構法案」『立法と調査』No. 322.
大塚直(2011a)「福島第一原子力発電所事故による損害賠償」『法律時報』第83巻第9・10号.
大塚直(2011b)「福島第一原発事故による損害賠償と賠償支援機構――不法行為学の観点から」『ジュリスト』No. 1433(11. 15).

科学技術庁原子力局監修(1980)『原子力損害賠償制度 改訂版』通商産業研究社.
片桐正俊編著(2007)『財政学　第2版　転換期の日本財政』東洋経済新報社.
勝俣恒久(2012)「原発の安全へ現状超える対策必要　東電・勝俣会長インタビュー」『日本経済新聞 電子版』6月26日2時.
加藤和貴(2005a)「原賠法及び外国の原子力損害賠償制度――損害賠償措置制度を中心に(3)　ドイツにおける原子力損害賠償制度」日本エネルギー法研究所『原子力損害賠償法制主要課題検討会報告書――在り得べき原子力損害賠償システムについて』日本エネルギー法研究所.
加藤和貴(2005b)「原子力損害紛争処理体制構築の必要性」日本エネルギー法研究所『原子力損害賠償法制主要課題検討会報告書――在り得べき原子力損害賠償システムについて』日本エネルギー法研究所.
金沢良雄編(1980)『日独比較原子力法――第一回日独原子力法シンポジウム』第一法規出版.
川口恭弘(2012)『現代の金融機関と法 第4版』中央経済社.
関西電力五十年史編纂事務局編纂(2002)『関西電力五十年史』関西電力.
橘川武郎(2004)『日本電力業発展のダイナミズム』名古屋大学出版会.
橘川武郎(2012)『電力改革――エネルギー政策の歴史的大転換』講談社現代新書.
久保壽彦(2011)「原子力損害賠償制度の課題」『立命館経済学』第60巻第4号.
原子力損害賠償実務研究会編(2011)『原子力損害賠償の実務』東弁協叢書，民事法研究会.
「原子力損害賠償法を検討してみるブログ」(http://genbaihou.blog59.fc2.com/).
小島延夫(2011)「福島第一原子力発電所事故による被害とその法律問題」『法律時報』

第 83 巻第 9・10 号.

齊藤誠(2011)『原発危機の経済学――社会科学者として考えたこと』日本評論社.
酒巻政章・花田昌宣(2004)「水俣病被害補償にみる企業と国家の責任」原田正純・花田昌宣編著『水俣学研究序説』藤原書店.
佐藤隆文(2003)『信用秩序政策の再編』日本図書センター.
サンスティーン，キャス／田沢恭子訳・齊藤誠解説(2012)『最悪のシナリオ――巨大リスクにどこまで備えるのか』みすず書房.
塩野宏(2013)『行政法 II 行政救済法 第五版補訂版』有斐閣.
清水正孝(2011)「能見義久原子力損害賠償紛争審査会長に当てた東京電力の清水正孝社長による「要望書」」(4. 25).
下山俊次(1976)「IV 原子力」山本草二・塩野宏・奥平康弘・下山俊次『現代法学全集 54 未来社会と法』筑摩書房.
下山俊次(2004)「第 65 回　今井隆吉部会　座談会　原子力損害賠償制度の現状と課題」『21 世紀フォーラム』No. 100.
白石重明(1990)「PPP(汚染者負担の原則)――経済アプローチと規範的アプローチ」『産業と環境』(通産資料調査会)第 19 巻弟 9 号.
白川方明(2010)「中央銀行の政策哲学再考」『日本銀行総裁のエコノミッククラブ NY における講演』(4. 22).
住田健二(2000)「JCO 臨界事故の経過と反省」『日本原子力学会誌』第 42 巻第 8 号.

高木仁三郎(1999)『市民科学者として生きる』岩波新書.
竹内昭夫(1961)「原子力損害二法の概要」『ジュリスト』No. 236(10. 15).
田中啓介(1994)「国のチッソ金融支援　水俣病患者の死を待つ」『AERA』第 7 巻第 39 号.
田中二郎(1974)『新版行政法(上) 全訂第二版』弘文堂.
田中秀明(2012)「政策過程と政官関係――3 つのモデルの比較と検証」日本行政学会編『政権交代と官僚制(年報行政研究 47)』ぎょうせい.
田邉朋行(2003)「JCO 臨界事故の損害賠償(補償)処理の実際に見る自治体の役割と課題」『電力中央研究所報告』Y02012.
田邉朋行・丸山真弘(2012)「福島第一原子力発電所が提起したわが国原子力損害賠償制度の課題とその克服に向けた制度改革の方向性」『電力中央研究所報告』Y11024.
谷川久(2005)「はしがき」日本エネルギー法研究所『原子力損害賠償法制主要課題検討会報告書――在り得べき原子力損害賠償システムについて』日本エネルギー法研究所.
道垣内正人(2012)「国境を越える原子力損害についての国際私法上の問題」『早稲田法学』第 87 巻第 3 号.

東京電力社史編集委員会編(1983)『東京電力三十年史』東京電力.
東京電力福島原子力発電所事故調査委員会(2012)『国会事故調　報告書』徳間書店.
東北電力原子力ハンドブック「放射性物質を閉じ込める五重の壁」(http://www.tohoku-epco.co.jp/electr/genshi/shiryo/safety/02.html).

中曽根康弘(2004)『自省録　歴史法廷の被告として』新潮社.
永野厚郎(2003)「新会社更正手続きにおける裁判所の役割と運用の見直し」東京弁護士会編『入門新会社更生法――新しい更正手続の理論と実務』ぎょうせい.
永松俊雄(2007)『チッソ支援の政策学――政府金融支援措置の軌跡』成文堂.
西村吉正(2011)『金融システム改革50年の軌跡』金融財政事情研究会.
日本エネルギー法研究所(2001)『原子力損害の民事責任に関するウィーン条約改正議定書及び原子力損害の補完的補償に関する条約――平成10～12年度国際原子力責任班中間報告書』日本エネルギー法研究所.
日本エネルギー法研究所(2007)『原子力損害賠償に係る法的枠組研究班報告書――平成17年度研究報告書』日本エネルギー法研究所.
日本原子力産業会議(1960)「大型原子炉の事故の理論的可能性及び公衆損害に関する試算」.
日本原子力産業会議(2010)『原子力ポケットブック 2010年版』日本電気協会新聞部.
日本原子力産業協会政策推進部編(2012)『あなたに知ってもらいたい原賠制度　2012年版』日本原子力産業協会政策推進部.
日本総合研究所(1997)「不良債権問題処理とビッグバンの精神の整合性確保を」『Business & Economic Review』6月号.
日本弁護士連合会(2011)「福島第一原子力発電所事故による損害賠償の枠組みについての意見書」(6. 17).
ニール，デヴィット(2011)「ダイヤモンドオンライン」(3. 17).
能見義久(1993)「ドイツ(旧西ドイツ)の原子力損害賠償制度」日本エネルギー法研究所『諸外国の原子力損害賠償制度――原子力責任班報告書』日本エネルギー法研究所.
野村修也(2011)「東電公的管理の課題(上)　賠償枠組み，整合性に疑問」『日本経済新聞』5月25日朝刊.
野村豊広(2011)「原子力事故による損害賠償の仕組みと福島第一原発事故」『ジュリスト』No. 1427(8. 1～15).

原田正純編著(2004)『水俣学講義』日本評論社.
原田正純・花田昌宣編著(2004)『水俣学研究序説』藤原書店.
浜田宏一(1977)『損害賠償の経済分析』東京大学出版会.
日野正晴(2005)『ベーシック金融法』中央経済社.
広瀬研吉(2009)「原子力損害賠償制度」神田啓治・中込良廣編『原子力政策学』京都大

学学術出版会.

広部和也(2008)「「原子力損害の民事責任に関するウィーン条約」の改正と我が国国内法」日本エネルギー法研究所『原子力損害の民事責任に関するウィーン条約改正議定書及び原子力損害の補完的補償に関する条約 ── 平成10～13年度国際原子力責任班報告書』日本エネルギー法研究所.

福井秀夫(2011)「原発賠償支援法案　残された課題(下)　無限責任には更正法が筋」『日本経済新聞』7月13日朝刊.

藤田友敬(2002)「原子力損害の補完的補償に関する条約」『原子力損害の民事責任に関するウィーン条約改正議定書及び原子力損害の補完的補償に関する条約 ── 平成10～13年度国際原子力責任報告書』日本エネルギー法研究所.

ペルツァー，ノルベルト(1980)「原子力損害についての責任と損害賠償」金沢良雄編『日独比較原子力法 ── 第1回日独原子力法シンポジウム』第一法規出版.

法政大学大原社会問題研究所編(1989)『日本労働年鑑』第59集，労働旬報社.

北海道大学大学院工学研究院量子力学部門　原子力系研究グループ(http://www2.qe.eng.hokudai.ac.jp/).

星岳雄(2011)「亡国の東電救済策」『週刊金融財政事情』2932号(5. 30).

星野英一(1961)「原子力損害賠償に関する二つの条約案」『ジュリスト』No. 236(10. 15).

星野英一(1962)「原子力損害賠償に関する二つの条約案(一)」『法学協会雑誌』第79巻第1号.

星野英一(1973)「原子力災害補償」『民法論集』第3巻，有斐閣.

星野英一(1980)「日本の原子力損害賠償制度」『日独比較原子力法 ── 第一回日独原子力法シンポジウム』第一法規出版.

堀内昭義(1999)『日本経済と金融危機』岩波書店.

松下圭一(1998)『政治・行政の考え方』岩波新書.

水田修二(2005)「原賠法及び外国の原子力損害賠償制度 ── 損害賠償措置制度を中心に(2)　アメリカにおける原子力損害賠償制度」日本エネルギー法研究所『原子力損害賠償法制主要課題検討会報告書 ── 在り得べき原子力損害賠償システムについて』日本エネルギー法研究所.

水俣病訴訟弁護団編(2006)『水俣病救済における司法の役割』花伝社.

宮本憲一(1987)『日本の環境政策』大月書店.

宮本憲一(1989)『環境経済学』岩波書店.

三輪芳朗・J. M. ラムザイヤー(2002)『産業政策論の誤解』東洋経済新報社.

メドヴェジェフ，ジョレス／吉本晋一郎訳(1992)『チェルノブイリの遺産』みすず書房.

森嶌昭夫(1987)『不法行為法講義』有斐閣.

森嶌昭夫(2011)「原子力事故の被害者救済(1)　損害賠償と補償」『時の法令』1882号.

森田章(2011)「政府の援助の義務と電力会社のガバナンス」『ジュリスト』No. 1433(11. 15).

山口孝(1985)「チッソ企業集団の研究——連結財務表分析の一事例」『明大商学論叢』第68巻第1・2号.
山崎正勝(2011)『日本の核開発1939～1955——原爆から原子力へ』績文堂出版.
湯谷昇羊・辻広雅文(1996)『ドキュメント住専崩壊』ダイヤモンド社.
預金保険機構編(2007)『平成金融危機への対応——預金保険はいかに機能したか』金融財政事情研究会.
除本理史(2007)『環境被害の責任と費用負担』有斐閣.
除本理史(2011)「福島原発事故の被害者補償を問う——加害者救済は許されない」『世界』8月号.
吉岡斉(1999)『原子力の社会史——その日本的展開』朝日選書.
吉岡斉(2011)『原発と日本の未来——原子力は温暖化対策の切り札か』岩波ブックレット.
吉田照雄(1961)「原子力損害賠償責任保険の諸問題」『ジュリスト』No. 236(10. 15).
吉田央(2012)「福島原発事故を踏まえた原子力損害賠償制度の課題」(環境経済・政策学会2012年大会発表).

我妻栄(1961)「原子力二法の構想と問題点」『ジュリスト』No. 236(10. 15).
我妻栄・井上亮・加藤一郎・杉村敬一郎・鈴木竹雄・長崎正造・福田勝治・堀井清章(1961)「座談会　原子力災害補償をめぐって」『ジュリスト』No. 236(10. 15).

Aghion, P. and R. Howitt (2009), *The Economics of Growth*, Cambridge (MA): MIT Press.
Balmforth, Richard (2011), "Factbox: Key Facts on Chernobyl Nuclear Accident" (3. 15).
IAEA HP, "How does Chernobyl's effect measure up to the atomic bombs dropped on Hiroshima and Nagasaki?"
Keller, Bill (2012), "Mitt and Bibi: Diplomacy as Demolition Derby," *New York Times* (9. 12).
Nuclear Reactor Safety. Hearings before the Joint Committee on Atomic Energy, Congress of the United States, 93rd Congress, First Session, January 23, September, 25, 26, 27 and October 1, 1973. (Washington DC, US Congress Printing Office, 1974)
OECD (1975), *The Polluter Pays Principle: Definition, Analysis, Implementation.* Paris: OECD.

OECD/NEA (1990), "Nuclear Legistration: Third Party Liability," Germany, Act on Peaceful Utilization of Atomic Energy and Protection Against its Hazard (Atomic Energy Act), Nuclear Law Bulletin, Supplement to No. 70 (2002. 12), OECD/NEA.

OECD (2002), *Environmental Performance Reviews, Japan.*

The Chernobyl Forum: 2003-2005 (2005), *Chernobyl's Legacy: Health, Environmental and Socio-Economics Impacts and Recommendations to the Governments of Belarus, the Russian Federation and Ukraine,* Second revised version, IAEA (http://www.iaea.org/Publications/Booklets/Chernobyl/chernobyl.pdf).

"Theoretical Possibilities and Consequences of Major Accidents in Large Nuclear Power Plants" Wash-740. U. S. AEC, Mar. 1974.

"The Cancer Burden from Chernobyl in Europe," International Agency for Research on Cancer (2006. 4. 20).

辞典類

「LNG 導入の促進政策」(01-09-04-04)『原子力百科事典 ATOMICA』高度情報科学技術研究機構 (http://www.rist.or.jp/atomica/index.html).

「シビアアクシデント時の炉心溶融進展に関する研究」(06-01-01-09)『原子力百科事典 ATOMICA』同上.

「発電用原子炉の炉型」(01-01-01-10)『原子力百科事典 ATOMICA』同上.

「米国スリー・マイル・アイランド原子力発電所事故の概要」(02-07-04-01)『原子力百科事典 ATOMICA』同上.

「米国スリー・マイル・アイランド原子力発電所事故時の避難措置」(02-07-04-03)『原子力百科事典 ATOMICA』同上.

「放射性物質による環境汚染」(01-08-04-26)『原子力百科事典 ATOMICA』同上.

「マンハッタン計画」(16-03-01-09)『原子力百科事典 ATOMICA』同上.

小学館大辞泉編集部編 (2012)『大辞泉 第 2 版』小学館.

「東京証券取引所証券用語集」東京証券取引所ホームページ.

政府・地方自治体・企業刊行物

• 外務省

外務省条約局 (1955)「原子力の平和利用に関する協力のための日本国政府とアメリカ合衆国政府との間の協定 (特殊核物質賃貸借に関する日米協定要綱の 8. 米国政府の免責)」『条約集』第 33 集第 62 巻.

「宣言 原子力安全に関する IAEA 閣僚会議」(2011. 6. 20) (http://www.mofa.go.jp/mofaj/gaiko/atom/iaea/meeting1106_declaration.html).

・経済産業省〔通商産業省〕
通商産業省総合エネルギー調査会〔現経済産業省総合資源エネルギー調査会〕(1983)「今後のエネルギー環境政策のあり方について」.
通商産業省通商産業調査会「総合エネルギー調査会の原子力部会」(1986)「21 世紀の原子力を考える」(7. 18).
通商産業省資源エネルギー庁(1999)「原子力発電および他の電源の発電原価試算」(12. 16).
経済産業省資源エネルギー庁総合資源エネルギー調査会(2003)「電気事業分科会報告書 今後の望ましい電気事業制度の骨格について」(2. 18).
経済産業省資源エネルギー庁総合資源エネルギー調査会(2006)「電気事業分科会原子力部会報告書　原子力立国計画」(8. 8).
経済産業省資源エネルギー庁(2006)「平成 18 年度電力供給計画の概要」(3. 30).
経済産業省資源エネルギー庁編(2008)『エネルギー白書 2007 年版』山浦印刷株式会社出版部.
経済産業省資源エネルギー庁総合資源エネルギー調査会(2008)「電気事業分科会報告書 今後の望ましい電気事業制度の在り方について」(3. 31).
経済産業省資源エネルギー庁(2010)「エネルギー基本計画」(6. 18).
経済産業省資源エネルギー庁(2011)「原子力発電および他の電源の発電原価試算」(3. 10).
経済産業省資源エネルギー庁編(2011)『エネルギー白書 2010 年版』新高速印刷.
経済産業省資源エネルギー庁編(2012)『エネルギー白書 2011 年版』新高速印刷.
経済産業省電力システム改革専門委員会(2012)「電力システム改革の基本方針――国民に開かれた電力システムを目指して」(7. 13).
枝野幸男経済産業大臣会見(2011. 12. 22) 経済産業省ホームページ.
枝野幸男経済産業大臣会見(2011. 12. 27) 経済産業省ホームページ.

・厚生労働省
厚生労働省(2007)「新医薬品産業ビジョン」(8. 30).

・原子力損害賠償支援機構
東京電力に関する経営・財務調査タスクフォース事務局(2011)『東京電力に関する経営・財務調査会報告』(10. 3).
原子力損害賠償支援機構・東京電力株式会社(2011)『緊急特別事業計画の概要』(11. 4).
原子力損害賠償支援機構・東京電力株式会社(2012a)『緊急特別事業計画改定の概要』(2. 3).
原子力損害賠償支援機構・東京電力株式会社(2012b)『総合特別事業計画の概要』(5. 9).
原子力損害賠償支援機構(2012)「平成 23 年度　事業報告書　第 1 期」(3. 31).

• 内閣
閣議了解(1968)「水俣病に関する政府の公式見解」(9. 26).
閣議了解(1978)「水俣病対策について」(6. 20).
閣議決定(1995)「水俣病解決に当たっての内閣総理大臣談話」(12. 15).
閣議了解(2000)「平成 12 年度以降におけるチッソ株式会社に対する支援措置について」(2. 8).
閣議決定(2005)「原子力政策大綱」(10. 14).
原子力発電所事故経済被害対応チーム関係閣僚会合(2011)「第 1 回議事録」(5. 11).
原子力発電所事故経済被害対応チーム関係閣僚会合決定(2011)「東京電力福島原子力発電所事故に係る原子力損害の賠償に係る政府の支援の枠組みについて」(5. 13).
内閣官房原子力発電所事故による経済被害対応室(2011)「原子力損害賠償支援機構法(逐条解説)」(9. 21).

• 内閣府〔経済企画庁／総理府〕
経済企画庁編(1956)『経済白書　昭和 31 年度──日本経済の自立と近代化』至誠堂.
総理府原子力委員会原子力災害補償専門部会(1959)「原子力災害補償専門部会の答申」(12. 12).
総理府原子力委員会原子力災害補償部会(1970)「原子力損害賠償制度検討専門部会答申」(11. 30).
内閣府原子力委員会原子力損害賠償制度専門部会(2002)「原子力損害賠償制度専門部会報告書」(12. 11).
内閣府原子力委員会(2011)「核燃料サイクルコスト，事故リスクコストの試算について(見解)」(11. 10).
内閣府原子力災害対策本部原子力被災者生活支援チーム(2011)「新大綱策定会議(第 6 回)資料第 5-2 号」(9. 27).
内閣府国家戦略室コスト等検証委員会(2011)「国家戦略室コスト等検証委員会報告書案」(12. 19).

• 文部科学省〔科学技術庁〕
科学技術庁原子力局監修(1980)『原子力損害賠償制度 改訂版』通商産業研究社.
科学技術庁原子力損害賠償制度専門部会(1998)「第三回原子力損害賠償制度専門部会議事次第」の配布資料「異常に巨大な天災地変」(9. 11).
文部科学省(2008a)「原子力損害賠償制度の在り方に関する検討会(第 1 回)議事録および資料」」(6. 6).
文部科学省(2008b)「原子力損害賠償制度の在り方に関する検討会(第 2 回)議事録および資料」(6. 17).
文部科学省(2008c)「原子力損害賠償制度の在り方に関する検討会　第一次報告書」(12.

15).
文部科学省原子力損害賠償紛争審査会(2011a)「東京電力(株)福島第一，第二原子力発電所事故による原子力損害の範囲の判定等に関する第一次指針」(4. 28).
文部科学省原子力損害賠償紛争審査会(2011b)「東京電力株式会社福島第一，第二原子力発電所事故による原子力損害の範囲の判定等に関する中間指針」.
文部科学省原子力損害賠償紛争解決センター(2012)『原子力損害賠償紛争解決センター活動状況報告書――初期段階(9〜12 月)における状況について(概況報告と総括)』(1. 30).

• 国会
衆議院科学技術振興対策特別委員会議事録(1960. 5. 18).
衆議院科学技術振興対策特別委員会議事録(1961. 4. 12).
参議院商工委員会議事録(1961. 5. 26).
衆議院環境委員会議事録(1984. 7. 31).
参議院文教科学委員会議事録(2011. 4. 19).
参議院予算委員会議事録(2011. 5. 2).
衆議院本会議議事録(2011. 7. 8).
衆議院東日本大震災復興特別委員会議事録(2011. 7. 20).
衆議院東日本大震災復興特別委員会議事録(2011. 7. 26).

• 地方自治体
熊本県環境生活部ホームページ(http://www.pref.kumamoto.jp/).
熊本県環境生活部環境政策課(2012)『「チッソ株式会社に対する金融支援措置」についての経緯〈資料編〉』.

• 法律
「原子爆弾被爆者の医療等に関する法律」1957 年法律第 41 号(3. 31).
「原子力損害の賠償に関する法律」1961 年法律第 147 号(6. 17).
「電気事業法」1964 年法律第 170 号(7. 11).
「公害対策基本法」1967 年法律第 132 号(8. 3).
「原子爆弾被爆者に対する特別措置に関する法律」1968 年法律第 53 号(5. 20).
「公害に係る健康被害の救済に関する特別措置法」1969 年法律第 90 号(12. 15).
「公害防止事業費事業者負担法」1970 年法律第 133 号(12. 25).
「公害健康被害補償法」1973 年法律第 111 号(10. 5).
「公害健康被害の補償に関する法律」1973 年法律第 111 号を 2004. 6. 2 に改正.
「原子爆弾被害者に対する援護に関する法律」1994 年法律第 117 号(12. 16).
「会社法」2005 年法律第 86 号(7. 26).

「薬事法」2013年法律第175号(5. 17).
「原子力損害賠償支援機構法」2011年法律第94号(8. 10).
「平成二十三年三月十一日に発生した東北地方太平洋地震に伴う原子力発電の事故により放出された放射性物質による環境の汚染への対処に関する特別措置法」2011年法律第110号(8. 30).

• 判決
水俣訴訟熊本地裁第三次訴訟第一陣判決(1987), 第二陣判決(1993).
水俣訴訟大阪高裁判決(2001. 4. 27 判時 1761-3).
水俣訴訟最高裁判決(2004. 10. 15 判時 1876-3).
水戸地方裁判所判決(2008. 2. 27 判時 2003).
東京大空襲訴訟東京地裁判決(2009. 2. 14).

• 国際条約
パリ条約(OECD/NEA ウエブサイト)
http://www.oecd-nea.org/law/paris-convention.html
改正パリ条約(OECD/NEA ウエブサイト)
http://www.oecd-nea.org/law/paris-convention-protocol.html
ウィーン条約(IEAE ウエブサイト)
http://www.iaea.org/Publications/Documents/Convention/liability.html
改正ウィーン条約(IEAE ウエブサイト)
http://www.iaea.org/Publications/Documents/Infcircs/1998/infcirc566.pdf
ジョイントプロトコル(IAEA ウエブサイト)
http://www.iaea.org/Publications/Documents/Infcircs/Others/inf402.shtml
ブラッセル補足条約(OECD/NEA ウエブサイト)
http://www.oecd-nea.org/law/brussels-supplementary-convention.html
改正ブラッセル補足条約(OECD/NEA ウエブサイト)
http://www.oecd-nea.org/law/brussels-supplementary-convention-protocol.html

• 民間企業
チッソ株式会社
「チッソ株式会社有価証券報告書」(1973年度).
「チッソ株式会社有価証券報告書」(1974年度).

東京電力
「東京電力株式会社有価証券報告書」(2009年度).
「東京電力株式会社有価証券報告書」(2010年度).

「東京電力株式会社有価証券報告書」(2011年度).
「東京電力平成24年3月期第2四半期決算短信」(2012. 9. 30).
東京電力株式会社(2011a)「福島第一原子力発電所および福島第二原子力発電所の事故による原子力損害への本補償に向けた取り組みについて」(8. 30).
東京電力株式会社(2011b)「本賠償における請求書類の改善および賠償基準の一部見直し等について」(11. 24).
東京電力株式会社(2012a)「再生への経営方針」(11. 7).
東京電力株式会社(2012b)「改革集中実施アクション・プラン」(11. 7).
下河辺淳会長会見(2012. 11. 7) 東京電力株式会社ホームページ.
西澤俊夫社長会見(2012. 12. 21) 東京電力株式会社ホームページ.

インタビュー記録

上村達男(早稲田大学教授).
香川俊介(財務省官房長).
葛西敬之(東京電力に関する経営・財務調査委員).
嶋田隆(原子力損害賠償支援機構事務局長).
冨山和彦(経営共創基盤代表取締役CEO).
中原宏(財務省主計局次長).
野村修也(中央大学教授).
前田匡史(内閣参与兼国際協力銀行国際経営企画部長).
森信親(金融庁審議官).
山下隆一(経済産業省資源エネルギー庁電力市場課長).
与謝野馨(衆議院議員).

*( )内の肩書きはインタビュー当初のものに限定し，それ以後の変更は省略した．本文内の氏名記載対象は，官公庁の場合課長以上の上位者とした．ただし，その対象者であっても筆者の判断で匿名にした場合がある．課長補佐その他の政策担当者のインタビューも多数に及んだが，これも匿名とし，東京電力，その他の民間企業，民間団体のインタビューも匿名とした．

索　引

人名索引

事項索引

さ　行

た　行

な　行

は　行

ま　行

や　行

ら　行

■岩波オンデマンドブックス■

原子力損害賠償制度の研究
──東京電力福島原発事故からの考察

2013年 9月27日　第1刷発行
2015年 1月26日　第4刷発行
2024年12月10日　オンデマンド版発行

著　者　遠藤典子（えんどうのりこ）

発行者　坂本政謙

発行所　株式会社 岩波書店
〒101-8002 東京都千代田区一ツ橋 2-5-5
電話案内 03-5210-4000
https://www.iwanami.co.jp/

印刷／製本・法令印刷

ISBN 978-4-00-731514-5　　Printed in Japan